小学生C++趣味编程

从入门到精通

蔡驰聪 

北京大学出版社
PEKING UNIVERSITY PRESS

内容提要

本书是一本难度适中的小学生编程入门教材。本书根据小学生学习的特点，选取了 100 多个有趣且易于理解的例子来介绍程序设计的基本概念，让小学生体会到用程序解决实际问题的乐趣。本书对于较难理解的概念提供了图解，同时配备了 200 多道习题以巩固和加深学生对知识的理解。

本书内容通俗易懂，案例丰富，特别适合作为小学四年级及以上学生的程序设计入门教材。同时，对于信息学竞赛教师而言，本书也是一本学习 C++ 语言的入门教材。

图书在版编目(CIP)数据

小学生C++趣味编程从入门到精通 / 蔡驰聪著.
北京：北京大学出版社，2024. 7. -- ISBN 978-7-301
-35164-2

Ⅰ. TP312.8-49

中国国家版本馆CIP数据核字第2024C0V329号

书　　名	小学生C++趣味编程从入门到精通 XIAOXUESHENG C++ QUWEI BIANCHENG CONG RUMEN DAO JINGTONG
著作责任者	蔡驰聪　著
责任编辑	王继伟　刘　倩
标准书号	ISBN 978-7-301-35164-2
出版发行	北京大学出版社
地　　址	北京市海淀区成府路205号　100871
网　　址	http://www.pup.cn　新浪微博：@北京大学出版社
电子邮箱	编辑部 pup7@pup.cn　总编室 zpup@pup.cn
电　　话	邮购部 010-62752015　发行部 010-62750672　编辑部 010-62570390
印 刷 者	北京市科星印刷有限责任公司
经 销 者	新华书店
	787毫米×980毫米　16开本　24.75印张　457千字
	2024年7月第1版　2024年7月第1次印刷
印　　数	1-4000册
定　　价	89.00 元

小学生为什么要学习编程

学习编程可以培养小学生的各种能力。编写程序前首先要把一个具体的问题抽象成一个模型，而且要求这个模型能在计算机上执行，这个过程可以培养小学生的建模能力。抽象成模型后，还要用高级程序设计语言准确地表达求解步骤，因此学习编程还能锻炼小学生的表达能力。小学数学题往往是计算某个特定问题的解，而编程题更加强调找出通用的解决方法。只有把所有可能的情况都考虑到，程序才能在各种输入下得出正确的结果。经过一段时间的编程训练，孩子思考问题将变得更全面，做事将变得更仔细。最后，学习编程可以培养小学生的动手能力。有了正确的编程思路，还不一定能正确地实现结果。在编程的过程中，实际运行结果往往与预期不一致，这就需要编程者重新检查代码的逻辑，发现问题，修改代码。

小学生对世界是充满好奇的。在计算机程序的世界里，试错成本几乎为零，他们可以尽情探索，迅速验证自己的想法。编程可以让小学生爱上学习，满足他们求知的欲望。

小学生如何学习编程

C++ 是最复杂的高级程序设计语言之一，比 Python 语言复杂很多，但是全国青少年信息学奥林匹克竞赛只用到 C++ 语言最基础的部分，这些与 Python 语言相差不大，所以中高年级的小学生并不需要先学习 Python 或者 Scratch，再学习 C++。

编程入门没有想象中那么困难，并不需要预先学习高深的数学知识，本书的所有内容只要求读者学会加减乘除等基础数学运算，有一定的阅读能力。程序设计离我们的生活并不遥远，很多计算机程序的基本思想就蕴藏在日常生活中，如排序、查找、排队等。用生活中的例子来理解程序的概念，可以大大降低入门的难度。

初学者要快速入门程序设计，首先应该集中精力掌握条件判断语句和循环语句的用法，用它们解决一些实际的问题，尽早地在学习中获得正反馈，培养兴趣，产生成就感，增加继续深入学习的动力。好的开始是成功的一半。其次，初学者要多动手尝试，不怕犯错。编程题的答案不是唯一的，所以既可以模仿课本上的例子来完成，又可以尝试用自己的方法求解。最后，编程入门学习的重点应该是培养计算思维，而不是具体的语法细节。所谓计算思维就是教会计算机做事的能力。计算机并不懂现实世界的问题，要靠人告诉它如何一步一步地求解。本书介绍的枚举法、筛选法、模拟法都是常用的编程模式。

本书读者对象

- 数学基础较好的中、高年级小学生。
- 中小学信息技术教师。
- 零基础的编程自学者。

温馨提示：本书附赠习题的参考答案，读者可以通过扫描封底二维码，关注“博雅读书社”微信公众号，找到资源下载栏目，输入本书 77 页的资源下载码，根据提示获取。

目录
CONTENTS

附录 347

第 1 章

开始编程之旅

糖糖和豆豆一直对计算机编程很感兴趣，于是她们最近开始跟着胖头老师学习编程。胖头老师的口头禅是“胖头胖头，编程不愁。人家有伞，我有胖头”。胖头老师打算先带领她们编写一个最简单的计算机程序，揭开编程的神秘面纱。

1.1 工欲善其事，必先利其器——安装 Dev-C++

糖糖问："老师，到底什么是编程？"

胖头老师答："编程就是把一段文本输入编程软件，然后编程软件把文本转换成一个可以运行的程序。我要教大家编写一些简单实用的程序。"

糖糖问："老师，手机上的那些聊天软件和视频软件是程序吗？"

胖头老师说："不完全是，软件是程序的集合，是为了完成特定功能而开发出来的。另外，软件还包括文档，文档详细介绍了软件是如何使用的。"

糖糖说："谢谢老师，我明白了。请您教我们写第一个程序吧。"

胖头老师边说边在计算机上演示起来。

本书用到的编程软件是小熊猫 Dev-C++。安装这个编程软件非常简单。首先把文件夹 RedPanda-Cpp 整个复制到 Windows 操作系统的某个盘下（如 F 盘），然后双击目录中的 RedPandaIDE.exe 文件，启动编程软件，如图 1.1 所示。

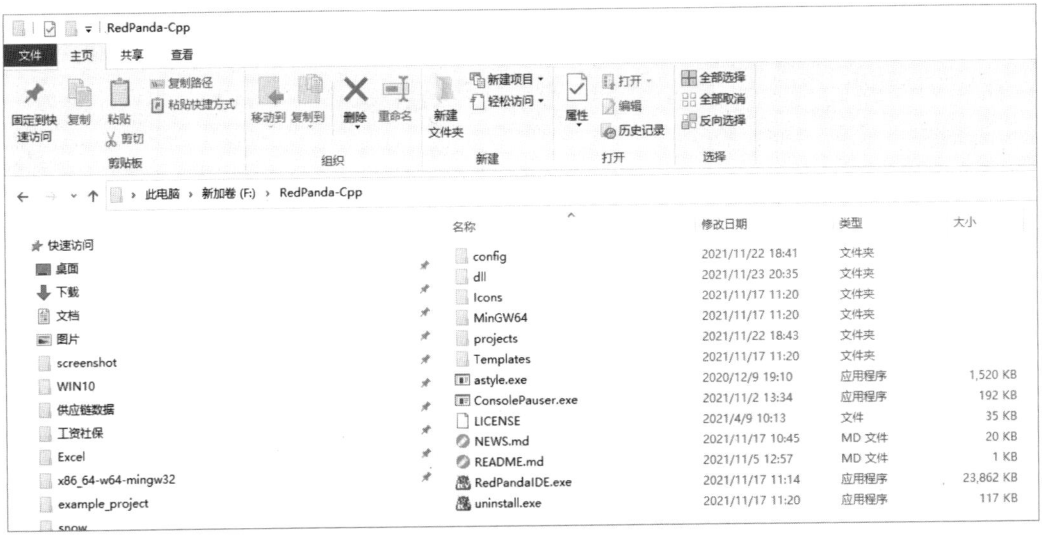

图 1.1　RedPanda-Cpp

在小熊猫 Dev-C++ 成功启动后，屏幕上会出现一个新的窗口，如图 1.2 所示。

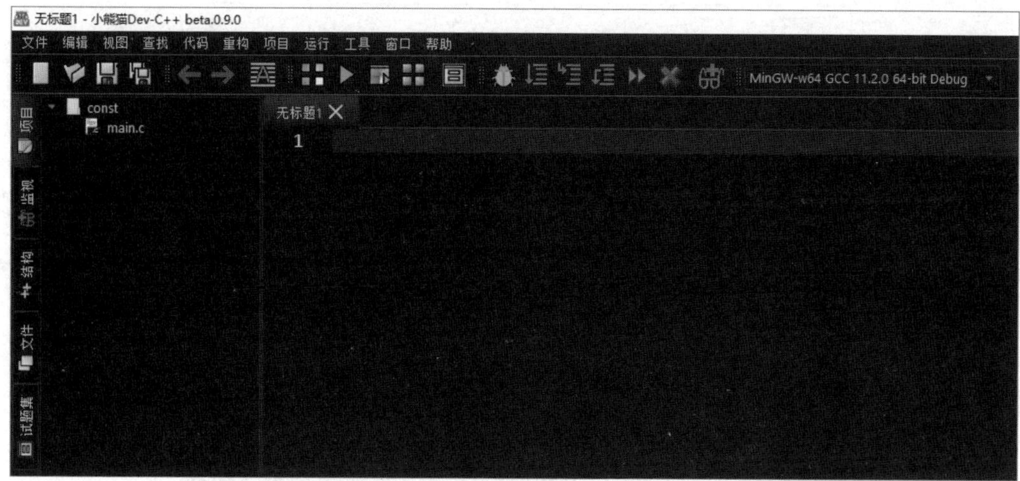

图 1.2　小熊猫 Dev-C++ 主界面

1.2 千里之行，始于足下——运行第一个 C++ 程序

下面介绍如何用小熊猫 Dev-C++ 写出第一个可以运行的 C++ 程序，步骤如下。

（1）单击左上角菜单栏中的“文件”，选择“新建”→“新建项目”选项，如图 1.3 所示。

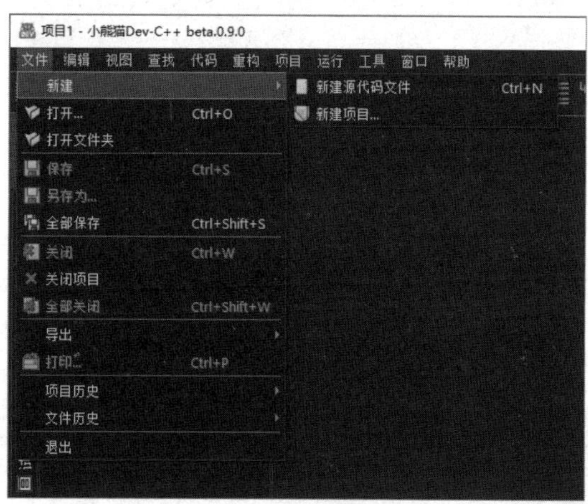

图 1.3　新建项目

（2）选择“Console Application”，项目名称为“cplushello”，单击“OK”按钮，如图 1.4 所示。

图 1.4　创建 Console Application

（3）弹出对话框提示文件夹不存在，询问是否创建，选择“Yes”。

（4）在编程软件的代码编辑区域可以看到如下代码。

```
#include <cstdio>
int main() {
    // 代码写在这里
    return 0;
}
```

（5）按键盘上的“F11”，就可以看到一个黑色的对话框，如图 1.5 所示。至此，一个最简单的 C++ 程序就运行成功了。“Press ANY key to continue...”的意思是提示我们按任意键来继续执行某个操作。

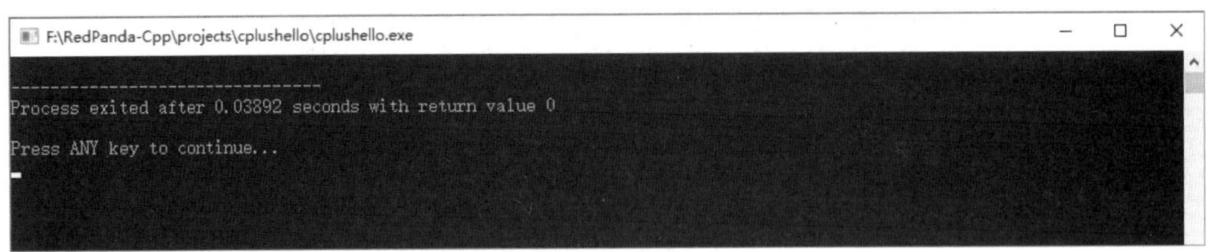

图 1.5　第一个 C++ 程序

（6）加一条代码“printf(" 你好 ");”，然后单击“保存”按钮。注意这里的引号、分号、括号是半角符号。

```
#include <cstdio>
int main() {
    // 代码写在这里
    printf( " 你好 " );
    return 0;
}
```

按“F11”可以看到屏幕上出现了一行文字“你好”，运行结果如图 1.6 所示。

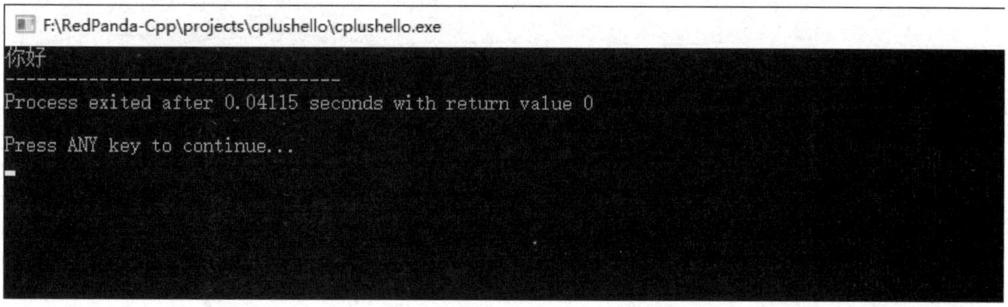

```
F:\RedPanda-Cpp\projects\cplushello\cplushello.exe
你好
--------------------------------
Process exited after 0.04115 seconds with return value 0

Press ANY key to continue...
```

图 1.6 用 C++ 在屏幕输出“你好”

代码第一行的“#include”指令用于包含（或导入）头文件。头文件通常包含函数声明、宏定义、类定义等。

代码第二行的“main”函数是 C++ 程序的入口点。简单来说，函数是装载编程语句的一个容器。我们把要计算机执行的编程语句都放到 main 里去。计算机会自动从 main 函数开始执行。每个 C++ 程序都有一个 main 函数。“return 0;”是一个编程语句，经常出现在 main 函数的末尾，表示返回数值 0。同学们暂时不用深入理解这些概念，只要知道把代码写到 main 函数里就可以了。

```
int main() {
    // 代码写在这里
    return 0;
}
```

“printf(" 你好 ");”是一个完整的编程语句，它的意思是命令计算机在黑色对话框中输出文字“你好”。末尾的分号就像中文标点符号里的句号一样，是一个程序语句结束的标志。

替换引号里的内容，可以让计算机输出我们指定的文本。

提　示

编写完代码之后，要检查语句末尾是否有分号。如果没有分号，编程软件会提示错误。编程语言中的分号、花括号等符号相当于中文的标点符号。漏写中文标点符号不会影响我们对句子的理解，但是没有正确填写代码中的“标点符号”，就可能会触发编译错误或者出现意外的运行结果。

练习题

（1）糖糖用 Dev-C++ 编译了一段代码，程序成功运行，接着她修改代码，编译器提示错误信息。这时候直接运行刚才编译的程序，能正确运行吗？

A. 能　　　　　B. 不能

（2）修改 1.2 节的程序代码，在屏幕上输出“天天向上”。

（3）找出以下代码中的语法错误。

```
int main() {
    printf( 你好 );
    return 0;
}
```

（4）阅读程序写结果。

```
int main () {
    ;
    return 0;
}
```

1.3 吃进去的是草，挤出来的是奶——计算机的输入、处理、输出

在继续深入学习编程之前，我们先要了解一下计算机的组成，以及计算机是如何完成数据的输入、处理和输出的。

胖头老师提问："同学们，你们知道计算机由哪些部件组成吗？"

豆豆回答："显示器、键盘、鼠标、机箱。"

"对，这些都是计算机硬件。机箱里有一个重要的计算机部件，就是中央处理器，英文简称是 CPU。CPU 相当于人的大脑。大脑指挥人的手和脚，而 CPU 控制计算机的其他部件，如图 1.7 所示。计算机进行加减乘除等运算就是在 CPU 里进行的。"

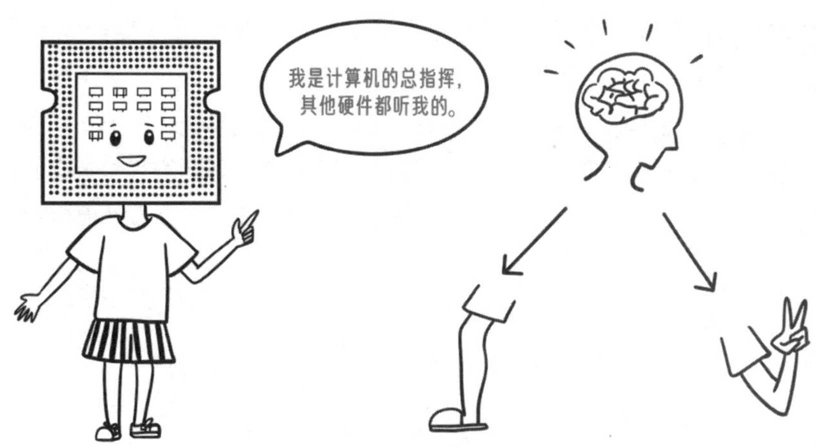

图 1.7 CPU 相当于人的大脑

"那么计算机的数据存在哪里呢？"胖头老师继续提问。

豆豆推理："也存在 CPU 里吗？因为我们学习的知识就是存在大脑里。"

胖头老师说："计算机有专门的硬件来存储数据，那就是存储器。"

存储器分为内部存储器和外部存储器。内部存储器读写速度快，容量较小，台式机的内存条就是一种内部存储器。外部存储器的读写速度比内部存储器慢，但是容量较大，在计算机关机之后存在外部存储器的数据不会消失，硬盘是一种外部存储器，如图 1.8 所示。

图 1.8　内存条和硬盘

键盘和鼠标在计算机领域里被归类为输入设备，而显示器和打印机属于输出设备。

最后我们来介绍一下什么是编译器。我们按下“F11”键，就是让编译器把我们写的代码转换成一个可以执行的程序。它跟传话游戏类似，左边的同学说一句英文，中间的同学把它翻译成中文，再告诉右边的同学，如图 1.9 所示。类似地，编译器把 C++ 这种高级编程语言转换成机器语言。高级编程语言比机器语言更容易理解和编写，但是计算机只能听懂“机器语言”。

图 1.9　传话游戏

计算机没有办法直接执行 C++ 代码，只能通过编译器把代码转换成可以运行的程序，如图 1.10 所示。

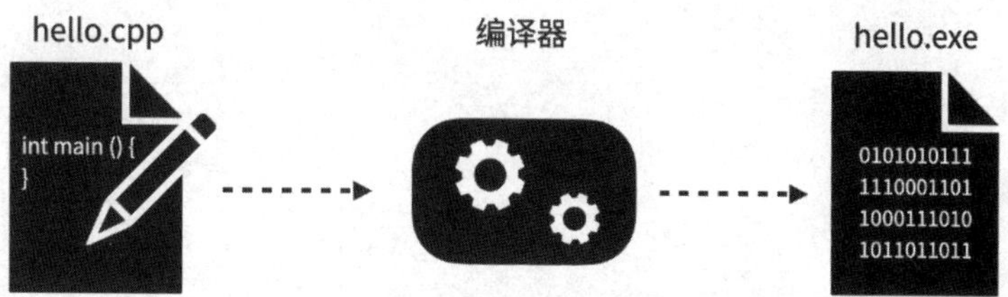

图 1.10 编译器把代码转换成可以运行的程序

胖头老师问："同学们，现在你们明白编译器的作用了吗？"

糖糖和豆豆齐声回答："明白了。"

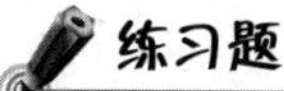

练习题

（1）以下属于输出设备的是（ ）。

A. 鼠标　B. 键盘　C. 打印机　D. 扫描仪

（2）计算机关机之后，哪些存储器会丢失数据（ ）？

A. RAM　B. 硬盘　C. U 盘　D. ROM

（3）上网查找 RAM 和 ROM 的有关知识，了解它们的区别。

第 2 章

常量和变量

在魔术表演中，魔术师经常从帽子里取出各种各样的东西，如一只兔子、一束鲜花。程序里也有类似魔术师帽子的东西，这就是变量。变量就是用来存放变化数据的容器。本章将通过多个例子来说明变量和常量的用法。

2.1 分类存放——变量和赋值语句

胖头老师提问："同学们，我们知道垃圾可以分为四类，分别是厨余垃圾、可回收物、有害垃圾、其他垃圾。那么请问废旧电池属于什么垃圾？"

豆豆回答："有害垃圾。"

"答对了。我们把垃圾分成几个类别，放到不同的垃圾桶，能够让垃圾的回收处理变得更加容易。计算机存放数据也是类似的，把数据分成多个类别。"

胖头老师接着引出变量的概念："计算机程序里也有一类容器来存放数据，这个容器就是变量。不同类型的数据被放到不同类型的变量中。"

在 C++ 中，变量必须先声明后使用。什么是声明呢？声明就是告诉计算机这个变量叫什么名字，能存放什么类型的数据，就好像去饭店点菜一样，明确吃什么菜，分量多少。

下面的代码定义了一个整型变量 *i*，说明变量 *i* 能存放整数。

```
int i;
```

"int"是变量类型，"*i*"是变量名。变量声明的末尾是一个分号。

变量名必须符合以下命名规则。

（1）变量名只能由字母、数字、下画线组成。

（2）必须以字母或下画线开头。

（3）变量名不能与 C++ 关键字冲突。

例如，下面的变量名都是错误的，return 是 C++ 中的关键字。

```
int 价格 = 2;
int 1a = 1;
int return = 3;
```

另外，变量名是区分字母大小写的，下面的代码定义了两个不同的变量。

```
int a;
int A;
```

在 C++ 中，可以一次定义多个变量。

```
int a, b, c;
```

这段代码定义了 3 个整型变量 *a*、*b*、*c*，变量名用逗号隔开。

变量声明之后，就可以存储数据了。

```
int i;
i = 1;
```

这里的“=”跟数学上的等号不一样，C++ 中的“=”代表赋值，就是把数据存入变量。声明和赋值可以合并成一个语句。

```
int i = 1;
```

C++ 语言有多种数据类型，本节我们先介绍以下 3 种数据类型。

（1）int：整型变量，可以存放整数，如 1、0、-1。

（2）float：浮点型变量，可以存放小数，如 3.14。

（3）char：字符型变量，只能存放一个字符，如 'A' ','。

胖头老师说完，展示了以下代码。

```
#include <cstdio>
int main() {
    int i;
    i = 1;
    float f = 2.68;
    char c = 'C';

    return 0;
}
```

这段代码定义了 3 个变量，其中变量 *i* 是整型变量，变量 *f* 是浮点型变量，变量 *c* 是字符型变量。这里把 3 个不同的数据存入 3 个不同类型的变量中，如图 2.1 所示。字符型变量赋值的时候，字符要放在英文状态下的单引号内。

图 2.1 变量类型

练习题

（1）以下哪个是非法的变量名（　　）。

A. 2a　　B. b3　　C. _name_　　D. d3e

（2）找出以下代码中的语法错误。

```
a=1
b=2
```

2.2 变化无穷——读取和修改变量的值

胖头老师说："用 printf 函数可以输出一个变量的内容。"输入了以下代码并运行程序。

```
    printf("%d\n", i);
    printf("%f\n", f);
    printf("%c\n", c);
```

运行结果如下。

```
1
2.680000
C
```

"printf 后面括号内的代码包括两部分，第一部分是格式字符串，第二部分是变量名。"

"格式字符串是什么东西？"豆豆提问。

"格式字符串用来控制输出的格式。例如，这 3 个格式字符串都包含了"\n"。它表示另起一行输出，如果去掉"\n"，那么输出会出现在同一行。"

```
    printf("%d", i);
    printf("%f", f);
    printf("%c", c);
```

运行结果如下。

```
12.680000C
```

"%d""%f""%c"都是格式符。它们用来设定变量按什么方式输出。例如，这里就把变量 *i* 当成整数来输出，把变量 *f* 当成小数来输出，把变量 *c* 当成字符来输出。

“老师，如果用“%f”输出变量 *i* 会怎样呢？”糖糖提问。

“问得好，我们来动手试验一下。”

```
printf( "%f " , i);
```

运行结果如下。

```
0.000000
```

可以看到变量没有被正确地输出，所以当我们发现输出异常的时候，可以检查一下格式符。

用 printf 输出各种类型的变量的规则总结如下。

（1）用 printf 输出整数，格式符是“%d”。

（2）用 printf 输出小数，格式符是“%f”。

（3）用 printf 输出字符，格式符是“%c”。

（4）“\n”表示换行。

printf 的详细用法会在第 4 章介绍，同学们现在只需要记住以上 4 点就可以了。

每个变量只能存放一个值。赋值之后，会把原来的值覆盖掉。示例代码如下。

```
#include <cstdio>
int main() {
    int a = 1;
    a = 5;
    printf( "%d\n " , a);
    return 0;
}
```

运行结果如下。

```
5
```

变量 *a* 的初始值是 1，然后把 5 赋值给 *a*，*a* 存储的数字变成了 5，如图 2.2 所示。

图 2.2　变量赋值

除了可以用 printf 函数输出变量的内容，还可以用 cout 语句很方便地输出变量的内容，格式如下。

```
cout << 变量名 ;
cout << 变量名 << endl;
```

这里“endl”代表换行，“<<”是一个运算符，用来连接要输出的各种内容。使用 cout 语句之前要在 main 函数前加上以下代码。

```
#include <iostream>
using namespace std;
```

下面的代码输出了变量 *a* 的内容。

```
#include <iostream>
using namespace std;
int main() {
    int a = 1;
    cout << a << endl;
    return 0;
}
```

cout 可以直接输出数字和文字。

```
cout << 2;
cout << "xxx";
```

这个语句等价于“printf("xxx");”。

用 cout 语句完善以下程序并输出图案。

```
#include <iostream>
using namespace std;
int main() {
    cout << "*******" << endl;

    return 0;
}
```

输出图案如下。

```
*******
*     *
*******
```

练习题

（1）如果变量声明之后没有赋值，那么用 printf 输出变量时会显示什么？请运行以下代码并观察结果。

```
#include <cstdio>
int main() {
      int i;
      printf( "%d" , i);
}
```

（2）找出以下代码中的语法错误。

```
#include <cstdio>
int main() {
      int a;
      printf( "%d" , A);
}
```

（3）找出以下代码中的语法错误。

```
#include <cstdio>
int main() {
      int i = 1
      char c = "a";
      printf( "%c\n" , c);
      printf( "%d\n" , i);
      return 0;
}
```

（4）阅读程序写结果。

```
#include <cstdio>
int main() {
      int i = 1;
      char c = ',';
      float f = 2.3;
      printf( "%f" , f);
      printf( "%c" , c);
```

```
    printf("%d", i);
    return 0;
}
```

2.3 交换果汁——交换两个变量的值

胖头老师分给同学们每人一杯果汁，糖糖拿了一杯西瓜汁，豆豆拿了一杯橙汁。然后老师让同学们思考一个问题：怎样借助一个空的杯子交换两个杯子里的果汁？

豆豆想了一下，动手操作起来。她先把橙汁倒入空杯，再把西瓜汁倒入原来装橙汁的杯子，最后把橙汁倒回原来装西瓜汁的杯子，如图 2.3 所示。

第一步：把橙汁倒入空杯

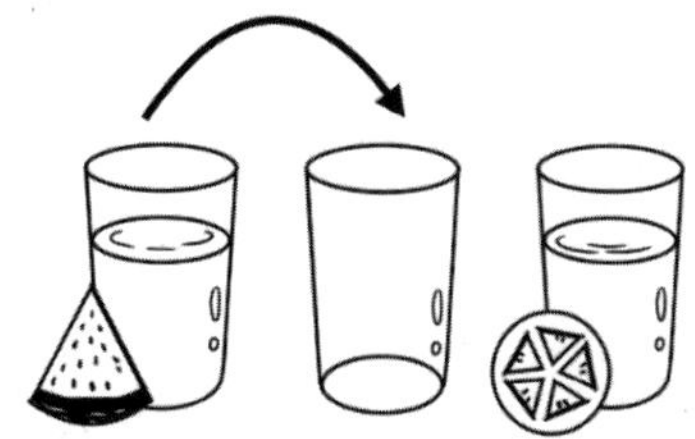

第二步：把西瓜汁倒入原来装橙汁的杯子

第三步：把橙汁倒回原来装西瓜汁的杯子

现在橙汁和西瓜汁交换了存放的位置

图 2.3　交换杯子中的果汁

“在 C++ 里交换两个变量的值的过程与刚才交换果汁是类似的。”胖头老师给出了一个例子。

```
#include <cstdio>
int main() {
    int a = 1;
    int b = 2;
    printf("%d\n", a);
```

```
    printf( "%d\n", b);

    int tmp;
    tmp = a;
    a = b;
    b = tmp;

    printf( "%d\n", a);
    printf( "%d\n", b);
}
```

运行结果如下。

```
1
2
2
1
```

代码运行过程如下。

（1）把变量 *a* 的值赋给临时变量 *tmp*。

（2）把变量 *b* 的值赋给变量 *a*。

（3）把变量 *tmp* 的值存到变量 *b*。

变量 *tmp* 就相当于一个空杯子。最后变量 *a* 的值是 2，变量 *b* 的值是 1。

练习题

阅读程序写结果。

```
#include <cstdio>
int main() {
    int a = 1;
    int b = 2;

    int tmp;
    tmp = a;
    printf( "%d\n", a);
    a = b;
    printf( "%d\n", a);
```

```
    b = tmp;
     printf( " %d\n " , b);
}
```

2.4 一成不变——常量

我们会把暂时不吃的食物放到冰箱里以保持食物的新鲜。计算机程序里也有一个类似的东西，就是常量，当数据存入常量之后，就不会被修改，保持原形。

下面来看一个常量的例子。

```
#include <cstdio>
int main() {
    const int i = 1;
    printf( " %d\n " , i);
    return 0;
}
```

这里 i 就是一个常量。定义一个常量的语法如下。

```
const 类型 常量名 = 值 ;
```

常量在赋值之后，只能读取值，不能修改值。当修改常量 i 的值时，编译器会提示错误。对于下面的代码，编译器会提示错误信息：“[错误] assignment of read-only variable 'i'”。

```
#include <cstdio>
int main() {
    const int i = 8;
    i=1;
    printf( " %d\n " , i);
    return 0;
}
```

数字 8 已经“占据”了常量 i，数字 1 就没有办法进去了，如图 2.4 所示。

图 2.4　常量赋值之后不能被修改

豆豆问："老师，为什么 C++ 里要有常量？"

胖头老师回答道："第一，修改起来方便。只要修改定义好的常量的值，那么所有使用这个常量的代码也会同时变化。第二，防止被修改。如果你不希望某些数据被代码修改，可以将其存到常量，如圆周率的近似值。const 表明程序不会修改常量 PI，让编译器去检查是否有代码尝试修改这个常量。一般常量的常量名会用大写来表示。"

```
const float PI = 3.141592653589793;
```

2.5 小结

本章主要介绍了以下知识点。

（1）如何声明一个变量和多个变量，示例代码如下。

```
int a = 1;
char c;
float f;
int a,b,c;
const int i = 1;
```

（2）用 printf 语句输出变量的值，示例代码如下。

```
printf( "%d", i);
printf( "%c", c);
printf( "%f", f);
```

（3）用赋值语句修改变量的值，示例代码如下。

```
i = i + 1;
```

（4）引入临时变量来交换两个变量的值，示例代码如下。

```
tmp = a;
a = b;
b = tmp;
```

2.6 真题解析

1. 区分下列哪些是常量，哪些是变量。

```
const int num1 = 5;
double PI = 3.14159;
int count = 0;
const double GRAVITY = 9.8;
int score;
```

请将上述选项分为常量和变量两组。

解析：

常量：

const int num1 = 5; const double GRAVITY = 9.8;

变量：

double PI = 3.14159; int count = 0; int score;

2. 编写一个C++程序，在其中声明一个整型常量NUM，赋给它一个任意整数值，然后尝试在程序的其他地方修改这个常量值。最后，编译并运行程序，观察编译器是否会报错。

解析：

```
#include <cstdio>
int main() {
    const int NUM = 1;
    NUM=2;
    printf( "%d\n" , NUM);
    return 0;
}
```

第 3 章

基本数学运算

ENIAC 是世界上第一台通用计算机，占地面积约 170 平方米，重达 30 吨。计算机早期最重要的应用就是进行大量的数学计算。本章将通过多个例子讲解如何用程序计算复杂的数学表达式，并带您了解计算机中常用的二进制数。

3.1 速算大师——用计算机完成加减乘除

胖头老师在黑板上写了一道四则混合运算的题目。

```
4445×3-823+714÷3+12212
```

“这个算术题用手工运算很麻烦。我们可以把 C++ 程序当作一个计算器来使用，用程序做算术题又快又准。”胖头老师说。

```
#include <cstdio>
int main() {
    printf("%d\n", 4445*3-823+714/3+12212);
    return 0;
}
```

运行结果如下。

```
24962
```

糖糖赞道：“这样确实很方便！”

豆豆指着代码里的“*”和“/”问：“老师，这些符号到底是什么？”

“C++ 的乘法符号和除法符号与小学课本中的不一样。‘2×3’用 C++ 表达应该是‘2*3’。‘8÷2’用 C++ 表达应该是‘8/2’”。

胖头老师补充道：“与数学课本的运算类似，在 C++ 中可以使用括号改变运算的顺序。”

```
#include <cstdio>
int main() {
    printf("%d\n", 4445*3-(823+714)/3+12212);
    return 0;
}
```

运行结果如下。

```
25035
```

练习题

阅读程序写结果。

```
#include <cstdio>
int main() {
    printf("%d\n", 5/3);
    printf("%d\n", 4/2);
    return 0;
}
```

3.2 计算篮球场的周长和面积——用变量表示公式

学校的篮球场长 28 米，宽 15 米。胖头老师要求同学们用 C++ 程序计算篮球场的周长和面积。

豆豆首先列出长方形的周长和面积的计算公式。

```
周长 =（长+宽）× 2
面积 = 长 × 宽
```

然后她运用之前学到的知识，编写了如下代码。

```
#include <cstdio>
int main() {
    int length = 28;
    int breadth = 15;
    int area = length * breadth;
    int perimeter = (length + breadth)*2;
    printf("%d\n", area);
    printf("%d\n", perimeter);
    return 0;
}
```

运行结果如下。

```
420
86
```

代码的运行过程如下。

首先定义两个变量，变量 *length* 代表长方形的长度，变量 *breadth* 代表长方形的宽度。

然后按照公式定义两个新的变量，变量 *area* 代表长方形的面积，变量 *perimeter* 代表长方形的周长。像"length * breadth""(length + breadth)*2"这样的式子，在 C++ 中称为数学表达式。

最后用 printf 输出运算结果。

把计算公式转换为 C++ 代码的规则总结如下。

（1）把公式中的变量逐一定义为 C++ 变量。

（2）对多个变量赋值。

（3）把公式转换为 C++ 的表达式。

（4）把计算结果存入一个新的变量。

练习题

（1）阅读程序写结果。

```
#include <cstdio>
int main() {
    int a = 2, b = 3, c;
    c = a * b;
    printf("%d ", a);
    printf("%d\n", b);
    printf("%d\n", c);
    return 0;
}
```

（2）阅读程序写结果。

```
#include <cstdio>
int main() {
    int a = 2, b = 3;
    a = a + b;
    b = a - b;
    printf("%d\n", a);
    printf("%d\n", b);
    return 0;
}
```

（3）用 C++ 语言计算以下图案的面积和周长，图案的各条边的尺寸如图 3.1 所示。

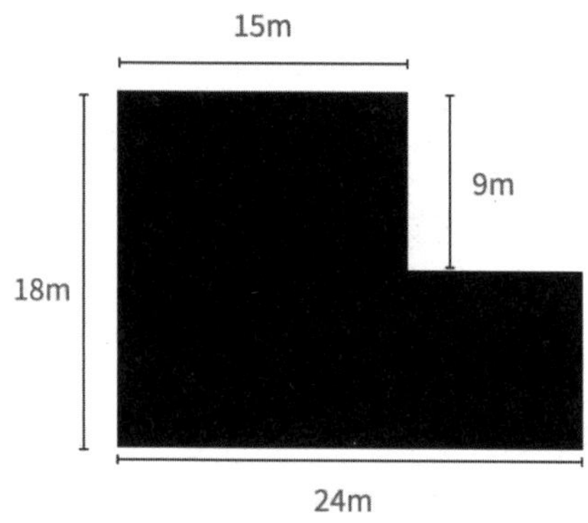

图 3.1　多边形

（4）一辆汽车前 3 小时共行驶 170 千米，后 4 小时共行驶 250 千米，这辆汽车平均每小时行驶多少千米？请编写程序计算结果。

3.3 交换个位数和十位数——求余运算

用 C++ 不仅可以计算出除法的商，而且可以计算出除法的余数。求余数需要用到求余运算符（%），这个符号跟数学中的百分号是不一样的，它的用法如下。

```
被除数 % 除数
```

例如，我们要计算 8855 除以 7 的余数，代码如下。

```
#include <cstdio>
int main() {
    printf("%d\n", 8855 % 7);
    return 0;
}
```

运行结果如下。

```
0
```

在程序中经常用到求余运算符，同学们要注意掌握。

下面用求余运算解决一道数学题。李明的年龄是 18 岁，他爷爷的年龄刚好等于李明年龄的个位数和十位数交换后的结果，请用程序计算出爷爷的年龄。

“怎么用 C++ 实现个位数和十位数交换呢？”豆豆想知道计算机如何实现这样对于人

来说十分简单的操作。

胖头老师分析：“两位数除以 10 的余数刚好是它的个位数，两位数除以 10 的商刚好是它的十位数。所以程序可以这样写。”

```
#include <cstdio>
int main () {
      int oneplace, tenplace; // 个位数和十位数
      int number = 18
      oneplace = 18 % 10;
      tenplace = 18 / 10;
      printf( "%d\n" , oneplace);
      printf( "%d\n" , tenplace);
      printf( "%d\n" , oneplace*10+tenplace); /* 交换个位数和十位数 */
      return 0;
}
```

“18 % 10”的结果是 8，“18/10”的结果是 1，“oneplace*10+tenplace”的结果是 81，刚好交换了数字 18 的个位数和十位数。C++ 的整数除法运算结果是除法的商。

“原来求余运算还有这种神奇的用法。”糖糖赞叹。

“老师，这个程序里还有一些中文说明，这些是什么？”豆豆问。

“这些中文说明是注释。所谓注释就是用来解释代码含义的文字。注释并不会被执行，在编译的过程中会自动去除。”胖头老师说。

C++ 常见的代码注释有以下两种。

```
// 注释
/*  注释 */
```

在代码中添加必要的注释可以让代码更容易理解。注释可以有多行。

```
// 注释 1
// 注释 2

/*   注释 1
    注释 2
    注释 3
 */
```

提　示

建议使用“//”来添加注释，这种写法有更好的兼容性。

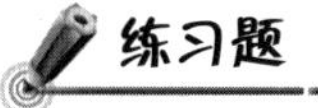

练习题

请补充以下程序，计算出两位数的十位数。计算除法的商的公式为“商 =（被除数 – 余数）÷ 除数”。

```
#include <cstdio>
int main () {
    int oneplace, tenplace; // 个位和十位
    int number = 18;
    oneplace = number % 10;
    tenplace = ____________;
    printf( "%d\n" , oneplace);
    printf( "%d\n" , tenplace);
    return 0;
}
```

3.4 转换秒数——求余运算的应用

胖头老师又提出了一个新的编程题，用程序把 8500 秒转换成小时分钟秒的形式。

“1 小时是 3600 秒，所以 8500 除以 3600 的商就是小时数了。剩余的秒数可以用求余运算获得。”糖糖抢答。

“1 分钟是 60 秒，所以剩余秒数除以 60 的商就是分钟数，要获取剩余的秒数也是用求余运算。”豆豆接着糖糖的话继续推理。

胖头老师满意地点点头。

```
#include <cstdio>
int main() {
    int hour = 8500/3600;
```

```
    int minute = (8500%3600)/60;
    int second = (8500%3600)%60;

    printf("%d\n", hour);
    printf("%d\n", minute);
    printf("%d\n", second);
    return 0;
}
```

运行结果如下。

```
2
21
40
```

练习题

有58个篮球，要平均分给8个班且无剩余，最少要去掉几个篮球。每个班分到几个篮球？请用程序计算出答案。

3.5 买雪糕要多少钱——浮点数运算

胖头老师出了一道数学应用题，要求糖糖和豆豆用 C++ 程序计算出结果。买 5 根雪糕要 21 元。买 13 根同样的雪糕，需要多少钱？

糖糖花几分钟写了以下代码。

```
#include <cstdio>
int main() {
    printf("%d\n", 13*(21/5));
    return 0;
}
```

运行结果如下。

```
52
```

糖糖问胖头老师："结果为什么不是 54.6 呢？"

胖头老师指出程序中的错误："第一，格式符应该是'%f'；第二，C++ 的整数除法的运算结果是整数，而不是浮点数。代码要这样修改一下。”

```
#include <cstdio>
int main() {
    printf( "%f\n" , 13*(21.0/5));
    return 0;
}
```

首先，把格式符换成“%f”，其次把“21”换成“21.0”，这样 C++ 就会自动进行浮点数的除法。在数学里，21.0 和 21 是一样的，但在计算机程序里，21.0 和 21 是不一样的。胖头老师运行修改后的程序，运算结果变成了“54.6”。

C++ 进行浮点数运算得出来的结果可能跟数学里的结果不一样，浮点数运算结果是一个近似值。示例代码如下。

```
#include <cstdio>
int main()
{
    float a = 5.6;
    float b = 2.4;
    printf( "%f\n" , a*b);
    return 0;
}
```

运行结果如下。

```
13.440001
```

数学上正确的结果应该是“13.44”。这个例子说明只要这个近似值对于解决的问题是足够的，那么这种运算结果就是可以接受的。

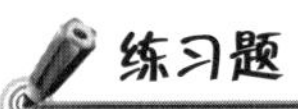

练习题

(1) 找出以下代码中的语法错误。

```
#include <cstdio>
int main() {
    float a = 3.0, b = 2.0;
    printf( "%d" , a/b);
    return 0;
}
```

（2）阅读程序写结果。

```
#include <cstdio>
int main () {
    float a = 0.333;
    a = a*100;
    a = a + 1.2;
    printf( "%.2f", a);
    return 0;
}
```

（3）以下程序计算了半径是 7 厘米的圆面积，请补充代码。

```
#include <cstdio>
int main () {
    float radius = 7.0;
    float area;
    const float PI = 3.1415926;
    area = __________;
    printf( "%.2f\n", area);
    return 0;
}
```

（4）已知直角三角形的两条直角边的长度分别是 4 厘米和 6 厘米，以下程序计算了斜边的长度，请补充代码。sqrt 函数用于计算一个数的平方根。

```
#include <cstdio>
#include <cmath>
int main () {
    float a = 4.0, b = 6.0;
    printf( "%.2f\n", sqrt(________));
    return 0;
}
```

3.6 跳绳计数器——变量自增和自减

糖糖课余时间积极参加体育活动，她经常使用带电子计数器的跳绳。每跳一次，计数器上显示的数字就增加 1。在计算机程序里也可以使用一个变量实现计数器功能。例如，“*i* =

i + 1;”让变量 *i* 的值增加 1。

下面通过一个例子解释变量是如何自增的。

```
#include <cstdio>
int main() {
    int i = 1;
    i = i + 7;
    printf("%d\n", i);
    return 0;
}
```

程序先从变量 *i* 取初值，这个值是 1，然后把这个值与数字 7 相加，最后把计算结果存到变量 *i* 中，如图 3.2 所示。

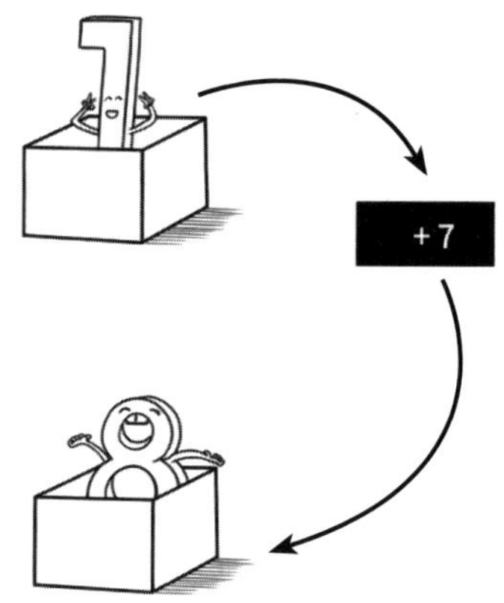

图 3.2　$i = i + 7$ 示意图

在 C++ 中有自增运算符（++）和自减运算符（--），借助这两个运算符可以简化变量自增和自减的代码。例如，“*i*++”是“*i*=*i*+1”的简写，“*j*--”是“*j*=*j*-1”的简写。

```
#include <cstdio>
int main() {
    int i = 2;
    i++;
    printf("%d\n", i);
    int j = 2;
    j--;
    printf("%d\n", j);
```

```
    return 0;
}
```

运行结果如下。

```
3
1
```

自增运算符和自减运算符也可以放在变量名的前面，所以上面的代码也可以像下面这样写。

```
#include <cstdio>
int main() {
    int i = 2;
    ++i;
    printf("%d\n", i);
    int j = 2;
    --j;
    printf("%d\n", j);
    return 0;
}
```

在赋值运算符“=”之前加上“+”，构成复合运算符。语句“n=n+1;”相当于“n+=1”。下面再举几个复合运算符的例子。

```
n-=1; // 相当于 n=n-1
n*=2; // 相当于 n=n*2
n/=3; // 相当于 n=n/3
```

练习题

（1）阅读程序写结果。

```
#include <cstdio>
int main() {
    int i = 1;
    i++;
    i++;
    i++;
    printf("%d\n", i);
```

```
    return 0;
}
```

（2）阅读程序写结果。

```
#include <cstdio>
int main() {
    int i = 5;
    i--;
    i--;
    i--;
    printf("%d\n", i);
    return 0;
}
```

（3）阅读程序写结果。

```
#include <cstdio>
int main() {
    int i = 5;
    i--;
    i++;
    --i;
    ++i;
    printf("%d\n", i);
    return 0;
}
```

（4）一个梯子有 4 级，从高到低宽度增加，最高一级宽 30 厘米，各级的宽度成等差数列，两级之间相差 30 厘米。编写程序计算梯子各级的长度。

（5）有一只贪吃的猴子，摘了 13 个桃子，第一天吃了一半，然后忍不住又吃了一个，第二天又吃了一半，再加上一个。请用程序计算第二天剩下多少个桃子。

3.7 逢二进一——二进制数

计算机的所有数据都是以二进制形式存储的。计算机使用二进制有以下优点。

（1）技术实现简单。

（2）适合逻辑运算。

（3）易于进行转换。

理解二进制数对于我们理解计算机程序的运作很重要，本节将详细介绍二进制数。

二进制数是数字的一种表示方法。所谓二进制就是逢二进一。小学数学课本的数字是采用十进制的，也就是逢十进一。

我们可以把二进制的 1 看成是灯亮，二进制的 0 看成是灯灭。数字 0 到 5，可以这样表示，如图 3.3 所示。最左边的灯泡代表最高位，最右边的灯泡代表最低位。

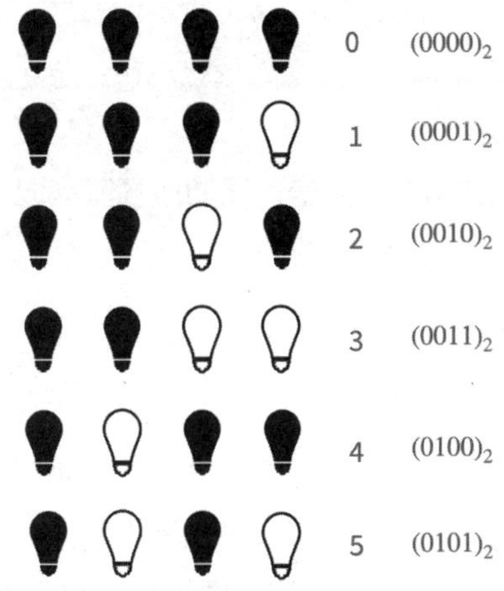

图 3.3 用多个灯泡类比二进制

二进制数的位数越多，能够表达的东西就越多。2 位的二进制数只能表示四种不同的东西，8 位的二进制数可以用来表示 256 种颜色。

在 C++ 里，支持直接用二进制数表示数字。二进制数以“0b”开头。下面的代码把数字“1”“2”“3”以二进制形式赋值给 3 个变量。

```
#include <cstdio>
int main() {
    int one = 0b01;
    int two = 0b10;
    int three = 0b11;
    printf("%d\n", one);
    printf("%d\n", two);
    printf("%d\n", three);
    return 0;
}
```

计算机常用的记数制还有八进制和十六进制。C++ 里支持以八进制和十六进制的形式输入数字，示例代码如下。

```
// 八进制
printf( "%d\n", 011);
// 十六进制
printf( "%d\n", 0xa);
```

八进制数以“0”开头，十六进制数以“0x”开头。在十六进制中用“a”表示 10，“b”表示 11，“c”表示 12，“d”表示 13，“e”表示 14，“f”表示 15。网页的颜色就是用十六进制表示，如“#ffffff”表示白色。

把 *n* 位二进制数转换为十进制的方法是：它的最高位乘以 2^{n-1}，结果记为 a1。它的次高位乘以 2^{n-2}，结果记为 a2，依次类推，它的最后一位乘以 2^0，结果记为 an。a1+a2+…+a*n* 就是所求的十进制整数。示例如下。

$$(1101)_2=1\times 2^3+1\times 2^2+0\times 2^1+1\times 2^0=13$$

二进制数字中的 1 位，习惯上称为 1 比特（bit）。比特是计算机信息容量的单位，8 比特构成 1 字节。一个 ASCII 码字符占用 1 字节。一个汉字字符占用 2 字节。

直接用字节来表示计算机信息的大小不够方便，所以又引入了 kB、MB、GB、TB 等单位，它们与字节的关系如下。

```
1B=8bit
1kB=1024B
1MB=1024KB
1GB=1024MB
1TB=1024GB
```

练习题

（1）计算机存储数据的基本单位是（　　）。

A. bit　　B. Byte　　C. kB　　D. MB

（2）数字 13 用二进制如何表示？

（3）二进制 00101010 和 00010110 的和是多少，这个和用二进制怎么表示？

（4）一个 32 位整型变量占用（　　）个字节。

A. 4　　B. 8　　C. 16　　D. 32

3.8 小结

本章介绍了以下知识点。

（1）用 C++ 可以进行加减乘除运算，也可以计算除法的余数，示例代码如下。

```
a+b
a-b
a*b
a/b
a%b
```

（2）计算机浮点数运算的结果不是一个精确值。

（3）C++ 代码的注释有以下两种。

```
// 注释
/*  注释 */
```

（4）变量的自增和自减。

（5）计算机常用的计数制：二进制、八进制、十六进制。

3.9 真题解析

1. （CSP-J 2014）下列各无符号十进制整数中，能用八位二进制表示的数中最大的是（　　）。

A. 296　　B. 133　　C. 256　　D. 199

解析：因为没有符号位，所以用八位二进制表示的数最大值是 255，256 表示不了，剩下的最大的数是 199，所以选 D。

2.（CSP-S 2018）下列四个不同进制的数中，与其他三项数值上不相等的是（　　）。

A. $(269)_{16}$　　B. $(617)_{10}$　　C. $(1151)_8$　　D. $(1001101011)_2$

解析：$(269)_{16}$ 转成十进制是 617，$(617)_{10}$ 已经是十进制，$(1151)_8$ 转成十进制是 617，显然 A、B 和 C 的数值一样；D 转成十进制是 619，D 与它们不一样，所以选 D。

第 4 章

输入数据和输出数据

前面我们学会了如何用 printf 来输出单个数字和字母，本章将详细介绍如何用 printf 函数和 scanf 函数来完成数据的输出和输入。

4.1 会唱歌的鹦鹉——字符类型

胖头老师带来了一只会唱歌的鹦鹉，名字叫 Binary，它只会唱数字 0 和 1，如图 4.1 所示。

图 4.1　鹦鹉唱歌

豆豆一句也听不明白："老师，它在唱什么？"

"这只鹦鹉在模仿计算机存储字符的方式，它在唱英文单词'cat'。"

"为什么是 cat？"

"前面已经说过计算机数据都是以二进制的形式存储的。计算机存储英文字母的时候，并不是把英文字母本身存放到内存单元中。一个英文字母用 8 位二进制数表示。"

"那么英文字母是按什么规则用二进制数表示呢？"

"这种规则一般称为编码方式。其中一种编码方式叫做 ASCII 编码。ASCII 编码使用了 7 位二进制数来表示 128 个字符，多余的最高位取 0。鹦鹉就是用这种方式唱英文单词的。"

"二进制太神奇了！"豆豆兴高采烈地说道。

例如，下面的代码，字符型变量 *c*1 存放字符"c"，在内存里存放的是整数 99，用二进制表示是"01100011"。字符型变量 *c*2 存放字符"a"，在内存里存放的是整数 97，用二进制表示是"01100001"。字符型变量 *c*3 存放字符"t"，在内存里存放的是整数 116，用二进制表示是"01110100"。

```
char c1 = 'c';
char c2 = 'a';
char c3 = 't';
```

这三个变量与二进制的对应关系如图 4.2 所示。

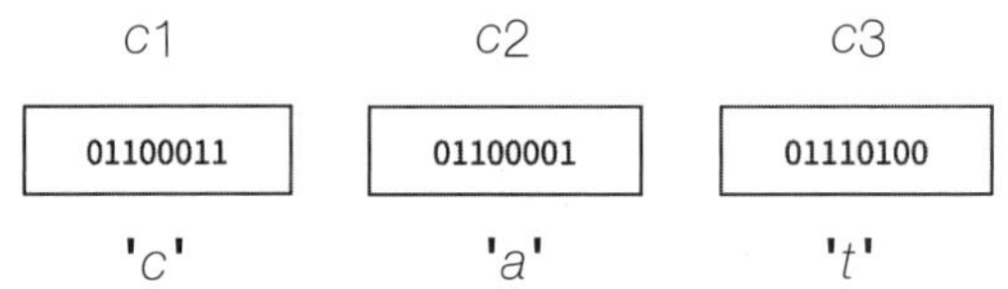

图 4.2　变量 c1、c2、c3 与二进制的对应关系

“原来鹦鹉唱出来的那些数字跟英文单词 cat 是这样对应的。”豆豆终于明白了计算机是怎么存储字符类型的。

胖头老师说出一个有趣的知识点：“豆豆，字符还能和整数相加。既然字符是以二进制数的形式存到变量的，那么 C++ 可以把字符当作整数来进行运算。”

```
#include <cstdio>
int main() {
      char c = 'A';
      printf("%c\n", c);
      printf("%c\n", c+32);
      return 0;
}
```

这段代码把字符型变量 c 与数字 32 相加。变量 c 存放了“A”，当它加上 32 后就变成了“a”。因为“A”的十进制表示是 65，“a”的十进制表示是 97。

豆豆举一反三：“加上 32 可以把大写变小写，那么减去 32 可以把小写变大写。”

胖头老师赞扬豆豆：“说对了，真聪明！”

注　意

定义字符型变量的时候，字符 A 要放在半角单引号内，而不是半角双引号内。

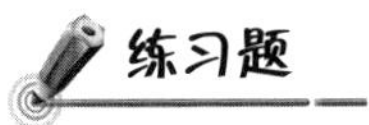

练习题

阅读程序写结果。

```
#include <cstdio>
int main() {
    char a='A';
    printf("%c, %c\n", a+1, 68);
    return 0;
}
```

4.2 按格式输出——printf 语句详解

printf 语句除了可以输出一个变量的值，也可以输出多个变量的值。胖头老师用幻灯片展示了以下内容。

```
printf("格式符", 变量);

或

printf("格式符\n", 变量);
```

“前面介绍的 printf 用法，格式符只有一个。下面我们把 printf 的用法扩展成如下这样，以支持多个参数。”胖头老师翻到幻灯片的下一页。

```
printf(格式控制字符串, 参数1, 参数2, 参数3, …);
```

格式控制字符串由以下 3 种符号组成。

（1）格式符，如“%d”“%c”“%f”，格式符决定变量以什么形式输出。

（2）转义序列，如“\n”代表换行。

（3）普通字符，原样输出，不需要做转换。

格式控制字符串中的格式符与参数是一一对应的，参数既可以是变量，也可以是表达式。

糖糖和豆豆听完了胖头老师对 printf 的详细介绍，还是云里雾里。于是，胖头老师给出了一个例子。

```
#include <cstdio>
int main() {
    int a = 1;
    char b = 'c';
```

```
    float c = 1.3;
    printf("%d,%c\n%.1f", a, b, c);
    return 0;
}
```

运行结果如下。

```
1,c
1.3
```

这里 printf 函数的运行过程如下。

（1）处理第一个格式符“%d”，把第一个参数 a 转换成十进制形式输出。

（2）输出逗号。

（3）处理第二个格式符“%c”，把第二个参数 b 转换成字符输出。

（4）遇到换行符“\n”，另起一行输出。

（5）处理第三个格式符“%.1f”，“%.1f”中的“1”代表只保留一位小数，于是把第三个参数 c 以小数的形式输出，并保留一位小数。

这个过程如图 4.3 所示。

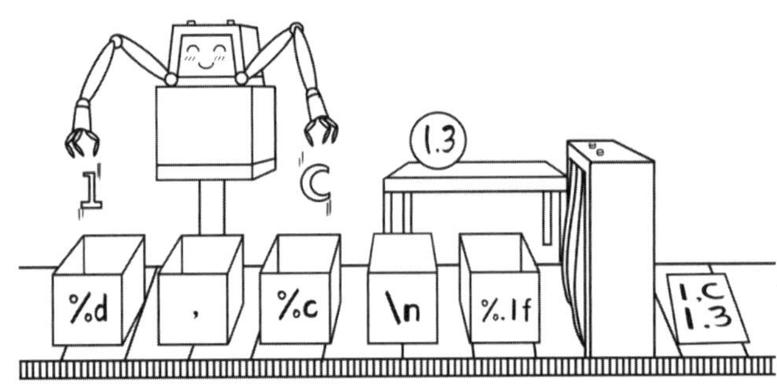

图 4.3　printf 根据占位符输出内容

“printf 函数就像图里的机器人一样，按顺序匹配格式符和参数，进行转换输出。现在明白它的用法了。”豆豆豁然开朗。

常用的 printf 函数格式符汇总如表 4.1 所示。

表 4.1 常用的 printf 函数格式符

格式字符串	含义
%d	以十进制形式输出带符号整数
%u	以十进制形式输出无符号整数
%o	以八进制形式输出无符号整数
%x	以十六进制形式输出无符号整数
%f	以小数形式输出实数
%c	输出单个字符
%s	输出字符串

练习题

（1）找出以下代码中的错误。

```
#include <cstdio>
int main() {
    int a=1;
    float b=1.2;
    printf( "%f%d" , a, b);
    return 0;
}
```

（2）阅读程序写结果。

```
#include <cstdio>
int main() {
     int a = 101;
     float b =  2345.67;
     char c = 'z';
     printf( "a=%d\n" , a);
     printf( "2*a=%d\n" ,2* a);
     printf( "b=%f\n" , b);
     printf( "2*b=%.2f\n" ,2* b);
     printf( "%c\n" , c);
    return 0;
}
```

（3）请编写程序，用 printf 输出以下图案。

```
*******
*     *
*******
```

4.3 输入年龄和性别——scanf 语句

scanf 函数是用来读取键盘输入的。胖头老师先让糖糖动手运行以下程序。

```
#include <cstdio>
int main() {
    int a;
    printf( " 请输入一个整数，然后按 Enter 键：\n " );
    scanf( " %d " , &a);
    printf( " %d\n " , a);
    return 0;
}
```

糖糖运行程序后，通过键盘输入了数字“10”，然后按 Enter 键。随后，程序在屏幕上输出了这个数字“10”。这说明变量 *a* 的值变成了 10。

胖头老师解释道：“scanf 的使用方法跟 printf 很像，一个格式符匹配一个输入值。这里格式符‘%d’与变量 *a* 对应。按 Enter 键代表输入结束。”

“变量 *a* 前面的符号是什么意思？”糖糖问。

胖头老师说：“‘&’是取地址运算符，‘&*a*’的结果是变量 *a* 的地址。scanf 存放输入变量 *a* 所在的地址。这个知识点在后面还会展开讲解，你们暂时只要知道这个简单的用法就可以了。”

糖糖说：“scanf 的作用有点像快递员，根据地址派发快递。”

胖头老师说：“是的，可以这样理解。scanf 还可以一次输入多个值。例如，下面的代码就输入了 3 个变量的值。”

```
#include <cstdio>
int main() {
    int a;
    char c;
    int b;
    scanf( " %d%c%d " , &a, &c, &b);
```

```
    printf( "%d%c%d\n" , a, c, b);
    return 0;
}
```

运行结果如下。

```
1c8↵
1 c 8
```

“↵”代表按 Enter 键。这里 scanf 的运行过程如下。

（1）输入数字 1，数字 1 存入变量 *a* 中。

（2）输入字母 c，字母 c 存入变量 *c* 中。

（3）输入数字 8，然后按 Enter 键，数字 8 存入变量 *b* 中。

scanf 匹配输入和占位符的过程如图 4.4 所示。

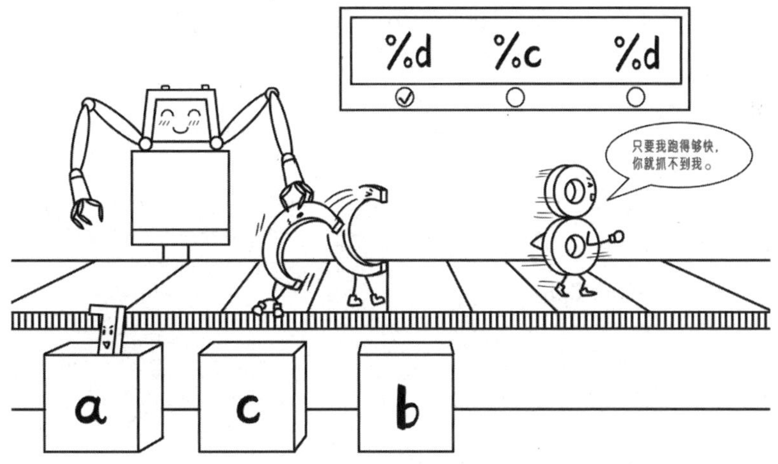

图 4.4　scanf 匹配输入和占位符

注　意

输入多个数值数据时，如果格式控制字符串中没有非格式字符作为输入数据之间的间隔，可以用空格作为间隔。

胖头老师总结了 scanf 的用法。

```
scanf 格式控制字符串 , &变量名1,  &变量名2,  &变量名3, …);
```

常用的 scanf 函数格式符如表 4.2 所示。

表 4.2　常用的 scanf 函数格式符

格式字符串	含义
%d	输入十进制整数
%u	以无符号的形式输入十进制整数
%o	输入八进制整数
%x	输入十六进制整数
%f	输入实数
%c	输入单个字符
%s	输入字符串

最后我们用 scanf 来完成一个实用的程序，先输入性别和年龄，然后输出性别和年龄。

```
#include <cstdio>
int main() {
    char gender; // 性别
    int age; // 年龄

    printf("请输入你的性别（输入M或者F）: ");
    scanf("%c", &gender);

    printf("请输入你的年龄: ");
    scanf("%d", &age);

    printf("%c, %d\n", gender, age);
    return 0;
}
```

运行结果如下。

```
请输入你的性别（输入M或者F）: M↵
请输入你的年龄: 10↵
M, 10
```

练习题

（1）找出以下代码中的错误。

```
#include <cstdio>
int main() {
    int a, b;
    scanf("%d, %d", a, b);
    return 0;
}
```

（2）阅读程序写结果。

```
#include <cstdio>
int main() {
    int a, b, c, s= 100;
    scanf("%d%d%d", &a, &b, &c);
    s = s - a;
    s = s - b*c;
    printf("%d\n", s);
    return 0;
}
```

输入：2，3，4。

输出：________。

（3）补充程序，使得输入一个字母可以输出它的前一个字母和后一个字母。

```
#include <cstdio>
int main () {
    char c;
    scanf("%c", &c);
    printf("%c %c\n", __________ );
    return 0;
}
```

（4）一个人捡了3个石头，现在要再捡一个石头使得总重量等于30斤。请编写程序计算应该捡多少斤石头。例如，输入“3，5，7”，输出“15”。

（5）请编写程序，输入一个三位数，输出各个数位之和。

4.4 小结

本章介绍了以下知识点。

（1）printf 函数的详细用法。

（2）scanf 函数的详细用法。

4.5 真题解析

1.（CSP-J 2014）设变量 x 为 float 型且已赋值，则以下语句中能将 x 中的数值保留到小数点后 2 位，并将第 3 位四舍五入的是（　　）。

A. $x = (x * 100) + 0.5 / 100.0$;

B. $x = (x * 100 + 0.5) / 100.0$;

C. $x = (\text{int})(x * 100 + 0.5)/100.0$;

D. $x = (x / 100 + 0.5) * 100.0$;

解析：选项 C 首先把 x 乘以 100，相当于把小数点往后移动了 2 位，然后加上 0.5，让第 3 位四舍五入，最后除以 100.0，把小数点往前移动了 2 位。例如，x 等于 123.456，x*100 等于 12345.6，加上 0.5，变成 12346.1，转换成整数变成 12346，除以 100.0 刚好等于 123.46，所以答案是 C。

2.（CSP-J 2014）阅读程序写结果。

```
#include <iostream>
using namespace std;
int main()
{
    int a, b, c, d, ans;
    cin >> a >> b >> c;
    d = a - b;
    a = d + c;
    ans = a * b;
    cout << "Ans =" << ans << endl;
       return(0);
}
```

输入：2，3，4。

输出：Ans =____。

解析：执行 d=a–b 之后，d 变成 –1。a=d+c，a 变成 3，所以 a*b 的结果是 9，输出结果是 9。

第 5 章

条件判断

在三国时期，名医华佗有一次给倪寻和李延看病，两人都是头疼发热，但是华佗给倪寻开了泻药，给李延开了退烧药。两人表示不解。华佗解释道，倪寻的病是由内部积食引起，李延的病是由外部受冷引起，病症不同，用药也不同。日常生活中我们经常要根据具体情况选择要做的事情。本章我们将学习如何让计算机按条件执行操作。

5.1 买巧克力——if 语句

糖糖的妈妈给了糖糖一些零花钱。糖糖想用来买零食，一块巧克力的价格是 10 元，如果零花钱大于等于 10 元，就买巧克力，反之糖糖就买不了巧克力，如图 5.1 所示。

图 5.1　买巧克力

这里我们可以用程序表示这个选择的逻辑，通过键盘输入数字，让计算机自动判断能否购买巧克力。代码如下。

```
#include <cstdio>
int main() {
      int money; // 金额
      scanf("%d", &money);
      if(money >= 10) {
            printf("可以买巧克力\n");
      }
      return 0;
}
```

运行结果如下。

```
12
可以买巧克力
```

代码中使用了 if 语句来判断是否有足够的钱买巧克力。if 语句的用法如下。

```
if ( 判断条件 ) {
    语句
}
```

if 是如果的意思。当判断条件成立，执行花括号里的语句。当判断条件不成立，不执行花括号里的语句。判断条件“money>=10”的含义是变量 *money* 的值大于或等于 10。所以当零花钱大于或等于 10 的时候，就会自动输出“可以买巧克力”。当变量 *money* 的值等于 3 时，什么都不输出。

变量与数字的比较与数学中比较数字的大小是类似的，只是比较符号有区别。这些比较大小的符号在 C++ 中称为关系运算符，常用的关系运算符如表 5.1 所示。

表 5.1　常用的关系运算符

符号	含义	例子
>	大于	a > 3
<	小于	a < 3
>=	大于等于	a >= 3
<=	小于等于	a <= 3
==	等于	a == 3
!=	不等于	a != 3

像“a>3”和“a!=3”这样包含关系运算符的表达式，一般称为关系表达式。表达式的运算结果要么为真，要么为假。

假设变量 *i* 的值是 2，在以下关系表达式中，（1）和（4）的结果是真，（2）和（3）的结果是假。

（1）$i < 3$

（2）$i > 3$

（3）$i==3$

（4）$i!=3$

变量运算的结果也可以与数字比较，示例代码如下。

```
if(i+1>4) {
```

```
    printf( " %d " , i);
}
if(i%3>4) {
    printf( " %d " , i);
}
```

变量与变量之间的比较也可以作为判断条件，示例代码如下。

```
if(a>b) {
    printf( " a 大于 b " );
}
```

本节我们还要介绍一种用来描述计算机执行流程的图形——流程图。一个流程图由多个流程图符号组成，常用的流程图符号如表 5.2 所示。

表 5.2　常用的流程图符号

符号	名称	功能	例子
	起止框	表示一个流程的开始和结束	开始
	输入框、输出框	表示数据的输入或结果的输出	输出“你好”
	处理框	表示某个数据的处理操作，如执行变量赋值、数字计算等	i=i+1
	判断框	判断一个条件是否成立，成立时在出口处标明“真”，不成立时在出口处标明“假”	i>=10
	流程线	用来连接其他流程图符号，表示流程的走向	结束

if 语句用流程图表示，如图 5.2 所示。

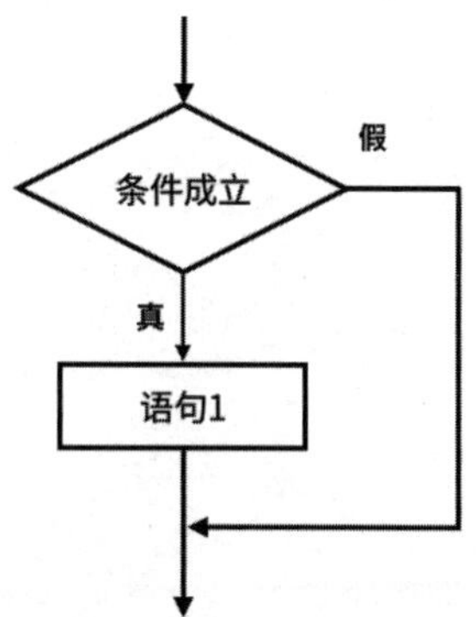

图 5.2 if 语句流程图

判断糖糖能否买巧克力的程序用流程图表示，如图 5.3 所示。

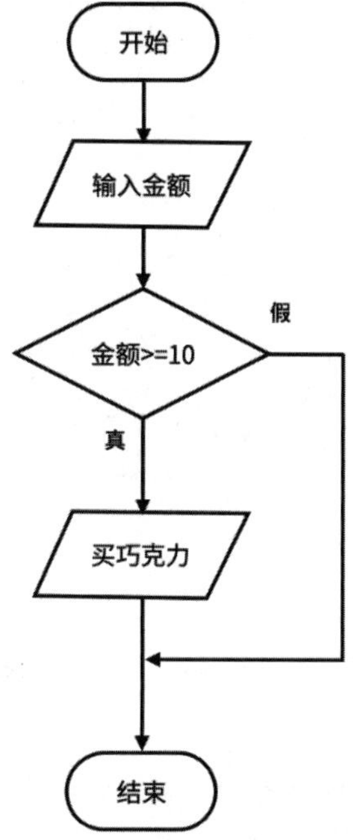

图 5.3 流程图

练习题

（1）找出以下代码中的错误。

```
if(i = 7) {
     printf( "%d", i);
}
```

（2）找出下面代码中的错误。

```
#include <cstdio>
int main() {
    int a = 3;
    if(a%2==0);
        a = a + 1;
    printf( "%d", a);
    return 0;
}
```

（3）阅读程序写结果。

```
#include <cstdio>
int main()
{
    int x;
    scanf( "%d", &x);
    if(x>100) x-=5;
    printf( "%d", x);
    return 0;
}
```

输入：105

输出：____________。

5.2 买巧克力还是买糖果——if...else 语句

妈妈又给了糖糖一些零花钱，糖糖想用这些钱买糖果或者巧克力。如果零花钱大于或等于 10 元，就买巧克力，否则买糖果，如图 5.4 所示。

图 5.4 用零花钱买巧克力或者糖果

这个选择逻辑也可以用程序来表示，这里要用到 if...else 语句。

```
#include <cstdio>
int main() {
    int money;
    scanf( "%d" , &money);
    if(money >= 10) {
        printf( "买巧克力\n" );
    } else {
        printf( "买糖果\n" );
    }
    return 0;
}
```

if...else 语句的语法如下。

```
if ( 判断条件 ) {
    语句 1
} else {
    语句 2
}
```

当判断条件成立时，执行语句 1。当判断条件不成立时，执行语句 2。if...else 语句用流程图表示，如图 5.5 所示。

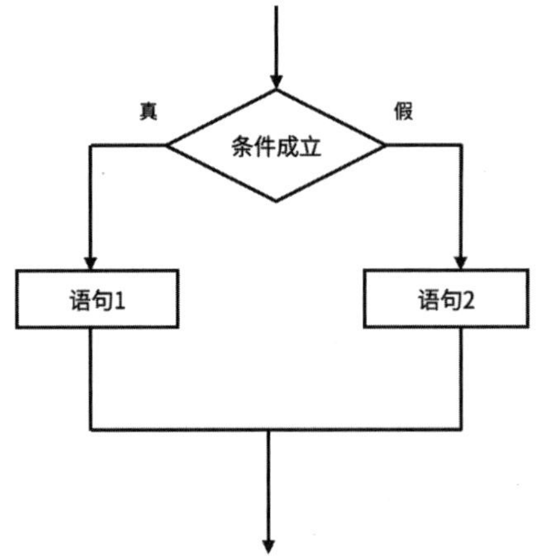

图 5.5　if...else 流程图

上述程序的流程图如图 5.6 所示。

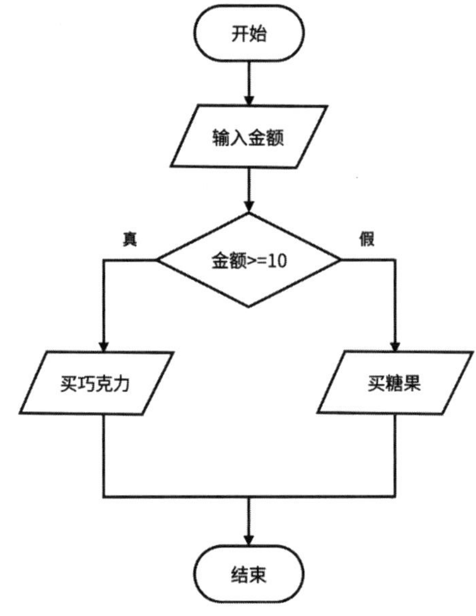

图 5.6　流程图

下面有几个 if...else 语句的例子，同学们可以好好体会一下。

（1）当 a 大于 b 时，输出 a，否则输出 b。

```
if(a>b) {
```

```
    printf("%d", a);
} else {
    printf("%d", b);
}
```

（2）当 n 能被 3 整除时，输出“yes”，否则输出“no”。

```
if(n%3 == 0) {
    printf("yes");
} else {
    printf("no");
}
```

（3）如果 a 大于 b，把 a 的值赋给 max，否则把 b 的值赋给 max。

```
if(a>b) {
    max = a;
} else {
    max = b;
}
```

（4）当 n 能被 4 整数时，i 的值加 1，否则 i 的值减 1。

```
if(n%4==0) {
    i = i + 1;
} else {
    i = i - 1;
}
```

（5）当 n 等于 10 时，a 的值加 1，否则 b 的值减 1。

```
if(n==10) {
    a++;
} else {
    b--;
}
```

练习题

（1）阅读程序写结果。

```
#include <cstdio>
```

```
int main()
{
    int x;
    scanf("%d", &x);
    if(x>100)
        x=x-5;
    else
        x=x*2;
    printf("%d", x);
    return 0;
}
```

输入：10

输出：________。

（2）程序中经常会遇到除数为 0 的情况，这时可以使用 if 语句来判断是否应该相除。请补充以下程序。当除数为 0 时，给出提示。当除数不为 0 时，输出 100 除以 a 的结果。

```
#include <cstdio>
int main() {
    int a;
    scanf("%d", &a);
    if( ① ) {
        printf("除数不能为0");
    } else {
          ②
    }
}
```

（3）补充以下程序。输入一个整数，并判断它是不是偶数。

```
#include <cstdio>
int main()
{
    int x;
    ①
    if(②)
        printf("%d是偶数\n", x);
    else
        printf("%d是奇数\n", x);
```

```
    return 0;
}
```

（4）凡年满6周岁的儿童，应当入学接受义务教育。请编写程序，输入一个儿童的年龄，判断这个儿童是否应该入学。

5.3 发射载人飞船——if 语句嵌套

北京时间2021年10月16日0时23分，搭载神舟十三号载人飞船的长征二号F遥十三运载火箭，在酒泉卫星发射中心按照预定时间精准点火发射，约582秒后，神舟十三号载人飞船与火箭成功分离，进入预定轨道。

当载人飞船的发射速度达到7.9km/s~11.2km/s时，载人飞船将摆脱地球引力的束缚，围绕太阳运行，如图5.7所示。

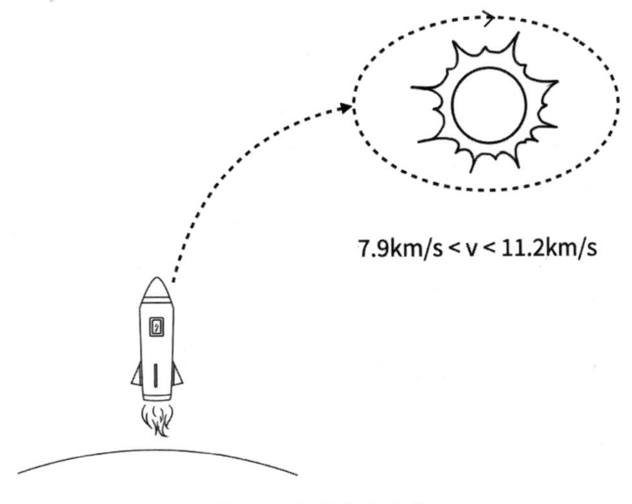

图5.7 发射载人飞船

下面的程序功能是：先输入载人飞船的发射速度，然后判断发射速度是否在7.9km/s~11.2km/s之间。

```
#include <cstdio>
int main() {
    float velocity; // 速度
    scanf( "%f" , &velocity);
```

```
    if(velocity > 7.9) {
        if(velocity < 11.2) {
            printf( " 围绕太阳运行 \n " );
        }
    }
    return 0;
}
```

运行结果如下。

```
9.9
围绕太阳运行
```

相互嵌套的 if 语句可以表达更复杂的逻辑。当发射速度大于 7.9km/s 时，再用一个 if 语句判断它是否小于 11.2km/s，如果成立，就输出“围绕太阳运行”。程序的流程图如图 5.8 所示。

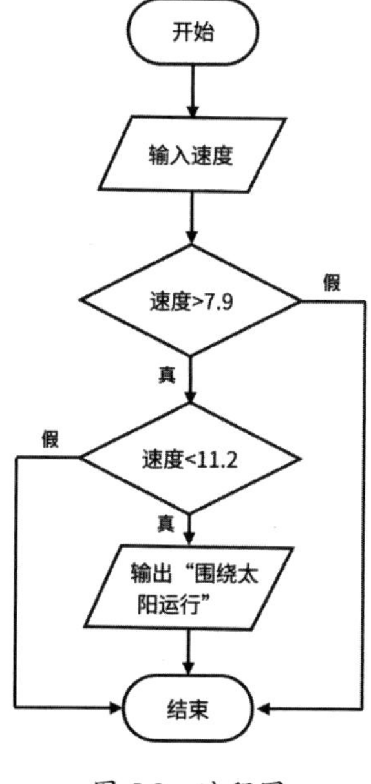

图 5.8　流程图

练习题

（1）当变量 x 输入 0，6，16 时，下面的程序输出分别是什么？

```
#include <cstdio>
int main() {
    int y=0, x;
    scanf( "%d", &x);
    if(x<10) {
        if(x<5)
            y=1;
        else
            y=2;
    }
    printf( "%d", y);
    return 0;
}
```

（2）编写一个程序，输入一个整数，如果该整数大于0，输出“正数”；如果小于0，输出“负数”；如果等于0，输出“零”。

（3）假设电梯停在第5层，此时第1层和第6层同时有人按下按钮。电梯会去离它最近的楼层，于是它会先服务第6层的人，然后再服务第1层的人。下面的程序模拟了电梯的调度算法：需要用户输入3个数，第一个数代表电梯当前所在的层数，后两个数表示要服务的层数。请补充程序。

```
#include <cstdio>
int main() {
    // n是当前的层数，n1和n2代表要服务的层数
    int n, n1, n2, length1, length2;
    scanf( "%d  ", &n);
    scanf( "%d %d", &n1, &n2);
    if(n-n1>0) {
        length1 = n-n1;
    } else {
        ①
    }
    if(n-n2>0) {
        ②
    } else {
        length2 = n2-n;
    }
```

```
    if(③) {
        printf("先到 %d, 再到 %d\n", n1, n2);
    } else {
        printf("先到 %d, 再到 %d\n", n2, n1);
    }
    return 0;
}
```

运行结果如下。

```
5
1 6
先到 6, 再到 1
```

5.4 智能门锁——逻辑运算符！

豆豆家有一个智能门锁，可以用手机远程遥控。门是开着的，豆豆用手机远程遥控大门，先关门，然后开门，最后关门，如图 5.9 所示。

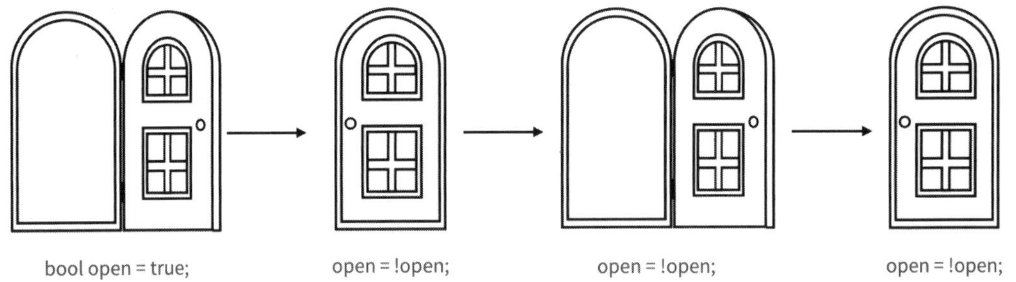

图 5.9 开门与关门

下面的程序模拟了这个过程。

```
#include <cstdio>
int main() {
    bool open = true; // 门是开着的
    open = !open; // 关门
    open = !open; // 开门
    open = !open; // 关门
```

```
    if(open) {
        printf("门开了，可以进入");
    } else {
        printf("门关了，不可以进入");
    }
    return 0;
}
```

运行结果如下。

```
门关了，不可以进入
```

这里的 open 是一个逻辑类型变量。门只有两种状态：开和关。类似这种只有两种可能的数据，计算机可以用逻辑变量来表示。逻辑类型跟前面介绍的整型、字符型一样，也是一种变量类型。

逻辑型变量可以表示一件事情的真假。例如，今天是不是下雨，明天是不是星期一，1+3 是不是等于 4，这些事情都只有一种可能：要么真，要么假。逻辑变量的值只有两个：true（真）和 false（假）。

逻辑变量可以进行逻辑运算，运算结果是一个逻辑值。if...else 语句中判断条件的运算结果实际上是一个逻辑值。条件成立的时候，结果是 true。条件不成立的时候，结果是 false。数字运算用到了加减乘除等符号，逻辑运算用到了逻辑运算符，包含逻辑运算符的表达式称为逻辑表达式。

“open = !open;”中的“!”是一个逻辑运算符，称为逻辑非（“!”）。逻辑运算符“!”的作用就是转换逻辑表达式的值，把真变成假，把假变成真。逻辑非的运算规则如表 5.3 所示。

表 5.3　逻辑非的运算规则

表达式	表达式的值	与！运算	运算之后的值
a	true	!a	false
b	false	!b	true

本节程序的流程图如图 5.10 所示。

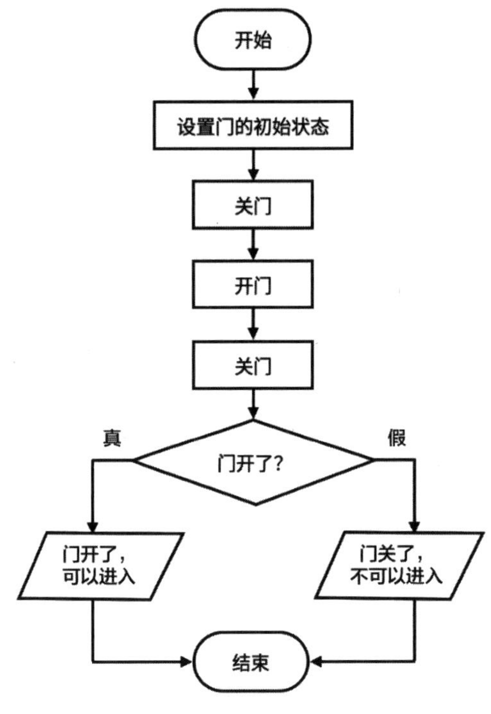

图 5.10 流程图

变量和数字比较的结果可以存储到一个逻辑变量中，示例代码如下。

```
#include <cstdio>
int main() {
    int a = 3;
    bool result = a > 2;

    if(result) {
        printf("a > 2 正确");
    } else {
        printf("a > 2 错误");
    }
    return 0;
}
```

运行结果如下。

```
a > 2 正确
```

练习题

（1）阅读程序写结果。

```
#include <cstdio>
int main() {
    int a;
    scanf("%d", &a);
    bool b = a > 2;
    if(b)
        printf("Y");
    else
        printf("N");
    return 0;
}
```

输入：1。

输出：________。

（2）阅读程序写结果。

```
#include <cstdio>
int main() {
    int a;
    scanf("%d", &a);
    bool b = a > 2;
    if(!b)
        printf("Y");
    else
        printf("N");
    return 0;
}
```

输入：1。

输出：________。

（3）对于下面的程序，输入 0 和 4 分别会输出什么？

```
#include <cstdio>
int main() {
```

```
    int n;
    bool flag;

    scanf( " %d " , &n);
    if(n % 3 == 0) {
        flag = true;
    } else {
        flag = false;
    }
    if(flag)
        printf( " a " );
    else
        printf( " b " );
    return 0;
}
```

（4）教室有 7 盏日光灯（编号依次为 1 号到 7 号），原本都是亮的。糖糖关掉编号是偶数的灯。请补充以下程序，统计还有多少盏灯是亮的。

```
#include <cstdio>
int main() {
    int s=0;
    bool light1=true, light2=true, light3=true, light4=true,
    light5=true, light6=true, light7=true;

    light2 = !light2;
    ①
    light6 = !light6;
    if(light1)s++;
    if(light2)s++;
    if(light3)s++;
    if(light4)s++;
    ②
    if(light6)s++;
    if(light7)s++;
    print( " %d\n " , s);
    return 0;
}
```

5.5 做蛋糕——逻辑运算符 &&

下面介绍另外一个常用的逻辑运算符——逻辑与（&&），它可以表示多个条件同时满足。

糖糖的妈妈常常在周末做蛋糕给糖糖吃。面粉和鸡蛋是做蛋糕必须用到的材料，所以糖糖的妈妈要做出蛋糕必须满足以下 2 个条件。

（1）家里有面粉。

（2）家里有鸡蛋。

用逻辑运算符“&&”来表示这个逻辑，就是“家里有面粉 && 家里有鸡蛋”，用两个条件进行逻辑与运算如表 5.4 所示。

表 5.4　用两个条件进行逻辑与运算

有鸡蛋吗？	逻辑与	有面粉吗？	结果
无	&&	无	不能做蛋糕
有	&&	无	不能做蛋糕
无	&&	有	不能做蛋糕
有	&&	有	

这个判断逻辑可以用以下代码来表示。

```
#include <cstdio>
int main() {
    bool egg = true; // 有鸡蛋
    bool flour = true; // 有面粉
    if(egg && flour) {
        printf( " 能做蛋糕 " );
    } else {
        printf( " 不能做蛋糕 " );
    }
    return 0;
}
```

运行结果如下。

```
能做蛋糕
```

假如现在糖糖的妈妈要做草莓蛋糕，那么要做出草莓蛋糕必须满足以下 3 个条件。

（1）家里有面粉。

（2）家里有鸡蛋。

（3）家里有草莓。

逻辑运算符“&&”还能连接多个逻辑变量。所以可以这样表示。

```
家里有面粉 && 家里有鸡蛋 && 家里有草莓
```

用三个条件进行逻辑与运算如表 5.5 所示。

表 5.5　用三个条件进行逻辑与运算

有鸡蛋吗？	逻辑与	有面粉吗？	逻辑与	有草莓吗？	结果
无	&&	无	&&	无	不能做草莓蛋糕
无	&&	有	&&	有	不能做草莓蛋糕
有	&&	无	&&	有	不能做草莓蛋糕
有	&&	有	&&	无	不能做草莓蛋糕
有	&&	无	&&	无	不能做草莓蛋糕
无	&&	有	&&	无	不能做草莓蛋糕
无	&&	无	&&	有	不能做草莓蛋糕
有	&&	有	&&	有	能做草莓蛋糕

这个判断逻辑可以用以下代码来表示。

```
#include <cstdio>
int main() {
    bool egg = true; // 有鸡蛋
    bool flour = true; // 有面粉
    bool strawberry = false; // 没有草莓

    if(egg && flour && strawberry) {
```

```
        printf("能做草莓蛋糕");
    } else {
        printf("不能做草莓蛋糕");
    }
    return 0;
}
```

运行结果如下。

```
不能做草莓蛋糕
```

因此，当用多个条件进行逻辑与运算时，只有所有条件都为 true，结果才为 true。只要有一个条件为 false，结果就为 false。

练习题

（1）阅读程序写结果。

```
#include <cstdio>
int main() {
    int i = 14, s = 0;
    if(i%4 != 0 && i%2 == 0) {
        s++;
    }
    if(i/7 == 2 && i/4 != 3) {
        s++;
    }
    printf("%d", s);
}
```

（2）阅读程序写结果。

```
#include <cstdio>
int main() {
    int i = 14, s = 0;
    if(i >= 10 && i <= 15) {
        s++;
    }
    if(i!=0) {
        s++;
```

```
    }
    printf( "%d", s);
}
```

5.6 公倍数——逻辑运算符 && 的应用

下面用逻辑运算符“&&”来编写一个程序，判断输入的整数是不是 3 和 8 的公倍数。

如果一个数是 3 和 8 的公倍数，那么它既能被 3 整除，也能被 8 整除。一个数能被 3 整除用代码表示是“i%3==0”，一个数能被 8 整除用代码表示是“i%8==0”。所以一个数既能被 3 整除，也能被 8 整除，可以用 && 表达。

```
i%3 == 0 && i%8==0
```

代码如下。

```
#include <cstdio>
int main() {
    int i;
    scanf( "%d", &i);
    if(i % 3 == 0 && i % 8==0) {
        printf( "i 是 3 和 8 的公倍数" );
    } else {
        printf( "i 不是 3 和 8 的公倍数" );
    }
}
```

运行结果如下。

```
24↲
i 是 3 和 8 的公倍数
```

当然，上面的代码也可以用嵌套的 if 语句来完成。

```
#include <cstdio>
int main() {
    int i;
    scanf( "%d", &i);
    if(i % 3 == 0) {
        if(i % 8 == 0) {
```

```
                    printf( " i 是 3 和 8 的公倍数 " );
            } else {
                printf( " i 不是 3 和 8 的公倍数 " );
            }
    } else {
        printf( " i 不是 3 和 8 的公倍数 " );
    }
    return 0;
}
```

请同学们对比这两种写法，以更好地理解 && 的用法。

注 意

注意：else 总是与离它最近的 if 相匹配，构成一个完整的语句。

练习题

阅读程序写结果。

```
#include <cstdio>
int main() {
    char c;
    int n;
    scanf( "%c" , &c);
    if(c>= 'a'  && c<= 'z' )
        n = c -  'a'  + 10;
    else
        n = 100;
    printf( "%d\n" , n);
    return 0;
}
```

输入：c。

输出：________。

5.7 吃汤圆——逻辑运算符 ||

本节介绍另外一个运算符——逻辑或（||），它表达的是“或”的关系。

每年的元宵节，豆豆家都会煮汤圆来吃。用筷子能吃汤圆，用勺子也能吃汤圆。所以只要有筷子或勺子，就能吃汤圆。

用逻辑运算符“||”来表示这个逻辑如表 5.6 所示。

表 5.6 逻辑或

有筷子吗？	逻辑或	有勺子吗？	结果
无	||	无	不能吃汤圆
有	||	无	能吃汤圆
无	||	有	能吃汤圆
有	||	有	能吃汤圆

这个判断逻辑可以用以下代码来表示。

```
#include <cstdio>
int main() {
    bool chopsticks = true; // 筷子
    bool spoon = true; // 勺子
    if(chopsticks || spoon) {
        printf("能吃汤圆");
    } else {
        printf("不能吃汤圆");
    }
    return 0;
}
```

运行结果如下。

```
能吃汤圆
```

逻辑运算符“||”也能连接多个表达式。来看一个例子，放假了，糖糖和豆豆约同学一起去锻炼。她们可能踢足球，可能打篮球，也可能打羽毛球。如果足球、篮球、羽毛球都没有，

那么就取消这次聚会。用逻辑运算符“||”来表示这个逻辑如表 5.7 所示。

表 5.7 逻辑或

有足球吗？	逻辑或	有篮球吗？	逻辑或	有羽毛球吗？	结果
无	||	无	||	无	不能出去运动
有	||	无	||	无	能出去运动
无	||	有	||	有	能出去运动
有	||	有	||	有	能出去运动

这个判断逻辑可以用以下代码来表示。

```
#include <cstdio>
int main() {
      bool soccer= true;
      bool basketball = true;
      bool badminton = false;
      if(soccer || basketball || badminton) {
            printf("能出去运动");
      } else {
            printf("不能出去运动");
      }
      return 0;
}
```

运行结果如下。

```
能出去运动
```

逻辑运算符“||”也能连接多个变量。当多个条件进行逻辑或运算时，只要有一个条件为 true，结果就为 true。只有全部条件为 false，结果才为 false。

(1) 阅读程序写结果。

```
#include <cstdio>
int main() {
```

```
    int x,y;
    scanf( "%d%d" , &x, &y);
    if(x>10 || y>10)
        printf( "%d" , x*y);
    else if(x>3 || y<4)
        printf( "%d" , x-y);
    return 0;
}
```

输入：5，3。

输出：______。

（2）银行每周的星期一到星期五营业，星期六和星期日休息。请编写一个程序，输入一个 1~7 之间的数字。当数字等于 6 或者 7 时，输出“今天休息”，否则输出“今天营业”。

5.8 判断闰年——逻辑运算符组合运用

学习完“&&”和“||”之后，现在来看一个逻辑运算符组合运用的例子——判断闰年。一个年份是闰年，只需要满足以下其中一个条件即可。

（1）年份能被 4 整除，但是不能被 100 整除。

（2）能被 400 整除。

例如，2020 年满足第一个条件，所以是闰年。2000 年满足第二个条件，所以也是闰年。

“年份能被 4 整除，但是不能被 100 整除”用代码表示如下。

```
year % 4 == 0 && year % 100 != 0
```

“能被 400 整除”用代码表示如下。

```
year % 400 == 0
```

这两种情况用“||”合并在一起如下。

```
(year % 4 == 0 && year % 100 != 0) || (year % 400 == 0)
```

添加小括号可以增强代码的可读性和可靠性。这里不使用小括号也不影响运行结果。

判断闰年的程序如下。

```
#include <cstdio>
int main()
{
      int year;
      scanf( " %d " , &year);
      if( (year % 4 == 0 && year % 100 != 0)  || year % 400 == 0) {
           printf( " %d 是闰年 " , year);
      } else {
           printf( " %d 不是闰年 " , year);
      }
   return 0;
}
```

运行结果如下。

```
2004↵
2004 是闰年
```

这个程序也可以用嵌套的 if 语句来完成。

```
#include <cstdio>
int main () {
    int year;
    scanf( " %d " , &year);
    if(year % 400 == 0) {
        printf( " %d 是闰年 " , year);
    } else {
        if( year % 4 == 0 && year % 100 != 0 ) {
            printf( " %d 是闰年 " , year);
        } else {
            printf( " %d 不是闰年 " , year);
        }
    }
     return 0;
}
```

练习题

学校进行班级评比，分别对学习、卫生、纪律进行评分，每项满分 100 分。只有全部达到 80 分以上，才能评为优秀，只有 2 项达到 80 分以上才能评为良好。如果没有评为“优秀”或“良好”，就提示“继续努力”。请编写一个程序，输入 3 个分值，根据分值输出“优秀”“良好”“继续努力”中的一个。

5.9 捐款种花——if 语句与复合语句

学校准备在一片区域种花。根据校友捐款的金额选择要种的花。如果捐款小于 1 万元，那么只种金鸡菊，每朵 28 元；如果捐款大于 1 万元，那么会用捐款的 30% 种郁金香，每朵 35 元，用捐款的 30% 种千日红，每朵 15 元，用捐款的 40% 种矮牵牛，每朵 24 元。

胖头老师编写了一个程序，输入捐款数字，输出每种花种多少朵。代码如下。

```
#include <cstdio>
#include <cmath>
int main() {
    int money;
    scanf("%d", &money);
    if(money < 10000) {
        printf("金鸡菊%d朵\n", money/28);
    } else {
        printf("郁金香%.0f朵\n", floor(money*0.3/35.0));
        printf("千日红%.0f朵\n", floor(money*0.3/15.0));
        printf("矮牵牛%.0f朵\n", floor(money*0.4/24.0));
    }
    return 0;
}
```

else 后有 3 个 printf 语句。这 3 个语句构成 1 个复合语句。所谓复合语句就是多个语句组合在一起，在 C++ 中，这些语句会被放到同一个花括号内。

另外，这个例子用到了一个数学函数 floor，它的功能是取不大于浮点数的最大整数。例如，floor(3.4) 的结果是 3.0，floor(2.911) 的结果是 2.0。在使用 floor 之前，要在代码开头加上以下代码。

```
#include <cmath>
```

在 if 语句和 if...else 语句中，都可以使用复合语句，语法形式如下。

```
if ( 判断条件 ) {
      语句 1
      语句 2
      语句 3
}
if ( 判断条件 ) {
      语句 1
      语句 2
      语句 3
} else {
      语句 1
      语句 2
      语句 3
}
```

如果 if 语句里只有一个语句，那么可以去掉花括号，示例代码如下。

```
if(a > b) printf( "%d ", a);
或
if(a > b)
      printf( "%d ", a);
```

这两种代码的排版方式都是可以的。

注 意

写完代码之后，要检查 if 语句后面的语句是否需要加上花括号。

练习题

阅读程序写结果。

```
#include <cstdio>
int main() {
    int x;
    scanf( "%d ", &x);
```

资源下载码：224072

```
    if(x==5) x--; else x++;
    if(x<5) x++; else x--;
    if(x!=5) x--; else x++;
    if(x>5) x=x+2;
    printf("%d\n", x);
    return 0;
}
```

输入：4。

输出：________。

5.10 比较三个球的重量——条件判断语句应用 1

胖头老师在讲台上放了 3 个重量不相同的实心铁球，然后提问："现在有一个电子秤，怎么用秤找出 3 个球中重量最轻的一个？"

"可以先找出 2 个球中最轻的，然后把轻的那个球与第三个球比较。"糖糖把问题分解成 2 步来处理。

"说得不错，思路很清晰。"胖头老师把糖糖的思路整理成下面的程序。

```
#include <cstdio>
int main() {
    int a, b, c;
    scanf("%d%d%d", &a, &b, &c);
    int min = a;
    if(b<min) min = b;
    if(c<min) min = c;
    printf("%d", min);
    return 0;
}
```

运行结果如下。

```
10 13 4
4
```

这个程序的思路是这样的：假设三个球分别是 a、b、c，步骤如下。

（1）假设球 a 最轻。

（2）比较球 a 和球 b 的重量。

（3）比较第（2）步中较轻的球与球 c 的重量，哪个球轻，它就是 3 个球中最轻的。假如 a 小于 b，c 小于 a，比较过程如图 5.11 所示。

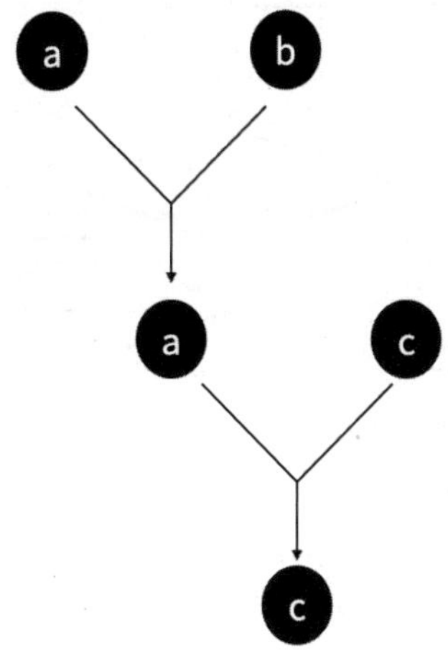

图 5.11 比较 3 个球的重量

提 示

同学们在学习程序设计的过程中，要注意锻炼自己的计算思维，学会把解决问题的方法转换成适合计算机运算的步骤。

这段代码的流程图如图 5.12 所示。

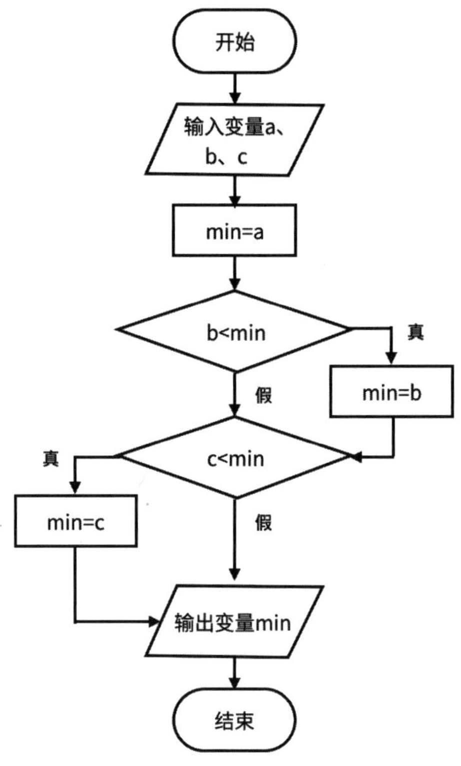

图 5.12　流程图

“除了这个方法，还有其他方法吗？”胖头老师引导同学们试试一题多解。

豆豆想了一会儿，回答道：“如果一个球比另外两个球都轻，那么它就是最轻的。用代码表达出来就是 a<b && a<c。”

“之前的知识学得不错！”胖头老师给出了第二种方法的实现代码。

```
#include <cstdio>
int main() {
    int a, b, c;
    scanf("%d%d%d", &a, &b, &c);
    int min;
    if(a<b && a<c){
        min = a;
    } else if(b<a && b<c){
        min = b;
```

```
    } else {
        min = c;
    }
    printf( "%d", min);
    return 0;
}
```

如果 a 比 b 和 c 都轻，那么 a 就是最轻的。如果 b 比 a 和 c 都轻，那么 b 就是最轻的。如果上述两种情况都不成立，那么 c 最轻。

流程图如图 5.13 所示。

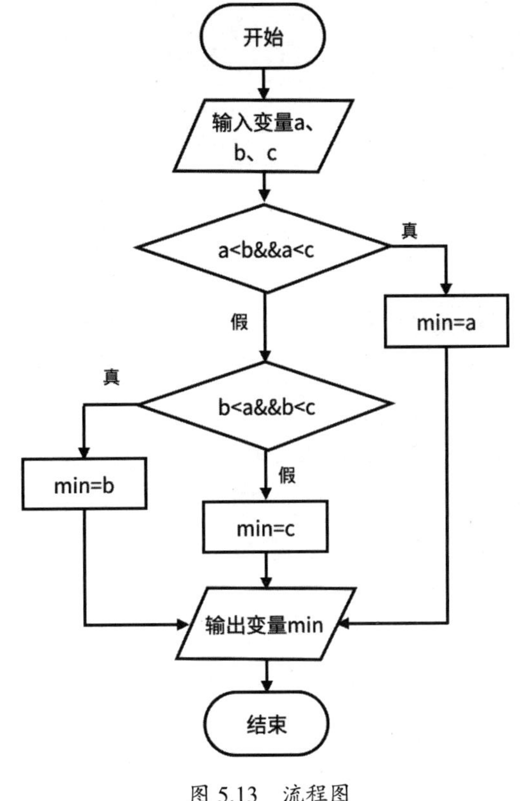

图 5.13　流程图

练习题

豆豆骑自行车每秒行走 3 米，走路每秒行走 1.2 米。她去拿自行车需要 120 秒。请补充程序，输入距离，比较骑自行车和走路花费的时间。

```
#include <cstdio>
int main() {
    double distance;
    double t1, t2;
    scanf( "%lf" , &distance);
    ①
    t2 = distance/1.2;
    if(t1==t2) {
        printf( "一样" );
    } else if (②) {
        printf( "骑自行车快" );
    } else {
        printf( "走路快" );
    }
    return 0;
}
```

5.11 判断能否构成三角形——条件判断语句应用 2

胖头老师给同学们讲解条件判断语句的另外一个应用：根据边长判断能否构成三角形。首先输入 3 个整数，3 个整数代表三角形的 3 条边。如果这 3 条边能构成三角形，输出“能构成三角形”；如果不能，输出“不能构成三角形”。下面介绍 2 种解法。

先讲第一种解法。构成三角形的 3 条边需要满足以下条件：任意两边的边长之和大于第三边的边长。设三角形 3 条边的边长分别是 a、b、c，那么以下 3 个条件同时成立，就能构成三角形，否则不能构成三角形。

（1）a+b>c。

（2）a+c>b。

（3）b+c>a。

多个条件同时成立，可以使用逻辑与（&&）运算符来表示。代码如下。

```
#include <cstdio>
int main() {
     int a, b, c;
```

```
    scanf("%d%d%d", &a, &b, &c);
    if(a+b>c && a+c>b && b+c>a){
        printf("能构成三角形");
    } else {
        printf("不能构成三角形");
    }
    return 0;
}
```

运行结果如下。

```
11 14 20↵
能构成三角形
```

接下来讲第二种解法。从另外一个角度思考，只要某两边之和小于等于第三边，就不能构成三角形。那么以下 3 个条件只要其中 1 个成立，就不能构成三角形。

（1）a+b<=c。

（2）a+c<=b。

（3）b+c<=a。

多个条件中的一个成立即可，可以使用逻辑或（||）运算符来表示。代码如下。

```
#include <cstdio>
int main() {
    int a, b, c;
    scanf("%d%d%d", &a, &b, &c);
    if(a+b<=c || a+c<=b || b+c<=a){
        printf("不能构成三角形");
    } else {
        printf("能构成三角形");
    }
    return 0;
}
```

练习题

编写一个程序，输入 3 个整数，3 个整数代表三角形的 3 条边。自动判断能构成什么三角形？结果有 3 种可能：等边三角形、直角三角形、一般三角形。不需要考虑边长是否能构成三角形。

5.12 电商大促销——条件判断语句应用 3

某个电商网站在月末搞促销活动，某个商品购买 3 件以上 12 件以下打 9 折，购买 12 件以上打 7 折，该商品单价是 10 元，订单总金额大于 200 元的时候，再减 30 元。请编写程序，计算订单的总价。

这个程序可以分成下列 3 个部分。

（1）用 if...else 语句根据输入的金额算出应该打多少折。

（2）用公式计算订单总金额。

（3）用 if...else 语句判断金额是否大于 200 元，如果是，用总金额减去 30 元。

代码如下。

```
#include <cstdio>
int main() {
     int count;
     float amount;
     float discount;
     float price = 10.0;
     scanf( "%d" , &count);
     if(count < 3) {
          discount = 1.0;
     } else if(count <12) {
          discount = 0.9;
     } else {
          discount = 0.7;
     }
     amount = price * count * discount;
     if(amount > 200.0) {
          amount = amount - 30.0;
     }
     printf( "订单总额: %.2f" , amount);
     return 0;
}
```

流程图如图 5.14 所示。

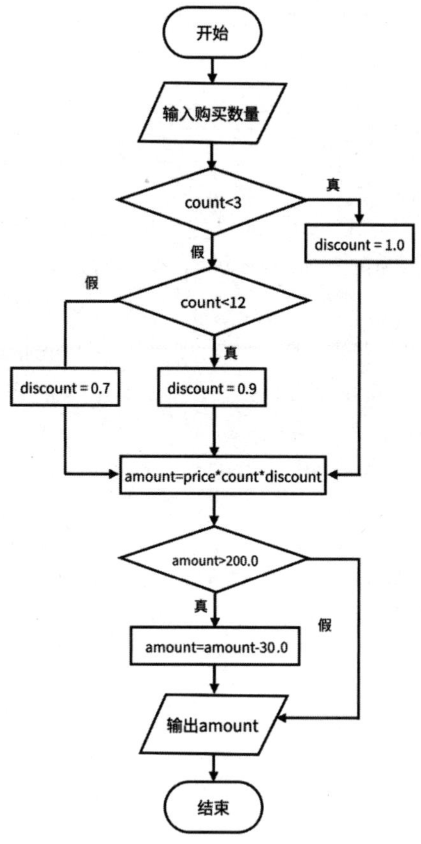

图 5.14　流程图

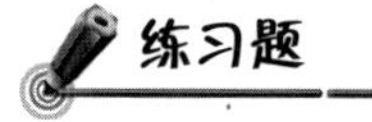

练习题

物流公司对所运货物实现分段计费。对于重量为 weight 的货物，每千米每吨基本运费为 price，折扣为 discount，运输里程为 mile。当里程处于不同里程段（s）时，折扣如表 5.8 所示。

表 5.8　里程段与折扣的关系

里程段	折扣
s<500	0
500≤s<1200	5%
1200≤s	8%

费用 cost 的计算公式为：cost=price × weight × s × (1-discount)。请补充程序，完成总运费的计算。

```
#include <cstdio>
int main() {
    double s=0.0, x, cost=0.0;
    double price, weight, mile, discount1=0.05, discount2=0.08;
    scanf("%lf %lf %lf", &price, &weight, &mile);
    x = price*weight;
    if(mile<500) {
        ①
    } else {
        s = s + x*500;
        if(mile<1200) { // 大于或等于 500
            ②
        } else { // 大于或等于 1200
            s = s + x * (1200-500) * (1-discount1);
            cost = s + x * (mile-1200) * (1-discount2);
        }
    }
    printf("%.2lf", cost);
    return 0;
}
```

5.13 选择更低的价格——条件表达式

胖头老师请同学们补充下面的代码。程序的功能是输入 2 个商品的价格，然后输出两者中较低的一个。

```
#include <cstdio>
int main() {
    float price1, price2; // 价格
    float lowprice;
    printf("输入两个商品的价格：\n");
    scanf("%f%f", &price1, &price2);
    // 在这里补充代码
    printf("%.2f\n", lowprice);
```

```
    return 0;
}
```

豆豆填充了以下代码。

```
    if(price1 < price2) {
        lowprice = price1;
    } else {
        lowprice = price2;
    }
```

“这段代码可以用语句‘lowprice = price1 < price2 ? price1 : price2;’来替换。等号右边是一个条件表达式，它可以简化 if...else 语句。”胖头老师介绍新的知识点。

条件表达式的语法如下。

```
表达式 1? 表达式 2 : 表达式 3
```

它的运算规则如下。

（1）计算表达式 1 的值。

（2）如果表达式 1 的值是真，那么计算表达式 2 的值，并将后者的值作为整个表达式的值。

（3）如果表达式 1 的值是假，那么计算表达式 3 的值，并将后者的值作为整个表达式的值。

注 意

不要在条件表达式中使用过于复杂的逻辑，这样会影响代码的易读性。

练习题

（1）阅读程序写结果。

```
#include <cstdio>
int main() {
```

```
    int i = 10;
    printf("%d\n", i>=0 ? i : -i);
    return 0;
}
```

（2）在 C++ 中，当一个表达式的值是数字时，它也可以作为条件语句的判断条件。当表达式的值等于 0 时，判断条件为假。当表达式的值不等于 0 时，判断条件为真。输入 0 和 -1，输出分别是什么？

```
#include <cstdio>
int main() {
    int i;
    scanf("%d", &i);
    if(i+1) {
        printf("*");
    } else {
        printf("?");
    }
    return 0;
}
```

5.14 把数字转换成星期几——switch 语句

胖头老师要求同学们编写一个程序，把数字（1~7）转换成星期几，例如，把数字 1 转换成星期一，数字 2 转换成星期二，数字 7 转换成星期日，依次类推。

豆豆用 if...else 语句实现了这个功能，代码如下。

```
#include <cstdio>
int main() {
    int day;
    scanf("%d", &day);
    if(day == 1) {
        printf("Monday");
    } else if (day == 2) {
        printf("Tuesday");
    } else if (day == 3) {
        printf("Wednesday");
```

```
    } else if (day == 4) {
        printf( " Thursday " );
    } else if (day == 5) {
        printf( " Friday " );
    } else if (day == 6) {
        printf( " Saturday " );
    } else if (day == 7) {
        printf( " Sunday " );
    } else {
        printf( " 输入错误 " );
    }
    return 0;
}
```

这个程序的流程是：首先判断 day 是否等于 1，如果是，输出“Monday”，如果不是，接着判断 day 是否等于 2，如果是，输出“Tuesday”，依次类推。如果数字不在 1~7 之间，就输出“输入错误”。

“上面的代码虽然能完成需求，但是太烦琐了。”豆豆指出这段代码的缺点。

“是的，switch 语句是一种专门用于处理多分支结构的条件选择语句，它可以简化多层嵌套的 if...else 语句。”胖头老师接着详细介绍 switch 语句。

switch 语句的语法如下。

```
switch( 表达式 ) {
    case 常量表达式 : 一个或多个语句
    ⋮
    case 常量表达式 : 一个或多个语句
    default: 语句
}
```

switch 语句的运行过程如下。

（1）计算表达式的值。表达式的运算结果 x 可以是一个整数、字符、逻辑值。

（2）用 case 后面的常量表达式的值逐一与 x 匹配，当其中一个常量表达式的值与 x 匹配时，就执行该分支后面的语句，然后依次执行之后的所有语句，直到遇到 break 语句或 switch 语句的右括号“}”为止。

（3）如果所有常量表达式的值与 x 都不匹配，就执行 default 子句后面的代码。

注 意

case 后面的表达式的值必须各不相同。case 语句后面的多个语句不需要用花括号括起来。

“哇，这个 switch 语句的执行过程很复杂啊，学不会。”糖糖越听越糊涂。

“别怕，先学会 switch 的常用方法，复杂的用法以后慢慢学习。”胖头老师给出了 switch 与 break 的组合用法。

```
switch( 表达式 ) {
    case 常量表达式 1: 一个或多个语句 ; break;
    case 常量表达式 2: 一个或多个语句 ; break;
     ⋮
    case 常量表达式 n: 一个或多个语句 ; break;
    default: 语句 n+1; break;
}
```

我们可以把 switch 语句想象成如图 5.15 所示的装置。一个小球从斜坡滑下。小球相当于表达式的值。斜坡上有多个开关，每个开关相当于一个 case 语句。当匹配成功时，开关才打开；当匹配不成功时，小球滚向下一个开关。break 语句相当于弹簧，当程序遇到 break 语句时，直接跳到 switch 语句后面，执行下一条语句。

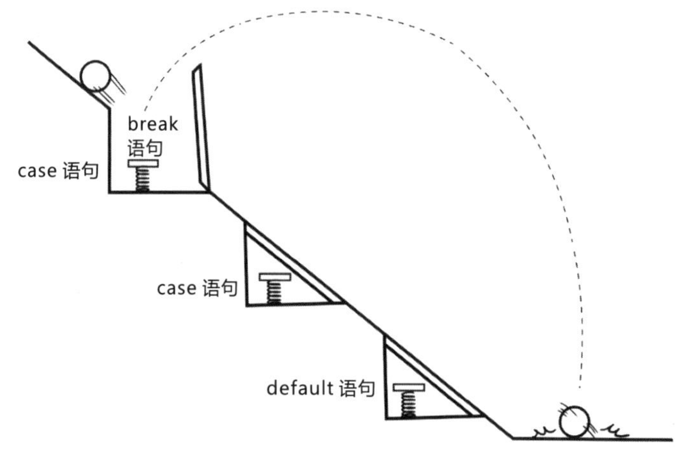

图 5.15 switch 语句示意图

用 switch 改写后的程序如下。

```
#include <cstdio>
int main() {
    int day;
    scanf("%d", &day);
    switch(day) {
        case 1: printf("Monday"); break;
        case 2: printf("Tuesday"); break;
        case 3: printf("Wednesday"); break;
        case 4: printf("Thursday"); break;
        case 5: printf("Friday"); break;
        case 6: printf("Saturday"); break;
        case 7: printf("Sunday"); break;
        default: printf("输入错误"); break;
    }
    return 0;
}
```

运行结果如下。

```
3↵
Wednesday
```

练习题

阅读程序写结果。

```
#include <cstdio>
int main() {
    int n;
    scanf("%d", &n);
    switch(n) {
        case 1:printf("f=n");break;
        case 2:printf("f=n*n");break;
        case 3:printf("f=n*n*n");break;
        default:printf("f=0");
    }
    return 0;
}
```

输入：2。

输出：______。

输入：0。

输出：______。

5.15 水果价格查询器——switch 语句的应用

本节我们用 switch 语句来完成一个水果价格查询程序。水果店有 4 种水果：苹果、葡萄、樱桃、榴梿，单价分别是 12.9 元 / 千克、13.8 元 / 千克、60.4 元 / 千克、120.5 元 / 千克。

首先在屏幕上显示以下选项。

```
请输入编号：
[1] 苹果
[2] 葡萄
[3] 樱桃
[4] 榴梿
```

当用户输入数字（1~4）时，显示相应的水果价格。例如，输入数字“3”，显示如下文字。

```
价格：60.40 元 / 千克
```

实现代码如下。

```
#include <cstdio>
int main() {
    int number;
    float price = 0.0;
    printf( "请输入编号：\n" );
    printf( "[1] 苹果：\n" );
    printf( "[2] 葡萄：\n" );
    printf( "[3] 樱桃：\n" );
    printf( "[4] 榴梿：\n" );
    scanf( "%d" , &number);
    switch (number) {
      case 1: price = 12.9; printf( "价格：%.2f 元 / 千克" , price);break;
      case 2: price = 13.8; printf( "价格：%.2f 元 / 千克" , price); break;
```

```
        case 3: price = 60.4; printf( "价格: %.2f 元 / 千克 ", price);break;
        case 4: price = 120.5; printf( "价格: %.2f 元 / 千克 ", price); break;
        default: printf( "输入错误 \n" ); break;
    }
    return 0;
}
```

流程图如图 5.16 所示。

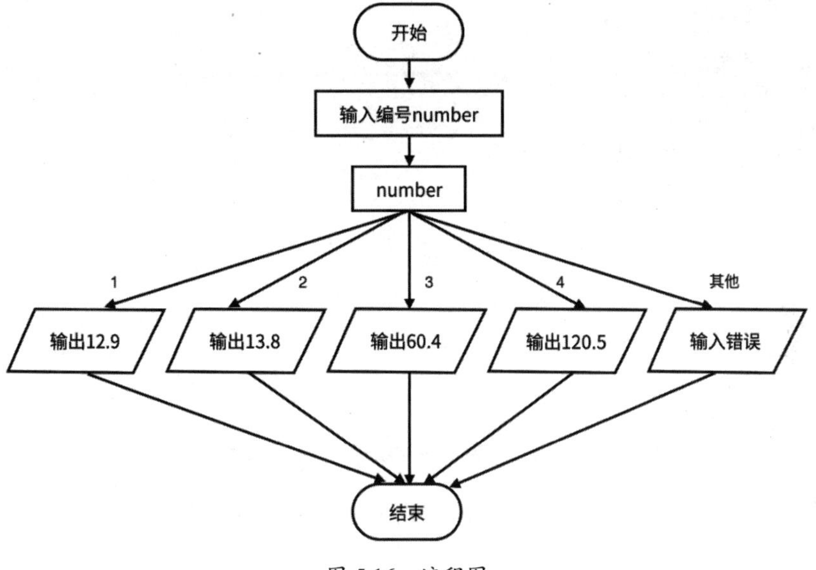

图 5.16 流程图

练习题

（1）阅读代码，完善程序。实现一个简单的计算，程序支持 4 种运算“+”“-”“*”“/”，用户输入 2 个数字和 1 个运算符，程序输出运算表达式和结果。如果除数为 0，则输出“除数不能为 0”。如果输入“+”“-”“*”“/”之外的运算符，则输出“无效的运算符”。

```
#include <cstdio>
int main() {
    float num1, num2;
    char op;
    printf( "输入两个数字 : " );
    scanf( "%f%f", &num1, &num2);
```

```
    printf("输入运算符：");
    scanf(" %c", &op);
    if( ① ) {
        printf("除数不能为0");
    } else {
        switch(op) {
            case '+': printf("%.2f+%.2f=%.1f", num1, num2, num1+num2);break;
            case '-': ②
            case '*': ③
            case '/': ④
            default: printf("无效的运算符");
        }
    }
}
```

（2）利用 switch 语句编写一个程序，计算某一天是当年的第几天。

5.16 小结

本章介绍了以下知识点。

（1）if 语句和 if...else 语句。这些条件语句可以相互嵌套表达复杂的判断逻辑。判断条件部分一般是一个返回逻辑值的表达式，如数字比较、函数调用、逻辑变量、逻辑运算的结果。

（2）三个常用的逻辑运算符：与（&&）、或（||）、非（!）。当多个条件进行逻辑与运算时，只有所有条件都为 true，结果才为 true。只要有一个条件为 false，结果就为 false。当多个条件进行逻辑或运算时，只要有一个条件为 true，结果就是 true。只有所有条件都为 false，结果才为 false。

（3）条件表达式。

（4）switch 语句。

5.17 真题解析

1.（CSP-J 2020）设 x=true，y=true，z=false，以下逻辑运算表达式值为真的是（　　）。

A. $(y \lor z) \land x \land z$

B. x ∧ (z ∨ y) ∧ z

C. (x ∧ y) ∧ z

D. (x ∧ y) ∨ (z ∨ x)

解析：∧是与，∨是或，x ∧ y是真，z ∨ x是真，(x ∧ y) ∨ (z ∨ x)也是真，所以答案选D。

2.（CSP-J 2015）阅读程序写结果。

```
#include <iostream>
using namespace std;
int main()
{
    int a, b, c; a = 1;
    b = 2;
    c = 3;
    if(a > b)
        if(a > c)
            cout << a << ' ';
        else
            cout << b << ' ';
    cout << c << endl;
    return 0;
}
```

输出：____。

解析：a的值是1，b的值是2，a>b结果为false。从属于if语句的语句都不执行，直接输出变量c的值。最终输出结果是3。

第 6 章

函数入门

我们不需要弄明白电饭煲的原理，就能用电饭煲煮饭。司机不需要了解汽车的构造细节，就能驾驶汽车。与此类似，我们不需要了解 printf 函数的原理，就可以用它在计算机屏幕上输出文字。计算机程序里的函数就是把常用的功能打包在一起方便以后调用。

函数有两类，一类是库函数，另一类是自定义函数。库函数就是别人已经写好的函数。本章我们就来学习如何用库函数来做一些有趣的事情，如生成随机数、绘制图案、播放音乐，通过这些实用的小程序让同学们对函数的调用有更深入的理解。

6.1 有奖竞猜——随机函数 rand

胖头老师组织了一次有奖竞猜，由程序随机生成一个数字，范围为 1~5。同学们猜这个数字是什么，如果两个数字相同，输出“恭喜你，中奖了！”，胖头老师奖励 1 块巧克力。如果两个数字不相同，输出“很遗憾，你未中奖”。

这个程序是如何实现的呢？这里要用到 3 个库函数 rand、srand 和 time。这 3 个函数的函数声明如下。

```
int rand ();
void srand (unsigned int seed);
time_t time (time_t* timer);
```

函数声明相当于函数的使用手册，说明需要输入什么数据，能得到什么结果。声明的格式如下。

```
返回值类型 函数名 ( 参数列表 );
```

函数名就是函数的名字，它的命名规则与变量名相同。

参数列表说明函数需要输入什么数据。多个参数之间用逗号隔开。参数是有类型的。例如，srand 函数只有一个参数，参数类型是整数，而且是无符号（unsigned）整数。

返回值类型是指函数返回结果的类型。例如，rand 函数返回 int 类型。

函数不一定有参数和返回值。例如，rand 函数没有参数，srand 函数声明开头的“void”就是表明 srand 函数没有返回值。

rand 函数的作用是返回一个 0 到 RAND_MAX 之间的随机整数。RAND_MAX 的具体值在不同的操作系统是不同的，最小值是 32767。

用以下程序可以查看自己计算机上的 RAND_MAX 值。

```
#include <cstdio>
#include <cstdlib>
int main() {
    printf( "%d" , RAND_MAX);
    return 0;
}
```

“我们先试试只用 rand 函数来生成随机数。”胖头老师说。

```
#include <cstdio>
#include <cstdlib>
int main() {
    printf( "%d\n" , rand());
    return 0;
}
```

豆豆发现每次生成的随机数都是一样的。接着胖头老师加入了 srand 函数和 time 函数。

```
#include <cstdio>
#include <cstdlib>
#include <ctime>
int main() {
    srand(time(0));
    printf( "%d\n" , rand());
    return 0;
}
```

现在程序每次输出的随机数都不一样了。

豆豆问："老师，为什么加上这两个函数之后就能得到想要的效果呢？"

"因为 rand 函数生成的随机数是一个伪随机数。要实现每次生成的随机数不一样，就要在生成之前设定一个不同的随机种子。每次使用不同的整数调用 srand 函数，就能设定不同的随机种子。当 time 函数的参数为 0 时，会返回当前的系统时间值，这个时间值刚好可以作为 srand 函数的参数。"胖头老师说完之后，用幻灯片展示了三个函数的关系图，如图 6.1 所示。

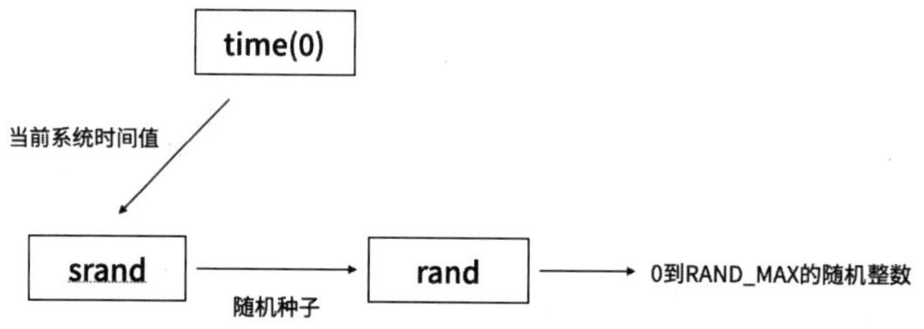

图 6.1　rand、srand、time 三个函数的关系

另外，在使用这三个函数之前，要在代码开头加入以下头文件。

```
#include <cstdlib>
#include <ctime>
```

"#include <cstdlib>"是 C++ 标准库中的一个头文件，它提供了一些常用的函数和宏定义，包括动态内存分配、随机数生成、数学函数等。当你需要用到如 rand( )、srand( )、abort( )、exit( )、malloc( )、free( ) 等函数时，就应该包含这个头文件。

“#include <ctime>”这个头文件定义了一些函数和宏，用于处理日期和时间相关的操作，如获取当前时间、转换时间格式等。这两个头文件经常一起使用，以生成基于当前时间的随机数序列，从而增加随机数的不可预测性。

提 示

头文件不是语句，所以它的末尾没有分号。

“rand 只能生成一个大于或等于 0 的整数，怎么控制生成整数的范围呢？”糖糖问。

“这里还需要借助求余运算来生成一个 min 到 max 之间的数，代码是这样的。”胖头老师答。

```
rand() % (max-min+1) + min
```

rand( ) 除以 max-min+1 的余数范围是 0 到 max-min。当余数为 0 时，返回值是 min。当余数达到最大值 max-min 时，返回值是 max。要生成一个 1~5 之间的数，可以使用以下代码。

```
rand() % 5 + 1
```

胖头老师综合本节的所有知识点，给出下面的抽奖程序代码。

```
#include <cstdio>
#include <cstdlib>
#include <ctime>
int main() {
    int guess;
    int i;
    scanf("%d", &guess);
    srand(time(0));
    i = rand()%5+1;
    if(i == guess) {
        printf("恭喜你，中奖了！");
    } else {
```

```
        printf( " 很遗憾，你未中奖 " );
    }
    printf( " 中奖号码是 %d " , i);
    return 0;
}
```

这个程序的流程图如图 6.2 所示。

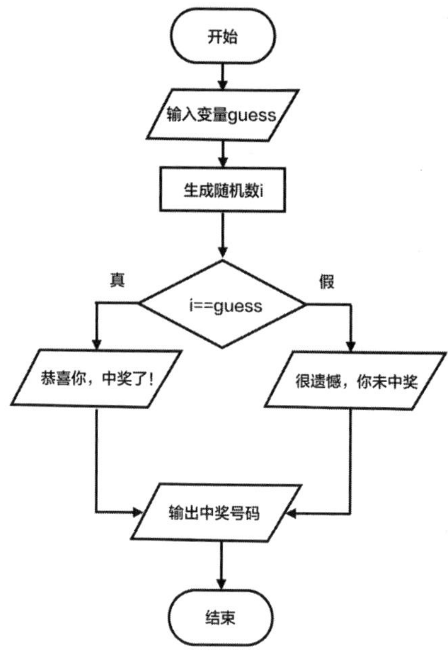

图 6.2　流程图

练习题

（1）阅读程序写结果。

```
#include <cstdio>
#include <cstdlib>
#include <ctime>

int main() {
    int a;
    srand(time(0));
    a = rand()%20;
```

```
    if(a<20) a=10;
    else a=5;
    printf( "%d\n" , a);
    return 0;
}
```

（2）编写一个程序。第一步，在计算机上随机生成两个整数；第二步，输出题目，比如“12+30”；第三步，输入答案；第四步，判断答案是否正确。

6.2 参天大树——两个参数的函数

有一棵神奇的树，它的高度 h 按以下公式增长，其中 t 代表大树的年龄，e 是自然常数，它的值约等于 2.71828。

$$h=e^{t}$$

这棵神奇的大树在 1 岁的时候只有 2.7 毫米高。当它 5 岁的时候，有 14.8 厘米高，跟一个水杯差不多高。当它 8 岁的时候，有 2.98 米高，比篮球架矮一些。当它 13 岁的时候，有 442 米高，比广州塔矮一点。当它 20 岁的时候，有 485 千米高，已经长到外太空去了。大树的高度如图 6.3 所示。

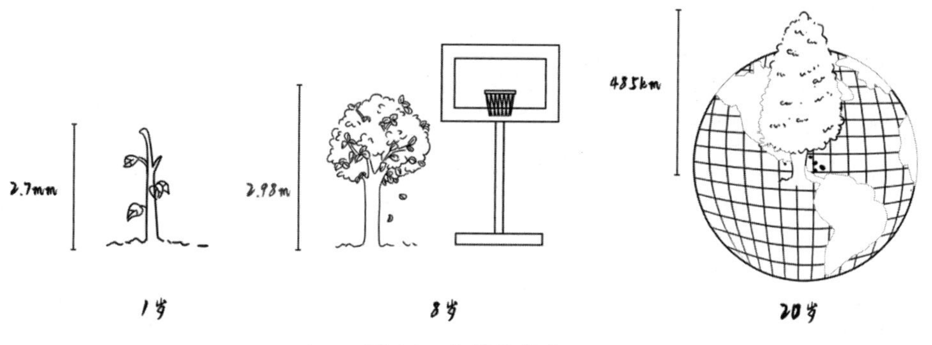

图 6.3 大树的高度

这里我们可以用乘法计算大树在某年的高度。例如，计算大树 5 岁的高度，代码如下。

```
2.71828*2.71828*2.71828*2.71828*2.71828
```

但是这样非常烦琐，我们可以引入 pow 函数来简化代码。pow 函数的声明如下。

```
double pow(double x, double y);
```

pow 函数的两个参数都是 double 类型，结果也是 double 类型。double 是一种数据类型，它的精度比 float 类型更高。double 类型是双精度浮点数，float 类型是单精度浮点数。pow 函数计算了 x 的 y 次方是多少。x 和 y 可以是整数，也可以是小数，示例代码如下。

```
double a, b;
a = pow(3.0, 2);
b= pow(0.33, 2.2);
```

当参数是整数时，C++ 会做自动类型转换。

在使用 pow 函数之前，需要先在代码开头加入以下头文件。

```
#include <cmath>
```

下面的代码计算了大树在 1 岁、5 岁、8 岁、13 岁、20 岁时候的高度。

```
#include <cstdio>
#include <cmath>
int main()
{
    printf( "%f\n", pow(2.71828, 1));
    printf( "%f\n", pow(2.71828, 5));
    printf( "%f\n", pow(2.71828, 8));
    printf( "%f\n", pow(2.71828, 13));
    printf( "%f\n", pow(2.71828, 20));
    return 0;
}
```

运行结果如下。

```
2.718280
148.412660
2980.941946
442409.523348
485158668.499947
```

（1）编写一个程序，用 pow 函数和 sqrt 函数计算一个直角三角形斜边的长。

（2）函数 abs 可以计算绝对值，它的声明如下。

```
int abs (int n);
```

例如，abs(−1) 的值是 1。请用函数 abs 简化以下代码。

```
#include <cstdio>
#include <cmath>
int main() {
    // n 是当前的层数，n1 和 n2 代表要服务的层数
    int n, n1, n2, length1, length2;
    scanf("%d ", &n);
    scanf("%d %d", &n1, &n2);
    if(n-n1>0) {
        length1 = n-n1;
    } else {
        length1 = n1-n;
    }
    if(n-n2>0) {
        length2 = n-n2;
    } else {
        length2 = n2-n;
    }
    if(length1<length2) {
        printf("先到 %d，再到 %d\n", n1, n2);
    } else {
        printf("先到 %d，再到 %d\n", n2, n1);
    }
    return 0;
}
```

6.3 两点成一线——用函数画线

我们不仅能用 C++ 函数生成随机数和进行幂运算，还能用 C++ 绘制一些简单的几何图形。本节我们将介绍如何用函数画线。

小熊猫 Dev-C++ 自带绘图和播放声音的功能，但是使用之前还要进行一些简单的设置，步骤如下。

（1）在 Windows 系统下，右键单击“此电脑”，在弹出的菜单中单击“属性”，如图 6.4 所示。

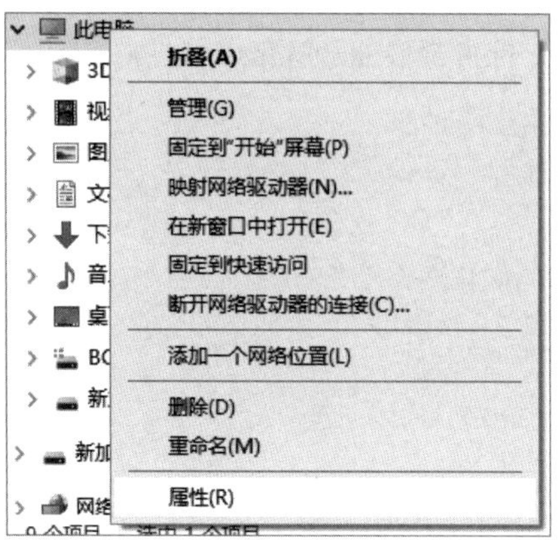

图 6.4 选择属性

（2）点击“高级系统设置”。选择“高级”选项卡，单击“环境变量”按钮，如图 6.5 所示。

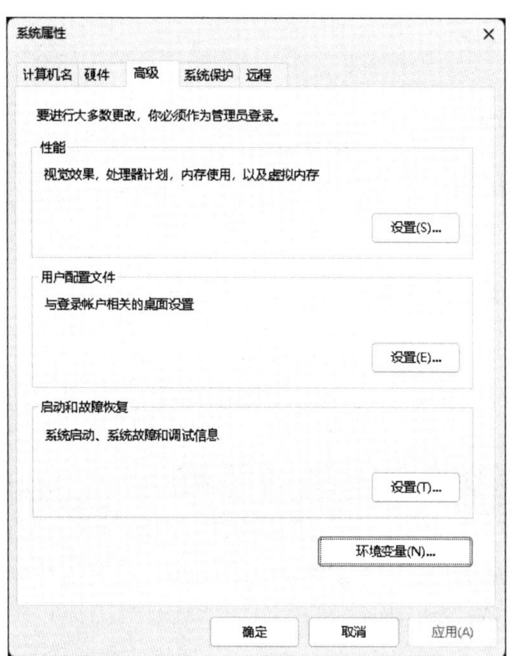

图 6.5 系统属性

（3）选择变量“Path”，单击“编辑”按钮，如图 6.6 所示。

图 6.6 环境变量

（4）单击“新建”按钮，添加一个新的条目，如“F: \RedPanda-Cpp\dll”，然后单击“确定”按钮，如图 6.7 所示。

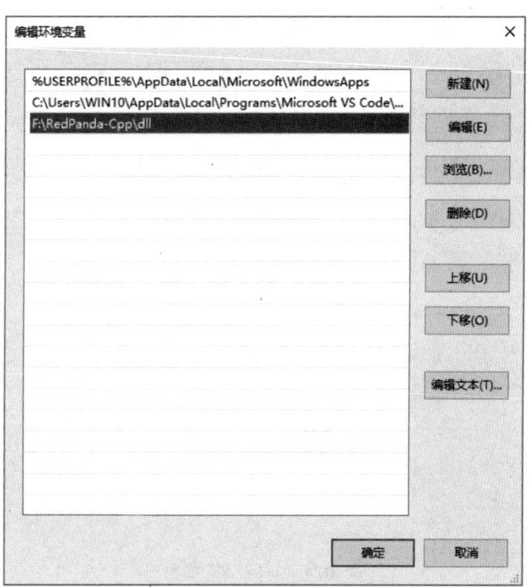

图 6.7 添加新的条目

本书的 C++ 程序绘制图像依赖于 SDL 函数库。为了方便同学们使用这个函数库，我们已经预定义了一个新的项目类型。以后要新建一个绘制图形的程序，可按如下步骤操作。

（1）新建项目的时候，选择“Multimedia”→“SDL2.h”，如图 6.8 所示。

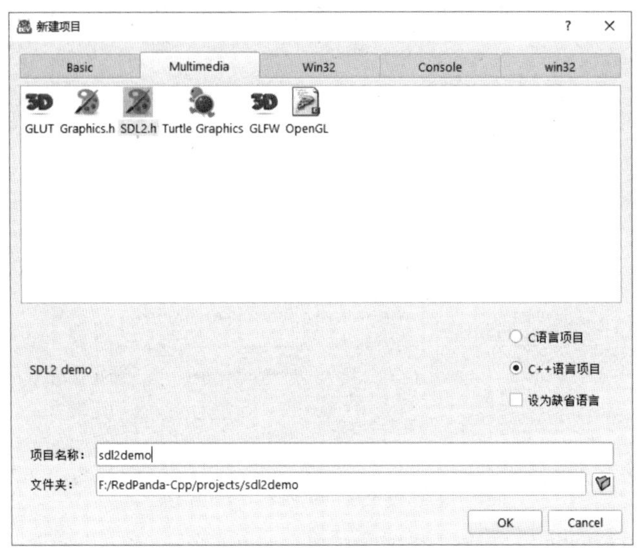

图 6.8　选择“SDL2.h”

（2）新建之后，在“initGraph(800, 480);”后面写代码。

绘制出来的图形将显示在一个新的 Windows 窗口中。SDL 函数库用坐标来表示图形出现在窗口的位置。坐标由两个整数组成，分别为 x 坐标和 y 坐标。坐标的数值与坐标轴有关。坐标轴有两条，分别是 x 轴和 y 轴。x 轴也称为横轴，y 轴也称为纵轴。x 坐标沿着 x 轴自左向右增加，y 坐标沿着 y 轴自上向下增加，如图 6.9 所示。窗口左上角的坐标是（0，0）。

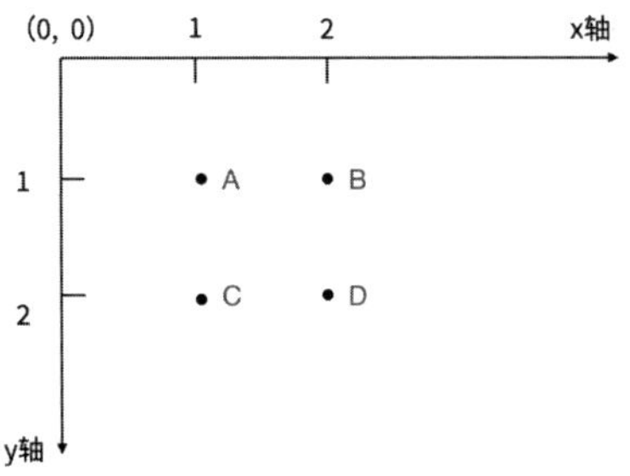

图 6.9　函数的坐标

有了坐标就能精确描述一个点在窗口中的位置。图 6.9 中有四个点 A、B、C、D，其中点 A 的坐标是（1,1），点 B 的坐标是（2,1），点 C 的坐标是（1,2），点 D 的坐标是（2,2）。

一条线段有两个端点，设定了两个端点的坐标，就确定了一条线段。预定义的画线函数 drawLine 的声明如下。

```
void drawLine(int x1, int y1, int x2, int y2, Uint8 r, Uint8 g, Uint8 b);
```

参数 x1 和 y1 是线段一个端点的坐标，参数 x2 和 y2 是线段另外一个端点的坐标，整数参数 r、g、b 表示线段的颜色。计算机使用三个整数表示一个颜色。这三个整数的范围为 0~255。

以下是一段绘制线段的代码。

```
int main(int argc, char** args) {
    initGraph(800, 480);
// 第一个点的坐标是 (100, 100)，第二个点的坐标是 (100, 300)
    drawLine(100, 100, 100, 300, 255, 0, 0);
    showGraph();
    delay(5);
    closeGraph();
    return 0;
}
```

绘制结果如图 6.10 所示。delay 函数是用来延长显示时间的。函数 initGraph 初始化了绘制的幕布。showGraph 展示了绘制的结果。closeGraph 关闭幕布。这三个函数只需要知道含义，不需要做修改。

图 6.10 用函数画线

用 drawLine 函数绘制线段，线段有 2 个端点，坐标分别是 (100，100) 和 (200，200)。

6.4 由线成面——用函数画长方形

在程序设计中，经常会组合运用已有的函数实现新功能。有了绘制线段的函数，就可以在屏幕上绘制长方形。用 drawLine 函数画长方形的步骤如下。

（1）画出长方形的左边。

（2）画出长方形的右边。

（3）画出长方形的上边。

（4）画出长方形的下边。

示例代码如下。

```
int main(int argc, char** args) {
    initGraph(800, 480);
    drawLine(100, 100, 100, 300, 255, 0, 0); // (100, 100) -> (100, 300) 左边
    drawLine(200, 100, 200, 300, 255, 0, 0); // (200, 100) -> (200, 300) 右边
    drawLine(100, 100, 200, 100, 255, 0, 0); // (100, 100) -> (200, 100) 上边
    drawLine(100, 300, 200, 300, 255, 0, 0); // (100, 300) -> (200, 300) 下边
    showGraph();
    delay(5);
    closeGraph();
    return 0;
}
```

程序中调用了 4 次 drawLine 函数，代码注释说明了每次调用 drawLine 画了哪条边。每条边的颜色都是一样的。绘制结果如图 6.11 所示。

图 6.11　绘制长方形

每条边与坐标的关系如图 6.12 所示。

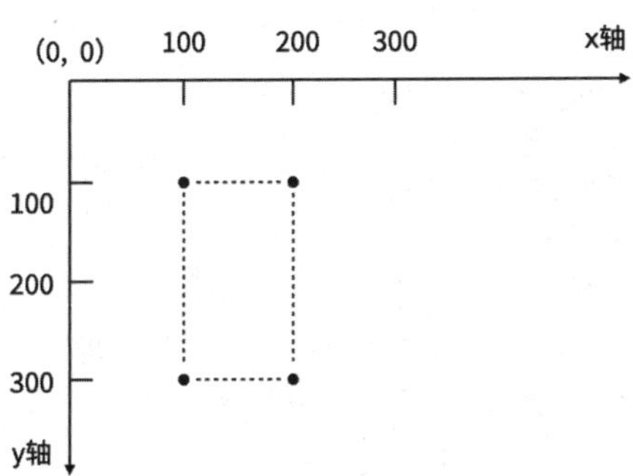

图 6.12　每条边与坐标的关系

练习题

（1）修改示例代码，将长方形的 4 条边换成不同的颜色。

（2）用 drawLine 函数绘制正方形。

（3）有一个正方形，四个角的坐标分别是 (1，1)、(2，2)、(1，2)、(2，1)。编写程序，输入一个点的坐标，判断这个点是否落在正方形内（包括正方形的边界）。如果在正方形内，输出“是”，否则输出“否”。

6.5 一图胜千言——用函数显示图片

本节将介绍如何用 C++ 函数显示图片，图片的显示位置也是通过坐标来表示。现有一个名为“flower.png”的图片文件，图片上有两朵花，如图 6.13 所示。

图 6.13　图片“flower.png”

在屏幕上显示图片会用到以下几个函数。

```
// 加载图片文件到程序中
PIMAGE getImage(const char *name);
// 把图片放在窗口的某个位置显示
// 参数 x 和 y 设定图片的坐标，参数 w 和 h 设定图片显示的宽度和高度
void putImage(PIMAGE img, int x, int y, int w, int h);
```

PIMAGE 是我们自定义的一种数据类型，代表图片。下面的代码用这两个函数在屏幕上显示了图片“flower.png”。

```
int main(int argc, char** args) {
    initGraph(800, 480);
    PIMAGE img = getImage("flower.png");
// 在坐标 (10, 10) 放置一个 100x100 像素的图片
    putImage(img, 10, 10, 100, 100);
    showGraph();
    delay(5);
    closeGraph();
    return 0;
}
```

绘制结果如图 6.14 所示。

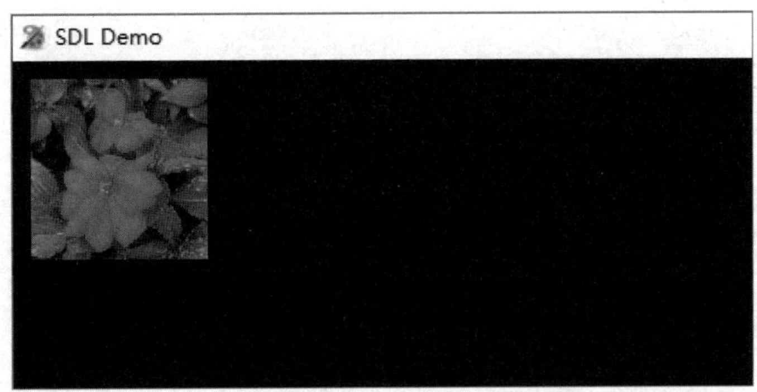

图 6.14 绘制结果

修改示例代码，在坐标 (120, 110) 处放置一个 200×200 像素的图片。

6.6 余音缭绕——用函数播放音乐

本节将介绍如何用 C++ 函数播放 MP3 音乐文件。

利用预先定义好的 playMusic 函数可以播放音乐。playMusic 函数的声明如下。

```
void playMusic(const char *name);
```

参数 name 用于设定要播放的 MP3 文件的名字。

首先把要播放的 MP3 文件放到项目文件夹里，如“F:\RedPanda-Cpp\Projects\music”。把 demo.mp3 放到项目文件夹里，然后编译运行以下代码。

```
int main(int argc, char** args) {
    initGraph(800, 480);
    playMusic( " demo.mp3 " );
    showGraph();
    delay(15);
    closeGraph();
    return 0;
}
```

最后我们用 playMusic 函数来演奏贝多芬《欢乐颂》的开头。在示例文件夹中还有 7 个 MP3 文件——“do.mp3”“re.mp3”“mi.mp3”“fa.mp3”“so.mp3”“la.mp3”“si.mp3”。这 7 个文件分别对应音乐中的 7 个基本音。

代码如下。

```
int main(int argc, char** args) {
    initGraph(800, 480);
    playMusic("mi.mp3");
    delay(1);
    playMusic("mi.mp3");
    delay(1);
    playMusic("fa.mp3");
    delay(1);
    playMusic("so.mp3");
    delay(2);
    playMusic("so.mp3");
    delay(1);
    playMusic("fa.mp3");
    delay(1);
    playMusic("mi.mp3");
    delay(1);
    playMusic("re.mp3");
    delay(2);
    playMusic("do.mp3");
    delay(1);
    playMusic("do.mp3");
    delay(1);
    playMusic("re.mp3");
    delay(1);
    playMusic("mi.mp3");
    delay(2);
    showGraph();
    closeGraph();
    return 0;
}
```

练习题

试着用程序演奏英文歌曲《一闪一闪小星星》。

6.7 拓展阅读：计算机如何存储图片

要将手机拍摄的景物转换成一个电子图片文件，需要经过以下 3 个步骤。

（1）采样。

（2）量化。

（3）编码。

所谓采样就是对原始图像进行垂直扫描和水平扫描，扫描是按着一定间隔进行的。在扫描的过程中采集每个方格上的数据。每一个方格就是一个像素，如图 6.15 所示。

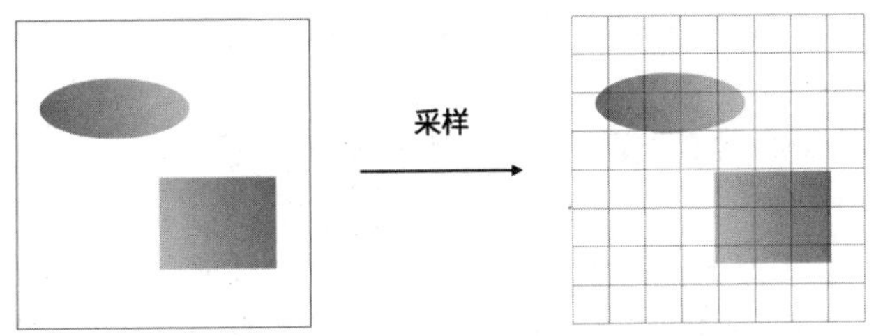

图 6.15　采样

采样之后，图像已经转换成一个个像素，但是像素值仍然是一个连续量，还要把这些量离散化成整数值，这个过程称为量化，如图 6.16 所示。离散取值个数称为量化级数。量化时，要使用二进制表示色彩值，这个二进制的位数称为图像深度。在图 6.16 中，有颜色的小方格都分配了一个表示颜色的值。

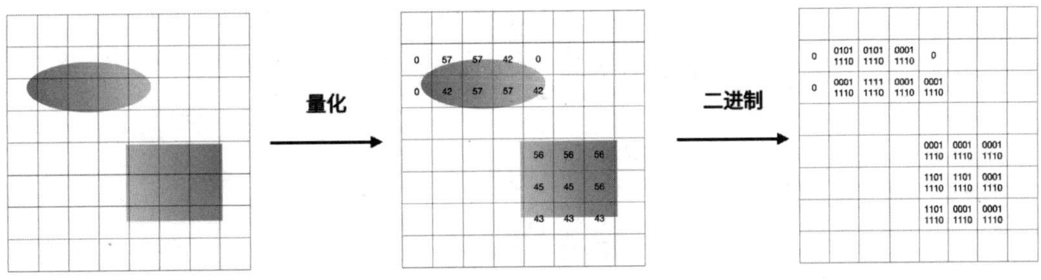

图 6.16　量化

编码就是把量化后的像素矩阵按一定方式编制成二进制编码组，然后按某种图像格式的要求变成一个图像文件。常见的图像文件格式有 JPEG、PNG、GIF、TIFF、BMP。

图像分辨率是数字图像的像素数目，分辨率越高，图像的质量越好。假设一张图像的分辨率是 $M×N$，颜色深度是 D，那么图像的数据量可以用以下公式来计算。

```
图像数据量 =M × N × D / 8 (Byte)
```

例如，一幅分辨率是 1920×1080 的 32 位彩色图像，图像的数据量等于 1920×1080×32÷8=8294400，约等于 7.9MB。

练习题

（1）用二进制编码来表示 256 种颜色，至少需要多少位？

（2）以下文件格式中属于图片格式的是（　　）。

A. PNG　　B. WAV　　C. DOCX　　D. MP3

6.8 拓展阅读：计算机如何存储声音

声音与图像类似，也要经过采样、量化、编码这三个步骤才能转换成电子音频文件。

我们平常听到的声音是由物体的振动产生的。计算机存储声音就是把振动的幅度和频率转化为二进制数据。原始的声音是一种波，如图 6.17 所示。

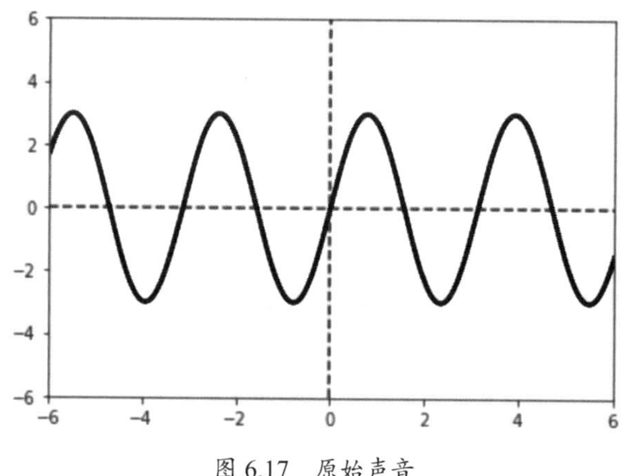

图 6.17　原始声音

用麦克风等设备采样时，每隔一段时间就抽取一个声音信号的幅度样本，如图6.18所示。采样频率是指1秒内设备对声音信号的采样次数。采样频率越高，声音的还原就越真实。音乐CD的采样频率通常是44.1kHZ，表示每秒采样44100次。

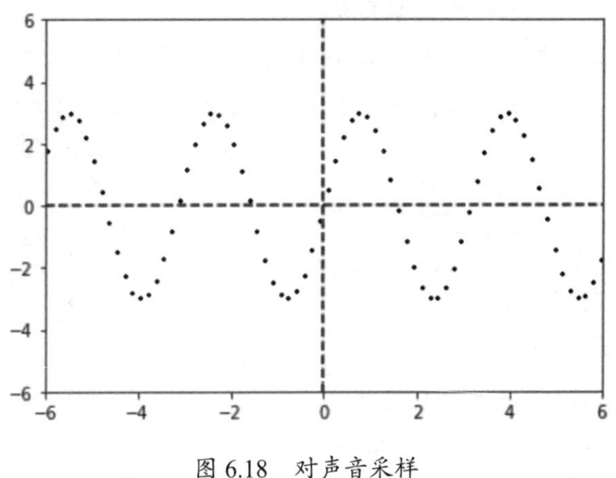

图6.18 对声音采样

采样后的幅度数据还需要进行量化，即将每个样本的幅度值转换为二进制数，如图6.19所示。量化时二进制的位数称为量化位数。常用的量化位数有8位、16位和24位等。

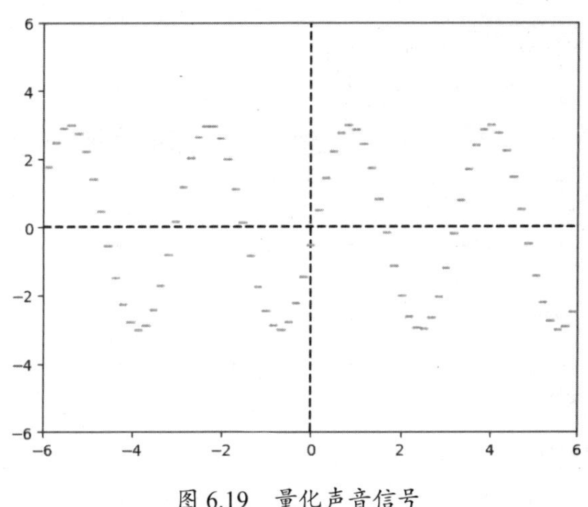

图6.19 量化声音信号

音频编码就是把量化之后的数据转换成数字脉冲编码。编码后的数字音频信号会按照某种音频文件格式的要求转换成一个音频文件，这个过程可能会根据需要进行音频压缩。常见的音乐文件格式有MP3、WAV、AAC、FLAC、APE。

练习题

以下说法中，错误的是（　　）。

A. 采样频率越高，声音的还原就越真实。

B. 常用的量化位数有 8 位、16 位、24 位等。

C. 计算机要把声音转换成文件存储，要经过采样、量化、编码三个步骤。

D. MP3 是视频文件格式。

6.9 小结

本章介绍了以下知识点。

（1）函数一般由以下几个部分组成。

a. 函数名，它的命名规则与变量名相同。

b. 参数，可以有一个到多个。例如，printf 函数就有多个参数，第一个参数是格式控制字符串，其余参数是表达式。参数是有类型的，调用函数的时候参数要与函数定义的参数类型匹配。

c. 函数体，函数体由多个语句构成。

d. 返回值，函数的返回值也是有类型的。

（2）组合运用函数 rand、srand、time 生成某个范围内的随机整数。生成一个 min 到 max 之间的数，公式如下。

```
rand() % (max-min+1) + min
```

（3）用 pow 函数计算一个数的 N 次方。

（4）用函数绘制线段和矩形。

（5）用函数显示图片。

（6）用函数播放音乐。

（7）用计算机存储图片和声音。

6.10 真题解析

（NOIP-2017）阅读程序写结果。

```
#include<iostream>
using namespace std;
int g (int m, int n, int x)
{
    int ans = 0;
    int i;
    if (n == 1)
        return 1;
    for (i = x; i <= m / n; i++)
        ans += g (m - i, n - 1, i);
    return ans;
}
int main()
{
    int t, m, n;
    cin >> m >> n;
    cout << g (m, n, 0) << endl;
    return 0;
}
```

输入：7 3

输出：__________

解析：这段 C++ 程序包括一个函数 g 和一个主函数 main。函数 g 是一个递归函数，有三个整型参数 m、n 和 x，根据给定的 m 和 n 计算一个值并返回。在主函数 main 中，输入两个整数 m 和 n，然后调用函数 g，并输出计算结果。

函数 g 的功能是计算满足一定条件的整数序列的个数。具体来说，它会从 x 开始递增一个整数 i，每次递归调用自身并减去当前的 i，直到 n 等于 1 时返回 1。程序会将每次递归的结果累加起来，最终返回总的计算结果。

输入 m = 7 和 n = 3 时，我们需要计算 g (7, 3, 0) 的值。我们从 x = 0 开始，把 7 分成 3 个部分。

推导过程如下。

（1）调用 g (7, 3, 0)：

ans = 0

迭代 i 从 0 到 7 / 3 = 2：

当 i = 0：调用 g (7, 2, 0)。

当 i = 1：调用 g (6, 2, 1)。

当 i = 2：调用 g (5, 2, 2)。

（2）计算 g (7, 2, 0)：

迭代 i 从 0 到 7 / 2 = 3：

当 i = 0：调用 g (7, 1, 0)，返回 1。

当 i = 1：调用 g (6, 1, 1)，返回 1。

当 i = 2：调用 g (5, 1, 2)，返回 1。

当 i = 3：调用 g (4, 1, 3)，返回 1。

所以 g (7, 2, 0) = 1 + 1 + 1 + 1 = 4。

（3）计算 g (6, 2, 1)：

迭代 i 从 1 到 6 / 2 = 3：

当 i = 1：调用 g (5, 1, 1)，返回 1。

当 i = 2：调用 g (4, 1, 2)，返回 1。

当 i = 3：调用 g (3, 1, 3)，返回 1。

所以 g (6, 2, 1) = 1 + 1 + 1 = 3。

（4）计算 g (5, 2, 2)：

迭代 i 从 2 到 5 / 2 = 2：

当 i = 2：调用 g (3, 1, 2)，返回 1。

所以 g (5, 2, 2) = 1。

总结前面的运算结果，g (7, 3, 0) = g (7, 2, 0) + g (6, 2, 1) + g (5, 2, 2) = 4 + 3 + 1 = 8。因此，当输入 m = 7 和 n = 3 时，程序输出的结果是 8。

第 7 章

for 循环

生活中我们常常重复做一件事，如回复邮件、日程安排、备份文件，但是靠手工重复做一些烦琐枯燥的事情，既浪费时间，又容易出错。我们可以把这些事交给计算机来做，计算机非常擅长重复执行操作。本章就来讲解如何用 for 循环让计算机完成重复操作。

7.1 数羊——for 语句入门

当人们无法入睡的时候，常常会试着用数羊的方法治疗失眠，想象羊从矮栅栏上跳过，每跳一只就数一个数，如图 7.1 所示。

图 7.1 数羊

1 只羊。

2 只羊。

3 只羊。

4 只羊。

胖头老师让同学们完成一道编程题：“用程序输出上面的文字。”

豆豆立刻就想到怎么做了。“老师，这个问题很简单啊，只要调用 4 次 printf 函数，每次输出一个数字就可以了。”

```
printf( "%d 只羊 \n",  1);
printf( "%d 只羊 \n",  2);
printf( "%d 只羊 \n",  3);
printf( "%d 只羊 \n",  4);
```

“对的，看来之前讲的知识点都掌握了。”胖头老师接着追问：“如果要让计算机数羊数到 100，应该怎么做？”

豆豆回答：“复制粘贴这些代码，然后修改数字。不过这样做也太麻烦了。”

胖头老师顺势引出本节的主题：“对的。这个新的问题可以用 for 语句来解决。”

```
#include <cstdio>
int main()
{
    int i;
    for(i=1; i<=4; i++) {
      printf( "%d 只羊。\n" , i);
    }
     return 0;
}
```

糖糖看到这个代码，忍不住赞叹起来：“这样写简洁多了！”

豆豆有些不明白，摸摸脑袋：“虽然 for 语句很简洁，但是 for 语句看上去也很复杂，括号里面有 3 个表达式。”

for 语句的一般格式如下。

```
for (  循环变量初始化 ;  循环条件 ;  循环变量变化 )  {
  重复执行的操作
}
```

胖头老师说：“上述代码中的循环控制变量就是 *i*。第一个表达式对 *i* 进行初始化，第二个表达式用于判断什么条件下结束 for 循环，第三个表达式更新循环变量 *i*。重复执行的操作是一个语句或多个语句。”

糖糖疑惑：“三个表达式的作用明白了，那么 for 循环是如何执行的呢？”

胖头老师给出了 for 语句的流程图，如图 7.2 所示。

for 语句的执行流程如下。

（1）初始化循环变量。

（2）判断循环条件。如果条件为真，则执行循环体中的语句；如果条件为假，则跳过循环体，直接结束循环，并执行 for 语句之后的下一条语句。

（3）更新循环变量。

（4）转回（2）继续执行。

（5）循环结束，执行 for 语句后的下一条语句。

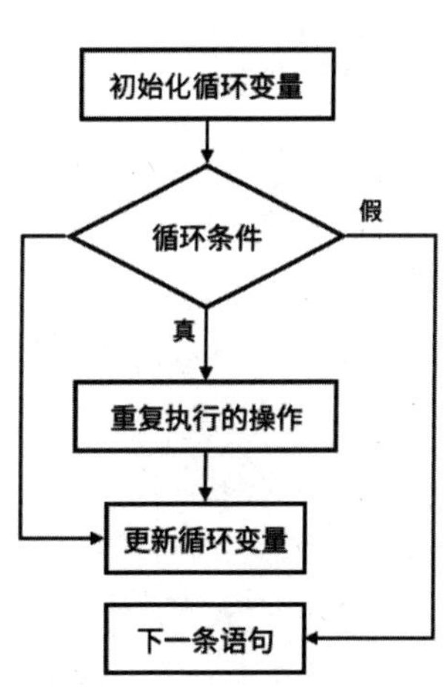

图 7.2　for 语句的流程图

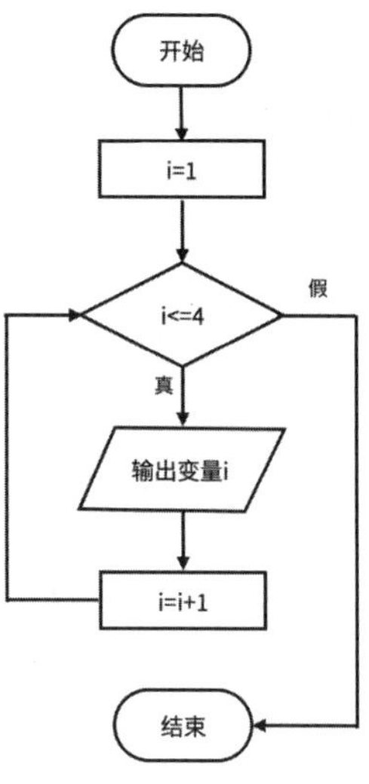

图 7.3 流程图

胖头老师又给出了示例代码的流程图，如图 7.3 所示。

胖头老师结合流程图解释了示例的执行流程。

（1）把 1 赋值给循环变量 *i*。

（2）循环条件是 *i* 小于或者等于 4。这时候 *i* 等于 1，循环条件为真，执行循环体。

（3）变量 *i* 自增，*i* 变成 2。第一次循环完成。

（4）开始第二次循环，这时候 *i* 等于 2，循环条件为真，执行循环体。

（5）变量 *i* 自增，*i* 变成 3。第二次循环完成。

（6）如此反复进行，直到 *i* 自增变成 5，第四次循环完成。

（7）当 *i* 等于 5 时，循环条件为假，for 循环结束。执行 for 语句后的下一条语句。

豆豆和糖糖听完之后，恍然大悟。

练习题

（1）找出下面代码中的错误。

```
#include <cstdio>
int main()
{
    int i;
    for(i=1; i<=4; i++);
      printf("%d 只羊。\n", i);
     return 0;
}
```

（2）阅读程序写结果。

```
#include <cstdio>
int main() {
    int i;
    for(i=2; i<20; i++) {
      printf("%d", i);
    }
```

```
    return 0;
}
```

（3）阅读程序写结果。

```
#include <cstdio>
int main() {
    int i;
    for(i=2; i<4; i++) {
      printf("%d ", i*i);
    }
    return 0;
}
```

7.2 新年倒数——for 语句进阶

每年的 12 月 31 日晚上，很多地方都会举办新年倒数活动，大家都会一起倒数。胖头老师让同学们编写程序模拟新年倒数，输出以下内容。

```
10
9
8
7
6
5
4
3
2
1
新年快乐!
```

糖糖思考：“从 10 开始倒数，所以循环变量 *i* 的初始值是 10。另外，由于数字是逐步递减的，*i*++ 要改成 *i*--。”

豆豆补充说：“当 *i* 等于 0 的时候应该终止 for 循环，然后输出‘新年快乐！’。判断条件应该是 *i*>0。”

胖头老师把两个人的回答综合起来，给出了以下代码。

```
#include <cstdio>
int main()
{
    int i;
    for(i=10; i>0; i--) {
      printf( "%d\n " , i);
    }
    printf( "新年快乐！ " );
     return 0;
}
```

流程图如图 7.4 所示。

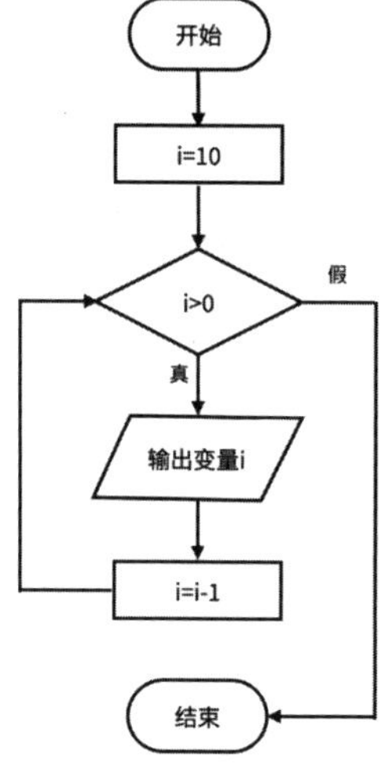

图 7.4　流程图

练习题

（1）阅读程序写结果。

```
#include <cstdio>
int main() {
    int i;
    for(i=2; i<20; i=i+2) {
      printf( "%d  " , i);
    }
```

```
    for(i=2; i<20; i=i+5) {
      printf( "%d  ", i);
    }
    return 0;
}
```

（2）阅读程序写结果。

```
#include <cstdio>
int main() {
    int i;
    for(i=0; i==100; i++) {
        printf( "%d\n", i);
    }
    return 0;
}
```

（3）阅读程序写结果。

```
#include <cstdio>
int main() {
    int i;
    for(i=1; i<=10; i++) {
      printf( "%d  ", i);
      i = i + 1;
    }
    return 0;
}
```

（4）用 for 语句输出 50~25 的所有整数。

7.3 永不停息——出错的 for 循环

胖头老师提醒同学们：“for 循环中的条件判断，如果没有正确填写，可能会使 for 循环一直运行下去。你们试试运行下面这段代码。”

```
#include <cstdio>
int main()
{
    int i;
```

```
    for(i=1; i > 0; i++) {
      printf( "%d\n" , i);
    }
     return 0;
}
```

糖糖把代码复制到 Dev-C++ 里运行，发现屏幕上一直输出数字，for 循环无法终止。

胖头老师说："变量 *i* 从 1 开始递增，永远比 0 大，所以 for 循环无法终止。同学们在写完 for 循环之后，要检查一下终止循环的条件是否合理。"如图 7.5 所示。

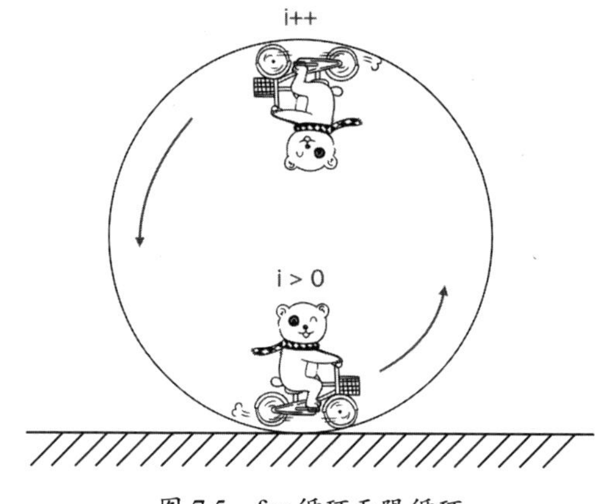

图 7.5　for 循环无限循环

为什么循环变量的命名一般以字母 *i*、*j*、*k* 来命名？这种命名习惯来源于编程语言 Fortran。在 Fortran 中，变量 *i* 到 *q* 默认都是整数类型，而 *i* 是第一个整数。后来 C++ 语言也沿用了这种习惯。一般建议使用字母 *i*、*j*、*k* 来命名循环变量，从而让其他人更容易理解 for 语句代码。

练习题

（1）阅读程序写结果。

```
#include <cstdio>
int main() {
    int i;
    for(i=0; i>100; i++) {
        printf( "%d\n" , i);
    }
    return 0;
}
```

（2）用 for 语句输出以下内容。

```
ABC
ABC
ABC
```

```
ABC
ABC
```

（3）用 for 语句按顺序先输出 26 个小写英文字母，然后输出 26 个大写英文字母。

（4）用 for 语句按顺序输出以下内容。

```
aAbBcCdDeEfFgGhHiIjJkKlLmMnNoOpPqQrRsStTuUvVwWxXyYzZ
```

（5）阅读程序写结果。

```
#include <cstdio>
int main() {
    int i, j;
    for(i=2, j=4; i<5; i++, j--) {
      printf("%d ", i*j);
    }
    return 0;
}
```

7.4 整点报时——for 语句与 if 语句结合

极客小学 8 点上课，17 点放学。学校门口有一个智能音箱，每天 7 点到 18 点都会在整点的时候报时，如图 7.6 所示。

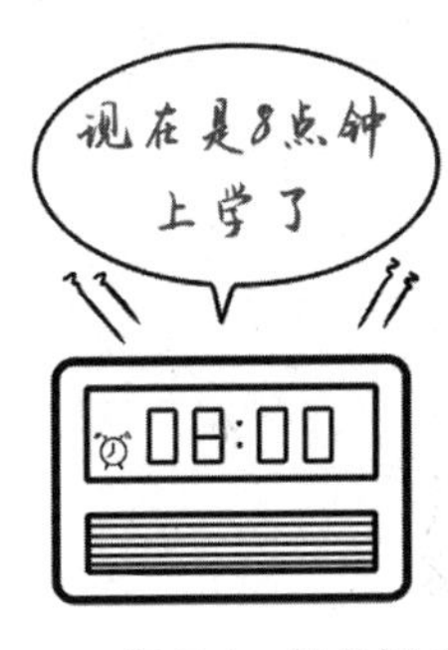

图 7.6 整点报时的音箱

现在要求用 for 语句模拟智能音箱的整点报时。胖头老师说：“这个程序跟前面用 for 循环数羊很像，只是在 for 循环里添加了两个 if 语句判断是否播放特别的提示语。”代码如下。

```
#include <cstdio>
int main()
{
    int i;
    for(i = 7; i <= 18; i++) {
        printf("现在是 %d 点钟 \n", i);
        if(i == 8) {
        printf("上学了 \n");
```

```
        }
        if(i == 17) {
        printf( " 放学了 \n " );
        }
    }
    return 0;
}
```

这段代码的流程图如图 7.7 所示。

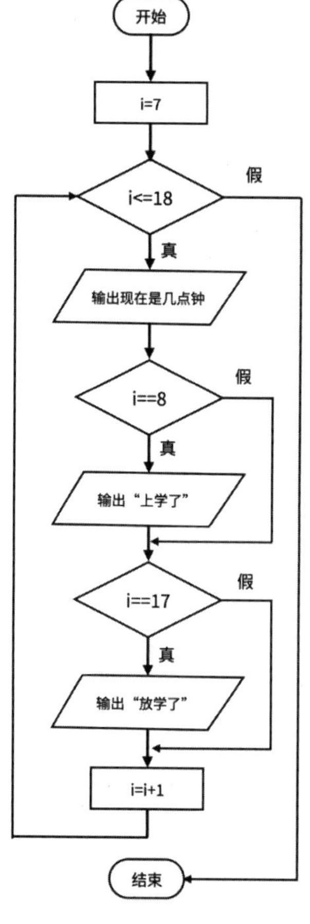

图 7.7　流程图

for 循环遍历 7~18 的所有整数。当变量 *i* 等于 8 或者 17 时，播报特别的提示语。结合 for 语句和 if 语句可以在循环中根据不同的判断结果输出不同的内容。

练习题

（1）阅读程序写结果。

```
#include <cstdio>
int main() {
    for(int i=65;i<=70;i++){
        printf("%d, %c\n", i, i);
    }
    return 0;
}
```

（2）阅读程序写结果。

```
#include <cstdio>
int main() {
    char c;
    int x, y;
    for(c='b';c<='g';c++) {
        x = c - 'a' + 2;
        if(x%2==1) y=c+2;
        else y=c-2;
        printf("%c", y);
    }
    return 0;
}
```

（3）阅读程序写结果。

```
#include <cstdio>
int main() {
    int i, a=1;
    for(i=1;i<8;i++) {
        a=a*i;
        if(a%3==0) a=a/3;
        if(a%5==0) a=a/5;
    }
    printf("%d", a);
    return 0;
}
```

7.5 种花——for 语句与求余运算

学校要在花坛里种风信子和山茶花。一共要种 9 朵山茶花和 4 朵风信子，要求每隔 3 朵山茶花种 1 朵风信子。胖头老师给出了示意图，在每朵花下用一个数字来标识种植的位置，如图 7.8 所示。

图 7.8 山茶花和风信子的排列规则

下面用 for 语句绘制如图 7.8 所示的图案。

胖头老师提供了两个函数来绘制图形。其中函数 drawFlower1 绘制风信子，函数 drawFlower2 绘制山茶花。这两个函数都有一个整型参数 i，用来表示花应该画在哪个位置。例如，“drawFlower1(4)”表示把风信子种在 4 号位置。

胖头老师提问：“每朵花下的数字有什么特点？”

糖糖回答：“位置从 0 开始，从左往右递增，每次增加 1。风信子下面的数字是 0、4、8、12。这些数字刚好能被 4 整除。山茶花下面的数字都不能被 4 整除。”

“可以根据余数是否为 0 来判断每个位置应该种什么花。”胖头老师给出如下代码。

```
int i;
for(i = 0; i <= 12; i++)  {
    if(i % 4 == 0) {
        drawFlower1(i); // 在位置 i 种一朵风信子
    } else {
        drawFlower2(i); // 在位置 i 种一朵山茶花
    }
}
```

运行结果如图 7.9 所示。

图 7.9 运行结果

流程图如图 7.10 所示。

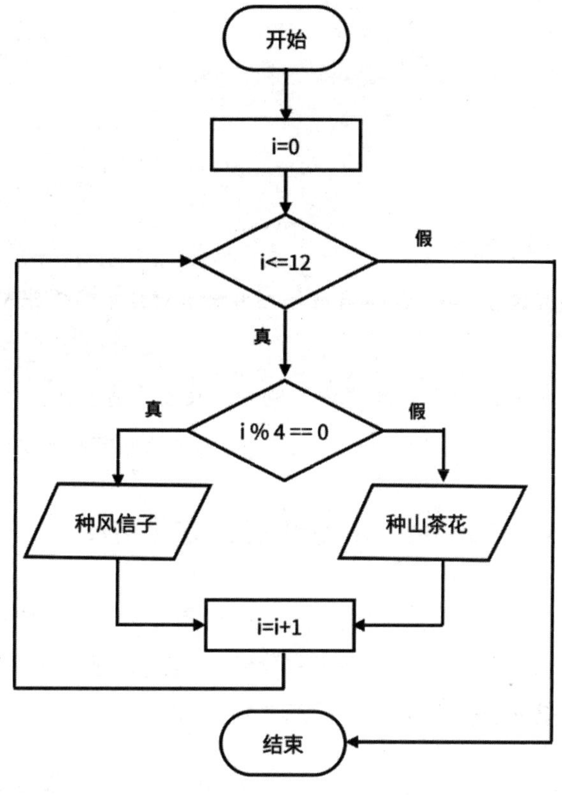

图 7.10 流程图

“这一节的例子利用了除法的余数来判断是否执行一个操作，用法很经典，请同学们注意体会。”胖头老师提示同学们。

练习题

（1）阅读程序写结果。

```
#include <cstdio>
int main() {
    int i, n;
    for(i=2; i<5; i++) {
      n=34%i;
```

```
        printf( "%i,%d\n ", i, n);
    }
    return 0;
}
```

（2）用 for 语句输出以下内容。

```
1 2 3 4
5 6 7 8
9 10 11 12
```

（3）用程序按顺序输出 1~50 的所有数字，当输出的数字是 3 和 5 的公倍数时，换行输出文字“喵喵喵”。

（4）3 月 1 日豆豆妈妈买了一盆植物，她要求豆豆负责照看一个月（从 3 月 1 日到 3 月 31 日），从 3 月 1 日起每隔 4 天浇一次水，请用程序计算哪些天要浇水。

7.6 收集糖果——用 for 语句累计求和

有 4 位同学，第一个同学手里有 1 颗糖，第二个同学手里有 2 颗糖，第三个同学手里有 3 颗糖，第四个同学手里有 4 颗糖。现在有一个箱子，胖头老师叫 4 个同学轮流把手里的糖放到箱子里，问箱子里最后有多少颗糖？如图 7.11 所示。

图 7.11　同学们排队把糖果放到箱子里

糖糖回答：“1+2+3+4 等于 10。”

第一个同学放 1 颗糖，箱子里共有 1 颗糖。

第二个同学放 2 颗糖，箱子里共有 3 颗糖。

第三个同学放 3 颗糖，箱子里共有 6 颗糖。

第四个同学放 4 颗糖，箱子里共有 10 颗糖。

胖头老师说可以用代码模拟这个过程。

```
#include <cstdio>
int main()
{
    int i;
    int sum = 0; // 刚开始的时候箱子是空的
    sum = sum + 1;
    sum = sum + 2;
    sum = sum + 3;
    sum = sum + 4;
    printf( "%d\n" , sum);
    return 0;
}
```

运行结果如下。

```
10
```

程序首先计算 0+1，然后把结果存到变量 *sum*，接着把变量 *sum* 的值和 2 相加，再把结果存到变量 *sum* 中。*sum* 就是一个有累加功能的变量。

胖头老师说："可以用 for 语句简化这段代码。"

```
#include <cstdio>
int main()
{
    int i;
    int sum = 0; // 刚开始的时候箱子是空的
    for(i = 1; i <= 4; i++) {
        sum = sum + i; // 每一次相加，相当于往箱子里放糖
    }
    printf( "%d\n" , sum);
    return 0;
}
```

在 for 语句中使用累加变量可以实现累加运算。变量 *i* 相当于每一次同学放到箱子里的糖的数量。变量 *sum* 就像用来收集糖果的箱子。变量 *sum* 的变化过程如表 7.1 所示。

表 7.1 变量 *sum* 的变化过程

循环次数	sum
1	1
2	3
3	6
4	10

这段代码的流程图如图 7.12 所示。

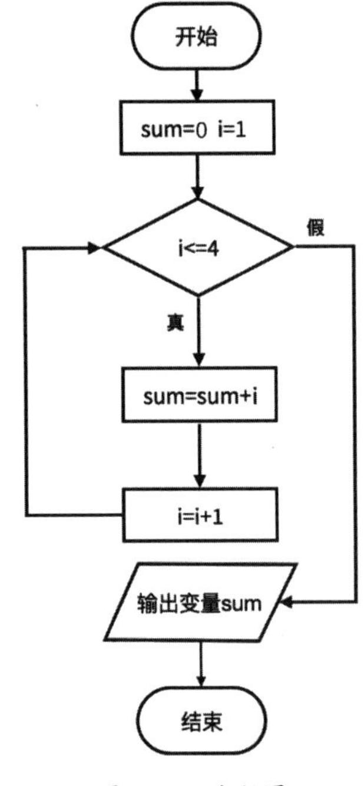

图 7.12 流程图

练习题

（1）修改本节的代码，计算 5~50 的所有整数之和。

（2）阅读程序写结果。

```
#include <cstdio>
```

```
int main() {
    int i = 0;
    int sum = 0;
    for(i = 1; i <= 10; i = i+2) {
        sum = sum + i;
    }
    printf( "%d\n" , sum);
    for(i = 1; i <= 10; i = i+1) {
        sum = sum + i*i;
    }
    printf( "%d\n" , sum);
    return 0;
}
```

（3）以下程序计算 1×1+2×2+3×3+ ⋯ +100×100，请完善程序。

```
#include <cstdio>
int main()
{
    int i;
    int sum = 0;
    for(i=1; i<=100; i++) {
    _____
    }
    printf( "%d\n" , sum);
    return 0;
}
```

（4）用 for 语句计算 1~100 的所有偶数的和、1~100 的所有奇数的和。

7.7 雪花飞舞——用 for 语句绘制图形

清朝诗人郑板桥有一首七言绝句《咏雪》，咏雪描绘了雪花和梅花融为一体的美景。

一片两片三四片，五六七八九十片。

千片万片无数片，飞入梅花总不见。

胖头老师问：“同学们看过雪景吗？”

大家齐声回答看过。

胖头老师说：“这节我们用 for 循环来做一些有意思的事情——绘制雪花。每片雪花出现的位置是随机的。”

糖糖问：“怎么绘制呢？”

胖头老师说：“综合运用之前学过的生成随机数和在屏幕上显示图片的知识就可以了。先随机生成位置，然后在那个位置上显示图片，再用 for 循环重复这个过程。”

胖头老师随后给出了实现代码。

```
int main(int argc, char** args) {
    initGraph(800, 480);
    srand(time(NULL));
    int i, x, y;
    for(i = 0; i <= 100; i++)  {
        x = rand()%700+50;
        y = rand()%400+50;
        drawSnowflake(x, y);
    }
    showGraph();
    delay(5);
    closeGraph();
    return 0;
}
```

这个例子已经预先定义了 drawSnowflake 函数。该函数可以把雪花图片显示在指定位置，有两个参数 x 和 y，表示雪花的坐标。snowflake 是雪花的意思。代码中的 rand 函数用于生成坐标。其中，“rand()%700+50”产生的随机数范围是 50~749，“rand()%400+50”产生的随机数范围是 50~449，这样就控制了雪花的出现范围。

程序的运行结果如图 7.13 所示。

图 7.13　运行结果

for 循环的流程图如图 7.14 所示。

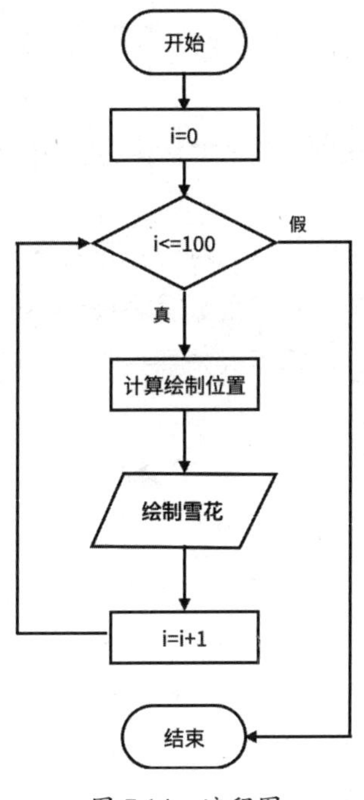

图 7.14　流程图

糖糖看完输出结果问："老师，我可以把自己绘制的雪花也这样显示到计算机上吗？"

胖头老师说："当然可以，先把绘制的雪花存成 PNG 格式图片，然后替换项目中的'snow.png'文件就可以了。"

糖糖说："那太好了，我可以手工 DIY 了。"

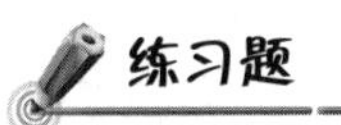

练习题

以下程序计算 1+1/2+1/3+…+1/10，但是结果不正确，原因是什么？

```
#include <cstdio>
int main() {
    int n;
    float sum=1.0;
    for(n=10;n>1;n--) {
        sum = sum + 1/n;
    }
```

```
    printf( "%f ", sum);
    return 0;
}
```

7.8 计算斐波那契数列——for 语句应用 1

一对成熟的兔子每月会生一对兔子。一对初生的兔子 1 个月后进入成熟期，开始生育兔子。那么，由一对初生的兔子开始，10 个月后会有多少对兔子呢？

这个数学问题看上去很复杂，我们可以先画一个图，模拟一下头几个月的情况，观察并总结规律，如图 7.15 所示。

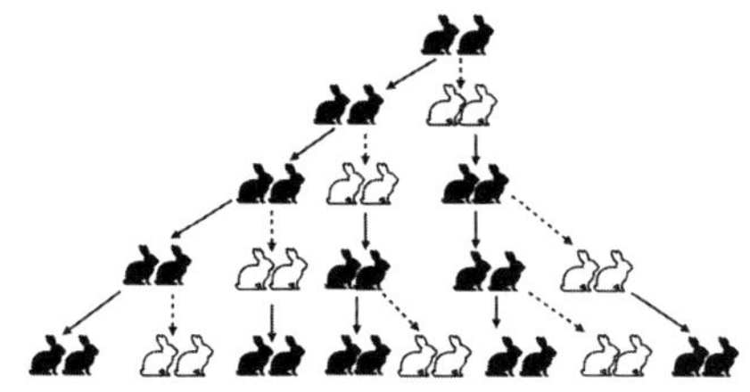

图 7.15　兔子繁殖

黑色兔子代表成熟的兔子，白色兔子代表初生的兔子。从图中可以看出，第 1 个月是 1 对兔子，第 2 个月是 2 对兔子，第 3 个月是 3 对兔子，第 4 个月是 5 对兔子，第 5 个月是 8 对兔子。从第 3 个月开始，当月的兔子对数刚好是前 2 个月兔子对数之和。每个月的兔子对数构成了一个数列，在数学上称为斐波那契数列。斐波那契数列的第一项是 1，第二项是 1，从第三项开始，每一项的值是前两项的和。

胖头老师提问："同学们，用 C++ 程序模拟这个计算过程，需要多少个变量呢？"

"这么多数字，应该要用很多变量来存储吧？"糖糖疑惑。

"老师，只用 4 个变量就可以了，其中两个变量存储数列的头两项，第三个变量存储计算结果，最后一个变量是循环变量。"豆豆灵机一动。

"正确。"胖头老师把实现代码展示出来。

```
#include <cstdio>
int main() {
     int i;
//  头两项都是 1。
```

```
    int a1 = 1;
    int a2 = 1;
    int a3 = 0;
    printf( "%d\n" , a1);
    printf( "%d\n" , a2);
    for(i = 1; i <= 10; i++) {
        a3 = a1 + a2;
        printf( "%d\n" , a3);
        //
        a1 = a2;
        a2 = a3;
    }
  return 0;
}
```

这段代码首先设 a1 和 a2 的值为 1。把 a1 和 a2 相加得出的结果存到 a3。然后把 a2 和 a3 作为新的 a1 和 a2，再开始下一轮的循环。这段代码的流程图如图 7.16 所示。

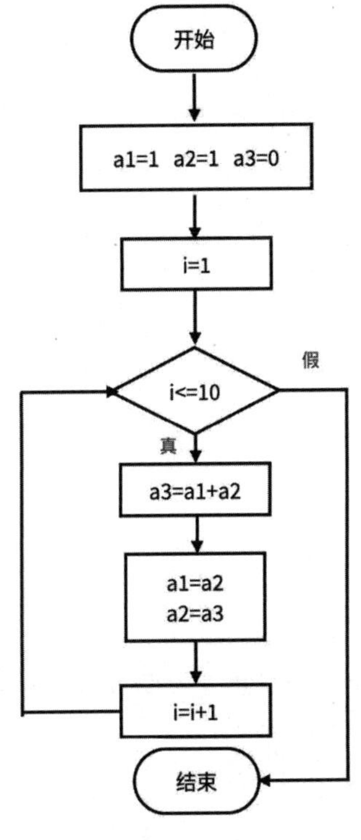

图 7.16 流程图

练习题

（1）阅读程序写结果。

```
#include <cstdio>
int main() {
    int i = 0, m, n, sum = 0;
    scanf( "%d %d" , &m, &n);
    for(i = n; i <= m; i = i+2) {
        sum = sum + i;
    }
    printf( "%d\n" , sum);
    return 0;
}
```

输入：10 3。

输出：______。

（2）补充程序，找出三位数中有个位数和十位数相同或十位数与百位数相同的数。

```
#include <cstdio>
int main() {
    int i, one, ten, hundred;
    for(i = 100;i < 1000;i++) {
        one = i%10;
        ten = ①;
        hundred = ②;
        if(one == ten || ③) {
            printf( "%d" , i);
        }
    }
    return 0;
}
```

7.9 显示当月日历——for 语句应用 2

胖头老师要求同学们用程序输出某个月的日历。先输入天数和当月起始日是星期几，然后输出当月的日历，如图 7.17 所示。这里假定星期日是一个星期的第一天。

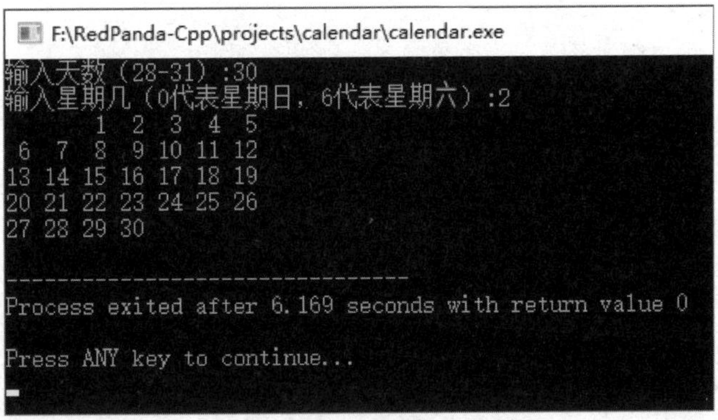

```
F:\RedPanda-Cpp\projects\calendar\calendar.exe
输入天数（28-31）:30
输入星期几（0代表星期日，6代表星期六）:2
       1  2  3  4  5
 6  7  8  9 10 11 12
13 14 15 16 17 18 19
20 21 22 23 24 25 26
27 28 29 30

--------------------------------
Process exited after 6.169 seconds with return value 0

Press ANY key to continue...
```

图 7.17　输出日历

同学们听完题目后议论起来。

“输入数据很简单，用 scanf 函数就可以实现了。”

“输出 7 个数字之后，就要用‘\n’来换行输出。”

于是这个程序就有了第一个版本。

```
#include <cstdio>
int main() {
    int i;
    int days, dayofweek;

    printf("输入天数（28-31）:");
    scanf("%d",&days);
    printf("输入星期几（0代表星期日，6代表星期六）:");
    scanf("%d",&dayofweek);
    for(i = 1; i <= days; i++) {
        printf("%2d ", i);
        if(i % 7 == 0) {
            printf("\n");
        }
    }
    printf("\n");
    return 0;
}
```

变量 *dayofweek* 用于设定日历的第一天是星期几。0 代表星期日，1 代表星期一，2 代表星期二，依次类推。

胖头老师提示："这个版本的问题是每月的第一天的位置没有根据变量 *dayofweek* 自动变化。要用 if 语句来判断输出多少个空格。另外，程序还需要引入一个新的变量 *day* 来记录当前要输出的日期。变量 *i* 变成用来控制输出位置的变量。"于是就有了程序的最终版本。

```
#include <cstdio>
int main() {
    int i;
    // 假定星期日是每个星期第一天
    int days; // 当月有多少天
    int dayofweek; // 每月的第一天是星期几，0 代表星期日，1 代表星期一，2 代表星期二
    printf("输入天数（28-31）：");
    scanf("%d",&days);
    printf("输入星期几（0 代表星期日，6 代表星期六）：");
    scanf("%d",&dayofweek);
    int day = 1;
    for(i = 1; i <= days+dayofweek; i++) {
        if(i <= dayofweek) {
            printf("%2c ", ' '); // 输出空格
        } else {
            printf("%2d ", day);
            day++;
        }
        if(i % 7 == 0) {
            printf("\n");
        }
    }
    printf("\n");
    return 0;
}
```

当 *i* 小于或等于 *dayofweek* 时，输出空格。当 *i* 大于或等于 *dayofweek* 时，输出日期。当 *i* 是 7 的倍数时，输出换行符。流程图如图 7.18 所示。

最后胖头老师总结说："同学们，在编程的时候如果一开始没有明确的想法，我们可以把问题简化，先完成一部分功能，然后逐步深入，最后问题就迎刃而解了。"

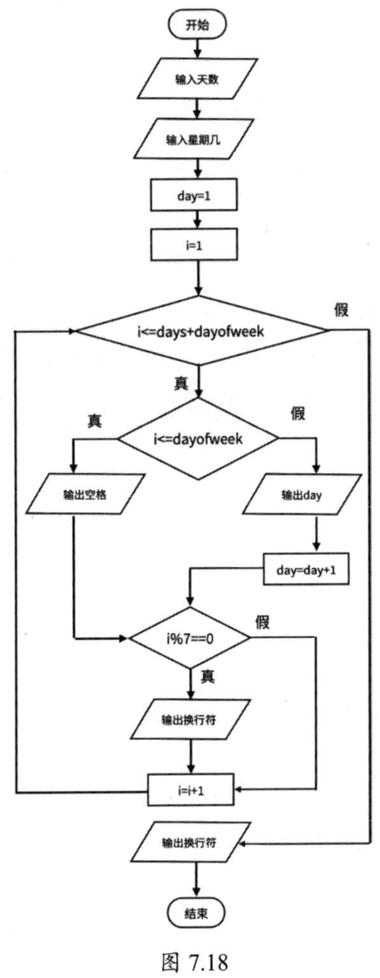

图 7.18

练习题

（1）阅读程序写结果。

```
#include <cstdio>
int main() {
    int i;
    i=3;
    for(;i<20;) {
        printf( "%d" , i);
```

```
        i=i+4;
    }
    return 0;
}
```

（2）用 for 语句随机生成 10 道一位数的加减计算题，并输入答案，每答对 1 道题得 10 分，最后统计分数。请补充程序。

```
#include <cstdio>
#include <ctime>
#include <cstdlib>
int main() {
    int a, b, i, symbol, n, answer, score=0;
    srand(time(0));
    for(i=1;i<10;i++) {
        a= ① ;
        b= ② ;
        symbol=rand()%2;
        if(symbol==1) {
            printf( " %d+%d= " , a, b);
            answer= ③ ;
        } else {
            printf( " %d-%d= " , a, b);
            answer=a-b;
        }
        scanf( " %d " , &n);
        if( ④ ) {
            printf( " 正确 \n " );
            score= ⑤ ;
        } else {
            printf( " 错误 \n " );
        }
    }
    printf( " 分数 :%d\n " , score);
    return 0;
}
```

（3）用 for 循环编写程序，先输入数字 n，然后输入 n 个正数，求 n 个正数的最大值。

7.10 小结

本章主要介绍了以下知识点。

（1）for语句的作用就是执行固定次数的循环操作，语法如下。

```
for ( 循环变量初始化 ; 循环条件 ; 循环变量变化 ) {
  重复执行的操作
}
```

圆括号中的三个表达式都可以选择不写。

（2）在for语句里可以使用条件判断语句。

```
for(i = 0; i <= N; i++) {
     if( 判断条件 ) {
          操作 1
     } else {
          操作 2
     }
}
```

（3）for语句可以实现变量的累加，形式如下。

```
int sum = 0;
for(i = 0; i <= N; i++) {
     sum = sum + i;
}
```

7.11 真题解析

1.（CSP-J 2019）若有如下程序段，其中 s、a、b、c 均已定义为整型变量，且 a、b 均已赋值（$c>0$）。

```
s=a;
for(b=1; b<=c; b++) s=s-1;
```

则与上述程序段功能等价的赋值语句是（　　）。

A. $s=a-c$;　　B. $s=a-b$;　　C. $s=s-c$;　　D. $s=b-c$;

解析：初始时，s 被赋值为 a。for循环从 b=1 开始，每次循环 b 自增1，直到 b 大于 c 为止。在每次循环中，s 的值都会减少1。假设 c 的值为 n（一个正整数），则循环会执行 n 次，因此 s 的最终值是 a-n。A选项正确地表示了 s 的最终值，因为这里 c 就代表了 n，即循环的次数，所以本题答案是A。

2.（CSP-J 2018）阅读程序写结果。

```
#include <cstdio>
int main() {
    int x;
    scanf( "%d " , &x);
    int res = 0;
    for(int i = 0; i < x ; ++i) {
        if(i*i % x == 1)
            ++res;
    }
    printf( "%d " , res);
    return 0;
}
```

输入：15

输出：______。

解析：res 是计数器，i 的取值为 0~14，x=15。本题是要找出 i 的平方除以 15 的余数是 1 的个数。所以我们可以先计算出 0~14 这 15 个数字的平方，然后逐一除以 15，看看哪些余数为 1。最后输出 res 的值是 4。

3.（CSP-J 2014）要求以下程序的功能是计算：s=1+1/2+1/3+…+1/10。

```
#include <iostream>
using namespace std;
int main() {
    int n;
    float s;
    s = 1.0;
    for(n = 10; n > 1; n--)
        s = s + 1 / n;
    cout << s << endl;
    return 0;
}
```

程序运行后输出结果错误，导致错误结果的程序行是（　　）。

A. s = 1.0;

B. for(n = 10; n > 1; n--)

C. s = s + 1 / n;

D. cout << s << endl;

解析：因为 n 是一个整数，1/n 的运算结果是 0；s=s+1/n 并没有改变 s 的值，for 循环结束后 s 的值仍然是 1.0；所以引起错误的是“s = s + 1 / n;”，本题答案是 C。

第 8 章

while 循环

三顾茅庐是来源于历史故事《三国演义》里的成语。刘备第一次拜访诸葛亮时，诸葛亮外出了。第二次刘备冒着大雪来拜访时，诸葛亮又出去闲游了。第三次拜访的时候，诸葛亮被刘备的诚意打动，愿意出山辅助刘备。

故事中拜访的次数是不能预先知道的，直到诸葛亮答应出山，拜访才结束。C++ 里的 while 循环与这个类似。当你希望循环一直运行下去，直到满足某个条件才停止，就可以用 while 循环。所以 while 循环也叫作条件循环。

8.1 倒数——while 循环

while 循环的语法形式如下。

```
while( 判断条件 ) {
      重复执行的操作
}
```

当判断条件为真时，不断执行循环体中的语句。当判断条件为假时，结束循环。while 语句的流程图如图 8.1 所示。

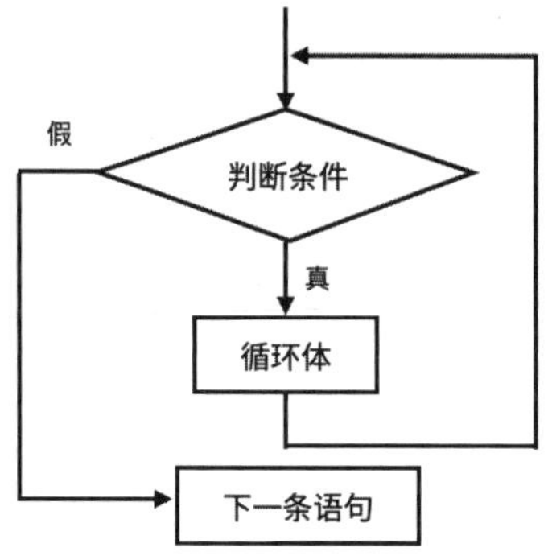

图 8.1　while 语句的流程图

使用 while 语句可以实现上一章的新年倒数程序。

```
#include <cstdio>
int main() {
      int i = 10;
      while(i > 0){
            printf( "%d\n" , i);
            i--;
      }
      printf( " 新年快乐 ! " );
      return 0;
}
```

每倒数一次，变量 *i* 减 1，直到 *i* 等于 0，跳出 while 循环。流程图如图 8.2 所示。

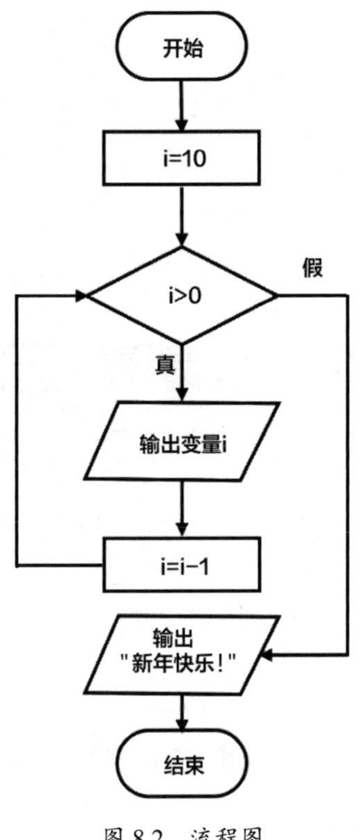

图 8.2　流程图

练习题

（1）请补充代码，输出数字 1~5。

```
#include <cstdio>
int main() {
    int i=1;
    while( ① ) {
        printf( "%d\n", i);
        ②
    }
}
```

（2）用 while 循环计算 2+4+6+8+…+48 的和。

（3）找出下面代码中的问题。

```
#include <cstdio>
int main() {
    int i=1;
    while(i<=5) {
        printf( "%d ", i);
    }
    return 0;
}
```

8.2 猴子吃桃子——while 循环的应用 1

学习完 while 循环的基本用法，胖头老师又用 while 循环模拟一只猴子吃桃子的过程。用计算机可以模拟一个复杂的过程，辅助我们理解这个过程，这种方法叫作模拟法。

有一只贪吃的猴子，摘了 x 个桃子，第一天吃了一半，然后忍不住又吃了一个，第二天先吃了一半，然后又吃了一个，后面每天都是这样吃。如图 8.3 所示。

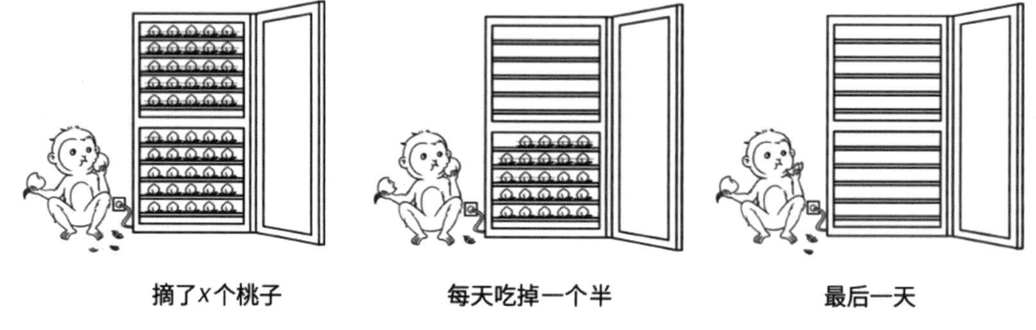

图 8.3　猴子吃桃子

现在编写一个程序，先输入桃子个数，然后计算猴子能吃多少天。

首先要确定 while 循环的条件。用变量 x 表示现在剩下多少个桃子。当 x 大于 0 时，猴子就继续吃桃子；当 x 等于 0 时，桃子被吃光。所以把 x 大于 0 作为循环的判断条件。

接着思考循环体里的代码如何编写。在循环体内计算吃桃子的数量，分为以下两种情况。

（1）当桃子数大于 1 时，用公式“桃子数 – 桃子数 ÷2–1”来计算剩下多少个桃子。

（2）当桃子数等于 1 时，将桃子数设为 0。

代码如下。

```
#include <cstdio>
int main() {
    int x, y;
    int n = 0; // 累计天数
    scanf("%d", &x);
    while(x > 0) {
        if(x == 1) {
            printf("吃掉%d个，还剩%d个\n", 1, 0);
            n = n+1;
            x = 0;
        } else {
            y = x-x/2-1; //剩下y个桃子
            printf("吃掉%d个，还剩%d个\n", x/2+1, y);
            n = n+1;
            x = y; // 更新桃子数
        }
    }
    printf("吃了%d天\n", n);
    return 0;
}
```

运行结果如下。

```
13
吃掉7个，还剩6个
吃掉4个，还剩2个
吃掉2个，还剩0个
吃了3天
```

提 示

在程序中输出变量的值，观察值的变化是常用的调试代码的方法。

流程图如图 8.4 所示。

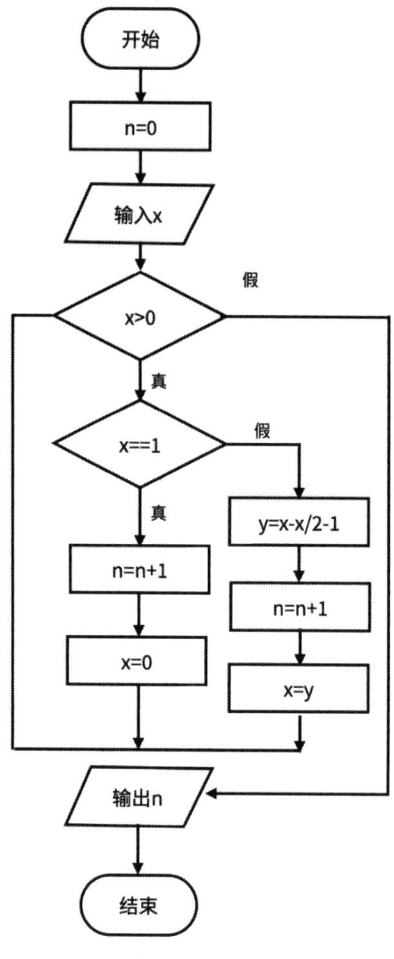

图 8.4 流程图

练习题

（1）阅读程序写结果。

```
#include <cstdio>
int main() {
    int x, y, tmp;
    scanf( "%d%d", &x, &y);
    while(x!=y) {
```

```
        x-=y;
        if(x<y) {
            tmp=x;
            x=y;
            y=tmp;
        }
    }
    printf( " %d " , x);
    return 0;
}
```

输入：15 3。

输出：______。

（2）有一只猴子，摘了 N 个桃子，第一天吃了一半，然后忍不住又吃了 1 个，第二天先吃了一半，然后又吃了 1 个，后面每天都是这样吃，到第 10 天的时候，猴子发现只有 1 个桃子了。问猴子摘了多少个桃子？请用程序计算出结果。

8.3 计算正整数的位数——while 循环的应用 2

“同学们，12345678×87654321 的结果有多少位整数？” 胖头老师问。

“用 C++ 程序计算出结果，然后数一下有多少位，就可以知道答案了。”豆豆回答之后，用 C++ 程序计算结果，发现编译器提示错误。

```
printf( " %d\n " , 12345678*87654321);
```

胖头老师说：“这个结果已经超出了 int 类型的取值范围。这个问题要用另外的方法来解决。”

这个问题的思路如下。

（1）当正整数 n 小于 9 时，n 的位数等于 1。

（2）当正整数 n 大于 9 时，n 的位数大于 1。可以用 while 循环累计得出 n 的位数。先建立计数变量 num，循环体中的 num 先自增 1，然后用 n 除以 10 去掉个位，一直到 n 小于或等于 9 为止。

提 示

综合利用求余运算、除法运算、循环语句，可以实现数位分离。

代码如下。

```
#include <cstdio>
int main() {
    unsigned long long int n;
    unsigned long long int a = 12345678, b = 87654321;
    int num = 1;
    n = a*b;
    while(n > 9) {
        num++;
        n = n / 10;
    }
    printf( "%d\n" , num);
    return 0;
}
```

运行结果如下。

```
16
```

“unsigned long long int 是什么意思？”豆豆发现变量 *n* 的声明跟以前不一样。

“这个类型声明就是让 *n* 可以存储超大型整数。直接计算 12345678×87654321 会出现错误。”胖头老师说。

流程图如图 8.5 所示。

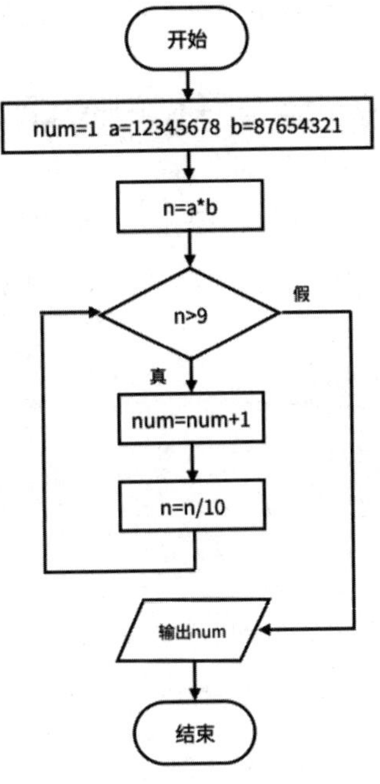

图 8.5 流程图

练习题

（1）阅读程序写结果。

```
#include <cstdio>
int main() {
    int s=0, n, a=13;
    scanf( "%d" , &n);
    while(a>n){
        s++;
        a-=3;
        printf( "%d" , s);
    }
    return 0;
}
```

输入：4。

输出：______。

（2）编写程序，用 while 循环输出 100 以内的偶数，每 5 个一行。

8.4 切割玻璃——while 循环的应用 3

有一块长 36 厘米、宽 24 厘米的长方形玻璃。现在要把它切割成多个同样大小的正方形玻璃块，不许有剩余。问小玻璃的边长最长是多少，可以切割成多少块？这个问题本质上是计算 36 和 24 的最大公因数。

下面用 while 循环计算最大公因数。

```
#include <cstdio>
int main() {
    int a, b, gcd;
// 输入两条边的边长
    scanf( "%d%d", &a, &b);
// 计算公因数
    gcd = a>b?b:a;
    while(gcd>1 && (a%gcd!=0 || b%gcd!=0)) {
        gcd--;
    }
// 玻璃面积除以正方形小玻璃的面积就是块数
    printf( "边长 %d 厘米 \n", gcd);
    printf( "分割成 %d 块 \n", a*b/(gcd*gcd));
    return 0;
}
```

运行结果如下。

```
36 24↵
边长 12 厘米
分割成 6 块
```

用 while 循环计算最大公因数的思路如下。

（1）选择 a 和 b 中较小者存入变量 *gcd*。

（2）判断 *gcd* 是不是 a 和 b 的公因数。如果是，那么 *gcd* 就是最大公因数。如果不是，*gcd* 自减 1，再开始下一次循环。

流程图如图 8.6 所示。

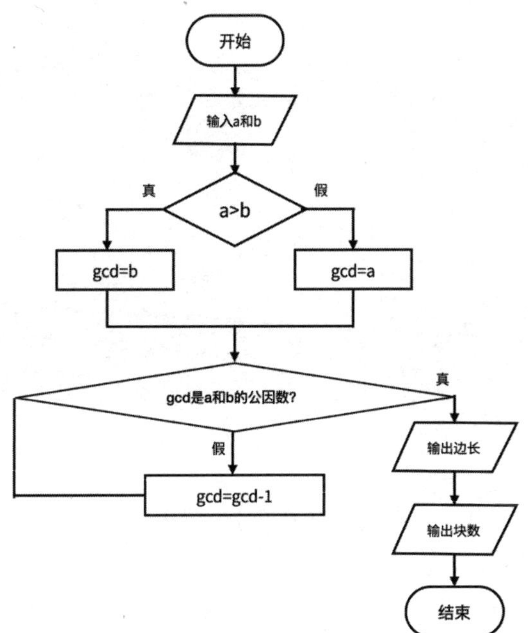

图 8.6　流程图

练习题

（1）阅读程序写结果。

```
#include <cstdio>
int main() {
    int i=0;
    while(i<=9)
    {
        printf( "%d ", i);
        i=i+3;
    }
    printf( "%d ", i);
    return 0;
}
```

（2）阅读程序写结果。

```
#include <cstdio>
```

```
int main() {
    int x,y,n,num=0;
    scanf("%d%d%d", &x, &y, &n);
    while(x<=y) {
        if(x%n==0)num++;
        x++;
        y-=10;
    }
    printf("%d", num);
    return 0;
}
```

输入：1 200 6。

输出：_______。

（3）补充程序，输入两个正整数，计算最小公倍数。

```
#include <cstdio>
int main() {
    int c;
    int a, b, tmp, i=1;
    scanf("%d%d", &a, &b);
    // 假设 a 比 b 大
    if(a<b) {
          ①
    }
    c = a;
    while(c%b!=0)
    {
        ②
        c = a*i;
    }
    printf("%d\n", c);
    return 0;
}
```

8.5 猜数游戏——无限循环

while 循环有一种特殊的形式：判断条件部分直接填写逻辑值 true，然后在循环体内用

break 语句跳出循环。

为了让同学们理解无限循环，胖头老师用 C++ 实现了一个猜数游戏。程序先随机生成一个数字并存到变量 n 中，然后让同学们去猜 n 是什么数字。当猜的数字小于 n 时，提示“比正确答案小”；当猜的数字大于 n 时，提示“比正确答案大”；当猜的数字等于 n 时，输出“猜对了”，这样一直循环，直到猜对为止。

实现代码如下。

```
#include <cstdio>
#include <cstdlib>
#include <ctime>
int main() {
     int guess;
     srand(time(NULL));
     int n = rand() % 10 + 1;
     while(true){
          printf( " 请输入一个数字 (1-10 之间 ):  " );
          scanf( " %d " , &guess);
          if(guess > n){
              printf( " 比正确答案大 \n " );
          } else if(guess < n) {
              printf( " 比正确答案小 \n " );
          } else {
              printf( " 猜对了 " );
              break;
          }
     }
     return 0;
}
```

运行结果如下。

```
请输入一个数字 (1-10 之间 ): 3
比正确答案小
请输入一个数字 (1-10 之间 ): 5
比正确答案小
请输入一个数字 (1-10 之间 ): 6
猜对了
```

利用无限循环可以让用户不断输入数据，直到满足某一个条件为止。流程图如图 8.7 所示。

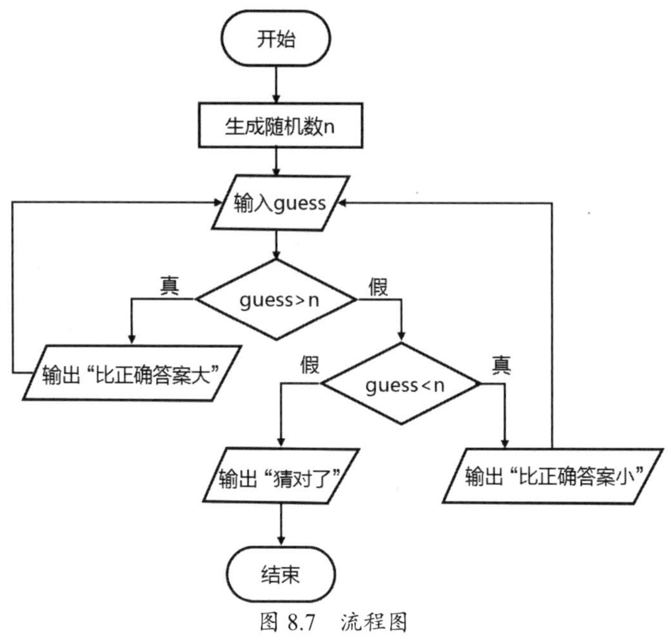

图 8.7　流程图

练习题

（1）阅读程序写结果。

```
#include <cstdio>
int main() {
    int i=9, n;
    scanf( "%d" , &n);
    while(true)
    {
        printf( "%d" , i);
        if(i<=n) break;
        i-=3;
    }
    return 0;
}
```

输入：4。

输出：______。

（2）在银行取款的时候，我们要输入1个6位数的数字密码，密码正确才能进行取款操作。如果连续3次输入密码错误，银行卡账号就会被冻结。请编写一个程序模拟这个过程。

（3）程序随机生成一个数字n，n的取值为1~100。第一个人说出1个数字，然后计算机根据这个数字自动给出一个新的范围，第二个人再报出一个新范围内的数字，如此反复进行，直到报数等于n，游戏结束。假设生成的数字是13。第一个人报50，计算机给出的新的范围为1~50。第二个人报10，计算机给出的新的范围为10~50。第三个人报20，计算机给出的新的范围为10~20。

（4）输入若干个正数，然后计算它们的平均值，输入–1代表输入结束。示例代码如下。

```
1.9↵
1.1↵
-1↵
1.500000
```

8.6 存钱罐的密码——do...while 语句

糖糖买了一个带密码的存钱罐，她设定了一个10位数的数字密码，然后把密码反转记在了纸上，纸上写着“8345902673”。试着编写一个程序，输入纸上的数字，输出真正的密码。

这个问题的解题思路是这样的：先把数字存到变量*n*，然后用求余运算获取最后一位数字，接着用*n*除以10去掉最后一位数字。一直重复这个过程，直到*n*等于0为止。

C++里还有一个与while语句类似的do...while语句。do...while语句可以用来实现至少执行一次重复操作的循环。下面用do...while语句实现这个程序，代码如下。

```
#include <cstdio>
int main() {
    unsigned long int n;
    scanf("%ld", &n);
    do {
```

```
        printf( " %ld " , n%10);
        n = n / 10;
    } while (n!=0);
    printf( " \n " );
    return 0;
}
```

运行结果如下。

```
8345902673↵
3762095438
```

do...while 语句的语法形式如下。

```
do {
    重复执行的操作
} while( 判断条件 );
```

do...while 语句的执行流程是这样的：先执行一次循环体里的语句，然后计算判断条件，当判断条件为真时，重新执行循环体。当判断条件为假时，循环结束。do...while 语句的流程图如图 8.8 所示。

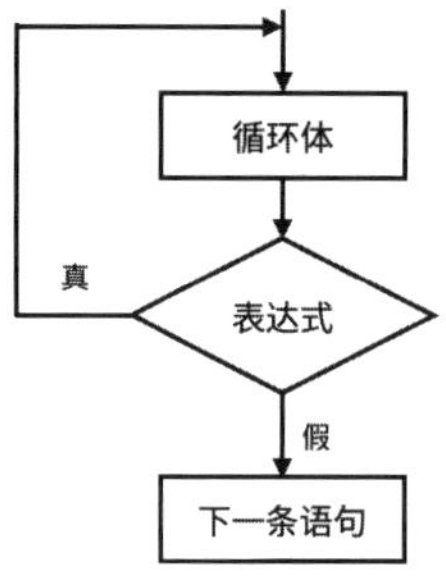

图 8.8　do...while 语句流程图

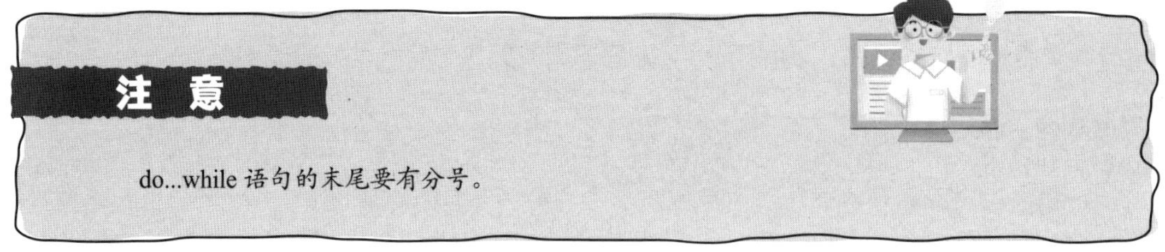

do...while 语句的末尾要有分号。

本节程序的流程图如图 8.9 所示。

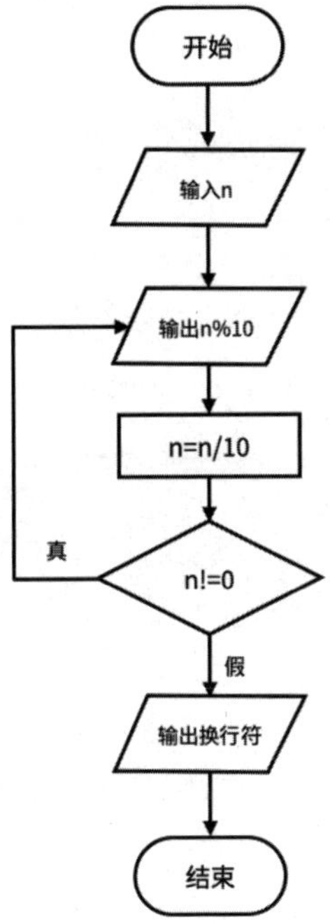

图 8.9 流程图

练习题

（1）阅读程序写结果。

```
#include <cstdio>
int main() {
    int i = 1;
    do {
        printf( "%d " , i);
        i++;
    } while (i<1);
    return 0;
}
```

（2）阅读程序写结果。

```
#include <cstdio>
int main() {
```

```
    int i = 1;
    do {
        i++;
        printf( "%d  ", i);
    } while (i<=5);
    return 0;
}
```

（3）补充代码，计算 2023−1+2−3+4+…+n 的值（n 是奇数时相减，n 是偶数时相加）。

```
#include <cstdio>
int main() {
    int i, sum=2023, n;
    scanf( "%d", &n);
    i = 1;
    while(i<=n) {
        if( ① ) {
            ②
        } else {
            sum=sum-i;
        }
        ③
    }
    printf( "%d", sum);
    return 0;
}
```

（4）补充以下程序，把分数转换成小数，精确到小数点后 20 位。（提示：把余数扩大 10 倍，再除以 n，得到的商就是某位上的数字。）

```
#include <cstdio>
int main() {
    int m, n, r, i=1;
    scanf( "%d%d", &m, &n);
    printf( "%d.", m/n);
    r=m%n;
    while(i<=20) {
      ①
    }
    return 0;
}
```

8.7 宝石合成——do...while 语句的应用

传说有一种神秘的红宝石。把 2 颗红宝石放入矿石精炼炉中可以合成 1 颗新的宝石，每一次合成都会提升能量值。1 颗红宝石的能量值是 1。2 颗红宝石合成之后，能量值变成 3。3 颗红宝石合成后，能量值变成 6，依次类推，如图 8.10 所示。

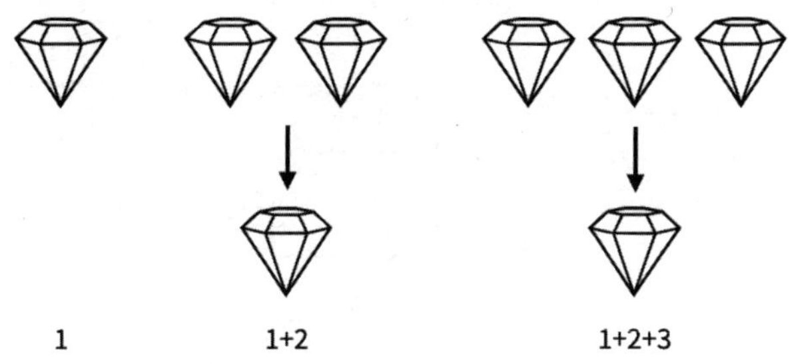

图 8.10 宝石合成

已知某颗合成红宝石的能量值是 100，请用程序算出在合成过程中共使用了多少颗宝石。

这个问题转换成数学问题就是：对于已知的整数 n，求最小的 i 值使得 $1+2+3+\cdots+i \geq n$ 成立。用循环累加求和，直到能量值超过 100，循环结束时 i 的值减 1 就是正确答案了。因为至少要累加一次，所以这个程序适合用 do...while 语句来实现，程序如下。

```
#include <cstdio>
int main() {
    int i=1, n, sum = 0;
    scanf( " %d " , &n);
    do{
        sum = sum + i;
        i++;
    } while (sum < n);
    printf( " %d\n " , i-1);
    return 0;
}
```

运行结果如下。

```
100↵
14
```

流程图如图 8.11 所示。

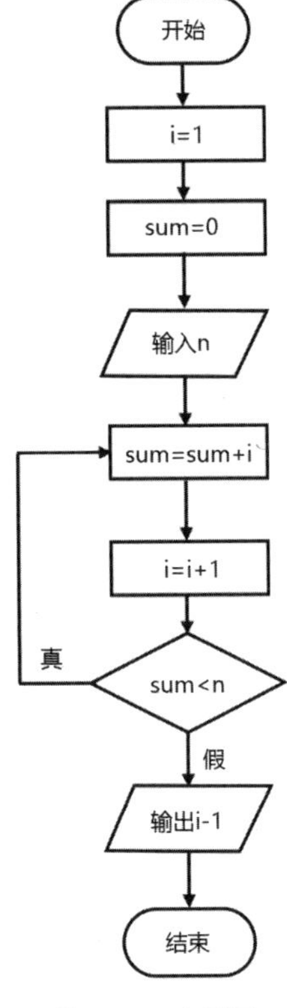

图 8.11　流程图

练习题

（1）编写一个程序，不断输入数字，只有当输入的数字等于 3 时，才结束程序。

（2）编写一个程序，随机生成 2 个 3 位数，然后输入 2 个数的和，如果不正确，重新生成 2 个 3 位数，直到正确为止，并记录猜的次数。

（3）用 do...while 语句计算十进制数对应的二进制数有多少位。

（4）用 do...while 语句计算输入一个正整数，计算各个数位之和。（提示：可以使用 long long 类型存储正整数。）

（5）电影院有 435 个座位，已知第一排有 15 个座位，以后每排增加 2 个座位，最后一排有多少个座位？一共有几排？请用 do...while 语句来计算。

8.8 寻找隐身盔甲——break 语句终止循环

传说弗洛伊岛上藏有隐身盔甲，基德船长带着藏宝图来到岛上。他在月牙湾、普卡瀑布、远古神殿、布拉多海滩、蝙蝠洞各找到 1 个宝箱。藏宝图提示隐身盔甲藏匿在这 5 个宝箱中的其中一个。于是船长逐一打开宝箱，试图找到宝物。

这里用一个程序来模拟宝箱打开的过程。程序不断提问是否找到隐身盔甲，当输入“y”时，表示已经找到隐身盔甲，代码如下。

```
#include <cstdio>
int main()
{
    int i;
    char c;
    for(i = 1; i <= 5; i++) {
          printf("打开 %d 号宝箱 \n", i);
          printf("找到隐身盔甲了吗？ ");
           scanf(" %c", &c);
           if(c == 'y') {
               break;
           }
    }
    printf("隐身盔甲在 %d 号宝箱", i);
    return 0;
}
```

运行结果如下。

```
打开 1 号宝箱
找到隐身盔甲了吗？ n
打开 2 号宝箱
找到隐身盔甲了吗？ n
打开 3 号宝箱
找到隐身盔甲了吗？ y
隐身盔甲在 3 号宝箱
```

break 是打破的意思。break 语句除了能与 switch 语句结合使用外，还能用于终止循环。break 语句的作用就是完全终止当前的 for 循环，跳转到 for 语句后面继续执行。

流程图如图 8.12 所示。

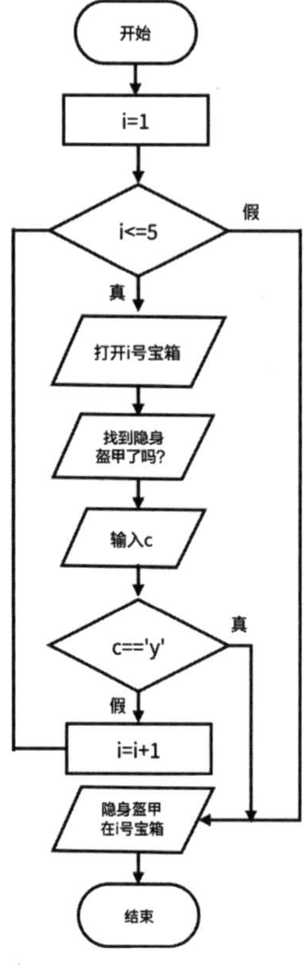

图 8.12 流程图

练习题

（1）阅读程序写结果。

```
#include <cstdio>
int main() {
    int i, sum=0, n=1234;
    do {
       i = n % 2;
       sum = sum + i;
       n = n / 2;
    } while (n!=0);
```

```
    printf( "%d\n" , sum);
    return 0;
}
```

（2）一次战斗后，韩信要清点士兵的人数。让士兵3人1组，有2人没法编组；5人1组，有3人无法编组；7人1组，有2人无法编组。那么请问这些士兵的数量是多少？已知战斗前士兵有1000人，请用枚举法计算出来。

（3）用 do...while 语句计算 1+3+5+…+101 的和。

8.9 判断素数——break 语句终止 do...while 循环

素数是指大于1并且只能被1和自身整除的数。现在要编写一个程序，输入一个正整数，判断它是不是素数。

写程序之前，我们要先想清楚如何判断一个数是素数。根据素数的定义，只要2，3，4，…，n-1中的1个数能整数n，那么n就不是素数。因此可以用n分别除以2，3，4，…，n-1，看看余数是不是0。当发现第一个能整除n的数时，就可以用break语句终止do...while循环。如图8.13所示。

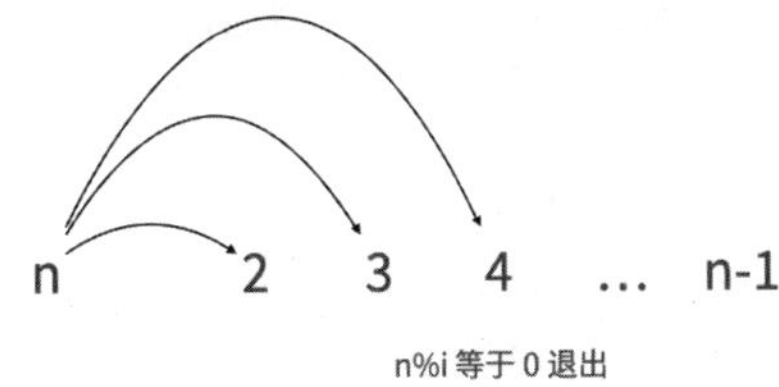

图 8.13　逐个相除看看余数是否为 0

代码如下。

```
#include <cstdio>
int main() {
     int number;
     scanf( "%d" , &number);
     int i = 2;
// prime 是素数的意思
     bool prime = true;
     do{
          if(number % i == 0) {
               prime = false;
               break;
          }
          i = i+1;
     }while(i < number);
```

```
    if(prime) {
        printf( " 是素数 \n " );
    } else {
        printf( " 不是素数 \n " );
    }
    return 0;
}
```

运行结果如下。

```
123↲
不是素数
```

这个程序在 while 循环之前先建立一个标志变量 prime，然后在循环结束之后通过标志变量来判断结果。使用标志变量是一种常用的编程方法，请同学们注意体会。

流程图如图 8.14 所示。

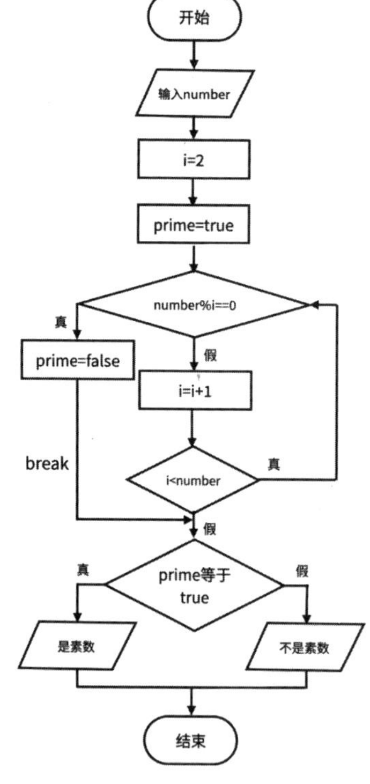

图 8.14 流程图

练习题

（1）阅读程序写结果。

```
#include <cstdio>
int main() {
    int i;
    for(i=3;i<20;i=i+4) {
        printf( "%d " , i);
        if(i>12) break;
    }
    return 0;
}
```

（2）阅读程序写结果。

```
#include <cstdio>
int main() {
    int i;
    for(i=9;i>=0;i--) {
        if(i%2==0)
            continue;
        printf( "%d" , i);
        if(i==1) {
            printf( "\n" );
            break;
        }
        printf( ", " );
    }
    return 0;
}
```

（3）一只小猴子爬树，树高 20 米。小猴子每分钟爬 4 米，每爬 1 分钟都要休息 1 分钟，休息期间会往下滑 1 米。编写一段程序计算小猴子要爬多少分钟才能到树顶。

8.10 逢 7 必过——continue 语句

胖头老师组织同学们进行一个名为“逢 7 必过”的游戏，游戏的规则是这样的：大家先围成一圈，按顺时针方向，每个同学轮流报数，从 1 开始报数，每次增加 1，当要报的数字是 7 的倍数或者包含数字 7 时，就喊“过”，否则就算输。

本节介绍一个跟break类似的语句——continue语句。continue语句的作用是终止本次循环，然后开始下一次循环。利用 continue 语句可以模拟这个“逢 7 必过”的游戏，代码如下。

```
#include <cstdio>
int main() {
    int i;
    for(i = 1; i <= 20; i++) {
        if(i % 7 ==0 || i % 10 == 7) {
            printf( " 过 " );
            continue;
        }
        printf( " %d " , i);
    }
     return 0;
}
```

运行结果如下。

```
1 2 3 4 5 6 过 8 9 10 11 12 13 过 15 16 过 18 19 20
```

在这个程序中，continue 语句的作用是终止本次循环，跳过循环体中余下的所有语句，直接回到“i++”继续执行。

流程图如图 8.15 所示。

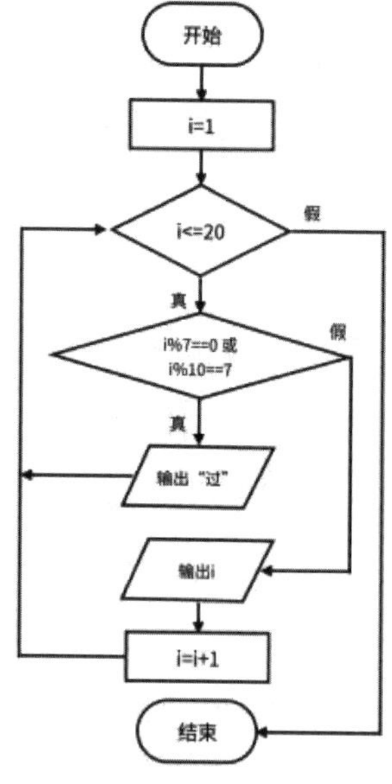

图 8.15　流程图

练习题

（1）阅读程序写结果。

```
#include <cstdio>
int main() {
    int i;
    for(i=1; i<=15; i++) {
        printf( " %d " , i);
        if(i%2==0 && i%3==0) {
            printf( " a " );
            continue;
        }
    }
     return 0;
}
```

（2）阅读程序写结果。

```
#include <cstdio>
int main() {
    int x, y, n;
    scanf( " %d%d " , &x, &y);
    n = x;
    while(x%n!=0 || y%n!=0) {
        --n;
    }
    printf( " %d " , n);
    return 0;
}
```

输入：12 4。

输出：______。

（3）在 C++ 中，当一个表达式的值是数字时，该表达式也可以作为条件语句和循环语句的判断条件。当表达式的值等于 0 时，判断条件为假。当表达式的值不等于 0 时，判断条件为真。阅读程序写结果。

```
#include <cstdio>
int main() {
    int i=3;
    while(i) {
        printf("%d ", i);
        i--;
    }
    return 0;
}
```

8.11 小结

本章介绍了如下内容。

（1）while 循环的用法如下。

```
while(判断条件) {
    重复执行的操作
}
```

（2）while 语句可以实现无限循环。

```
while(true) {
    重复执行的操作
    if(判断条件) break;
}
```

（3）do...while 循环的用法如下。

```
do {
    重复执行的操作
} while(判断条件);
```

（4）while 语句能完成的功能，用 for 语句也能完成。for 循环的特点是循环次数是固定的，所以 for 循环也叫作计数循环。

```
初始化
while(条件) {
    重复执行的操作
    更新变量
}
```

```
for( 初始化 ; 条件 ; 更新变量 ) {
     重复执行的操作
}
```

（5）break 和 continue 都可以与循环语句（while 语句和 for 语句）一起使用。break 语句的作用是完全终止包裹它的那一层循环。continue 语句的作用是跳过当次循环中剩下的语句，开始下一次循环的判断。

（6）在 C++ 中，当一个表达式的值是数字时，该表达式可以作为条件语句和循环语句的判断条件。当表达式的值等于 0 时，判断条件为假。当表达式的值不等于 0 时，判断条件为真。

8.12 真题解析

1.（CSP-J 2016）阅读程序写结果。

```
#include <iostream>
using namespace std;
int main()
{
    int max, min, sum, count = 0;
    int tmp;
    cin >> tmp;
    if (tmp == 0)
        return 0;
    max = min = sum = tmp;
    count++;
    while (tmp != 0)
    {
        cin >> tmp;
        if (tmp != 0)
        {
            sum += tmp;
            count++;
            if (tmp > max)
                max = tmp;
            if (tmp < min)
                min = tmp;
        }
    }
    cout << max << "," << min << "," << sum / count << endl;
```

```
    return 0;
}
```

输入：1 2 3 4 5 6 0 7。

输出：__________。

解析：tmp、max、min、sum 都等于 1，count++ 运行之后，count 变成了 1。当 tmp 等于 0 的时候，while 循环结束，所以 tmp 的值为 1~6，tmp、max、min、sum 的变化情况如表 8.1 所示。

表 8.1 tmp、max、min、sum 的变化情况

tmp	max	min	sum	count
1	1	1	1	1
2	2		3	2
3	3		6	3
4	4		10	4
5	5		15	5
6	6		21	6

整个循环结束的时候，max 的值是 6，min 的值是 1，sum/count=21/6=3，所以最终的输出结果是 6,1,3。

2.（CSP-J 2016）阅读程序写结果。

```
#include <iostream>
using namespace std;
int main()
{
    int k = 4, n = 0;
    while (n < k)
    {
        n++;
        if (n % 3 != 0)
            continue;
        k--;
    }
    cout << k << "," << n << endl;
    return 0;
}
```

程序运行后输出的结果是（　　）。

A. 2,2　　B. 2,3　　C. 3,2　　D. 3,3

解析：在while循环运行的过程中，当n不能整除3的时候，k不会自减1。n和k的变化情况如表8.2所示。

表8.2　n和k的变化情况

n	k
1	4
2	4
3	3

答案选D。

3.（CSP-J 2016）阅读程序写结果。

```
#include <iostream>
using namespace std;
int main()
{
    int i = 100, x = 0, y = 0;
    while (i > 0)
    {
        i--;
        x = i % 8;
        if (x == 1)
            y++;
    }
    cout << y << endl;
    return 0;
}
```

输出：________。

解析：在while循环运行的过程中，i从100逐步递减变成0。将i除以8的余数存入变量*x*，当变量*x*等于1的时候，y自增1。也就是说当i除以8的余数是1的时候，y才会自增1。从i等于96开始，每8次循环就有1次循环中，i除以8的余数是1。所以，在96/8=12次循环中，i除以8的余数是1。在从99到0的这些数字中，共有13个数字除以8的余数等于1，所以程序最终输出的y值等于13。

第 9 章

循环进阶

C++ 中的循环除了可以与 if...else 语句一起使用，还可以与另外一个嵌套循环使用。所谓嵌套循环指的是外循环的循环体里包含了一个循环，这个被包含的循环被称为内循环。

本章将介绍如何用嵌套循环完成一些有趣的程序。同学们可以先思考如何编写程序，再参考老师给出的示例代码。

9.1 输出指定个数的星号——可变循环

当for循环的循环次数由一个变量控制时，它就是一个可变循环。可变循环是嵌套循环的基础。

先来看一个可变循环的例子。从键盘上输入一个正整数n，然后输出n个“*”。代码如下。

```
#include <cstdio>
int main() {
    int i, n;
    printf("输入星号的个数: ");
    scanf("%d", &n);
    for(i = 1; i <= n; i++) {
        printf("*");
    }
    printf("\n");
    return 0;
}
```

运行结果如下。

```
输入星号的个数：5↲
* * * * *
```

这里 for 循环的执行次数等于变量 *n* 的值。流程图如图 9.1 所示。

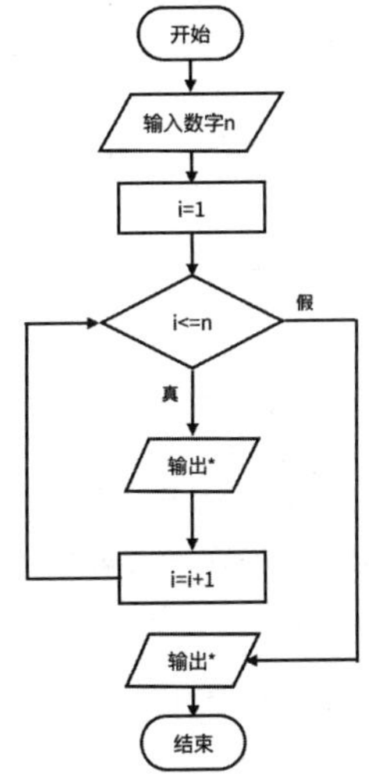

图 9.1 流程图

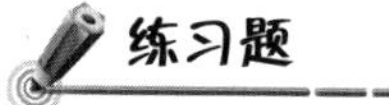
练习题

阅读程序写结果。

```
#include <cstdio>
int main()
{
    int i, j, sum = 0;
    for(i=1; i<=4; i++) {
        for(j=1; j<=7; j++) {
            sum = sum + 1;
        }
    }
    printf( "%d\n" , sum);
    return 0;
}
```

9.2 九九乘法表——嵌套循环

嵌套循环就是一个循环内包含另一个循环。外循环每执行一次，内循环都要完整执行一遍循环。

现在要用嵌套循环输出九九乘法表。

```
1x1=1
2x1=2 2x2=4
3x1=3 3x2=6 3x3=9
4x1=4 4x2=8 4x3=12 4x4=16
5x1=5 5x2=10 5x3=15 5x4=20 5x5=25
6x1=6 6x2=12 6x3=18 6x4=24 6x5=30 6x6=36
7x1=7 7x2=14 7x3=21 7x4=28 7x5=35 7x6=42 7x7=49
8x1=8 8x2=16 8x3=24 8x4=32 8x5=40 8x6=48 8x7=56 8x8=64
9x1=9 9x2=18 9x3=27 9x4=36 9x5=45 9x6=54 9x7=63 9x8=72 9x9=81
```

可以用嵌套的 for 语句实现，思路如下。

（1）外层 for 语句循环 9 次，每一次循环输出一行乘法式子，在每次循环的末尾换行。

（2）内层 for 语句是一个可变循环，它的循环次数由外层 for 语句的循环变量 *i* 控制，每一次循环输出一个乘法式子。

在输出头三行的过程中，i 和 j 与每个乘法式子的关系如图 9.2 所示。

代码如下。

```
#include <cstdio>
int main() {
     int i, j;
    for(i = 1; i <= 9; i++) { // 外循环
        for(j = 1; j <= i; j++) {// 内循环
            printf( "%dx%d=%d ", i, j, i*j);
        }
        printf( "\n" );
    }
     return 0;
}
```

流程图如图 9.3 所示。

	j=1	j=2	j=3	
i=1	1x1=1	换行		
i=2	2x1=1	2x2=4	换行	
i=3	3x1=3	3x2=6	3x3=9	换行

图 9.2　输出头三行

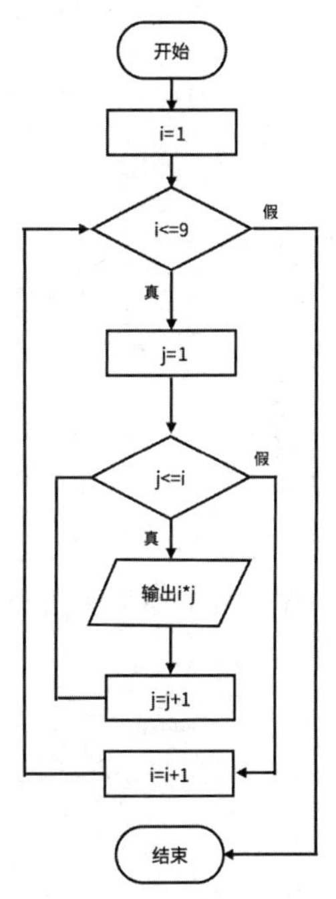

图 9.3　流程图

嵌套的 for 循环用伪代码表示如下。

```
for ( 循环变量 1 初始化 ; 循环条件 1 ; 循环变量 1 更新 ) {
    for ( 循环变量 2 初始化 ; 循环条件 2 ; 循环变量 2 更新 ) {
        重复执行的操作 ;
    }
    语句 ;
}
```

其中循环条件 2 常常与循环变量 1 关联。

练习题

（1）请补充以下程序，输出一个乘法表。

```
#include <cstdio>
int main() {
    int i, j;
    for(i=1; i<=; i++) {
        for(j=1; j<=; j++) {

        }
        printf( "\n" );
    }
    return 0;
}
```

输出的乘法表如下。

```
1*1=1 1*2=2 1*3=3 1*4=4
2*1=2 2*2=4 2*3=6 2*4=8
3*1=3 3*2=6 3*3=9 3*4=12
```

（2）请用嵌套循环编写一个程序输出以下内容。

```
11111
22222
33333
44444
```

（3）请用嵌套循环编写一个程序输出以下内容。

```
1234
1234
1234
```

（4）请用嵌套循环编写一个程序输出以下内容。

```
abcd
abcd
abcd
```

9.3 按规律输出星号——可变嵌套循环

多个可变循环的嵌套可以实现更加复杂的功能。本节将按复杂度从低到高给出 3 个例子。

第 1 个例子，输入行数和每行星号的个数，输出如下的图形。

```
* * * * *
* * * * *
* * * * *
```

这个程序可以用 2 个可变循环来完成，外层循环控制输出多少行，内层循环控制每行有多少个星号。代码如下。

```
#include <cstdio>
int main() {
    int i, j, n, line;
    printf("输入行数：");
    scanf("%d", &line);
    printf("输入每行星号的个数：");
    scanf("%d", &n);
   for(i=0; i<=line; i++) { // 外层循环
      for(j=0; j<n; j++) { // 内层循环
         printf("*");
      }
      printf("\n");
   }
    return 0;
}
```

运行结果如下。

```
输入行数：3↵
输入每行星号的个数：↵
* * * * *
* * * * *
* * * * *
```

当 i=1 时，内层 for 循环输出第一行星号。当 i=2 时，内层 for 循环输出第二行星号。依次类推。流程图如图 9.4 所示。

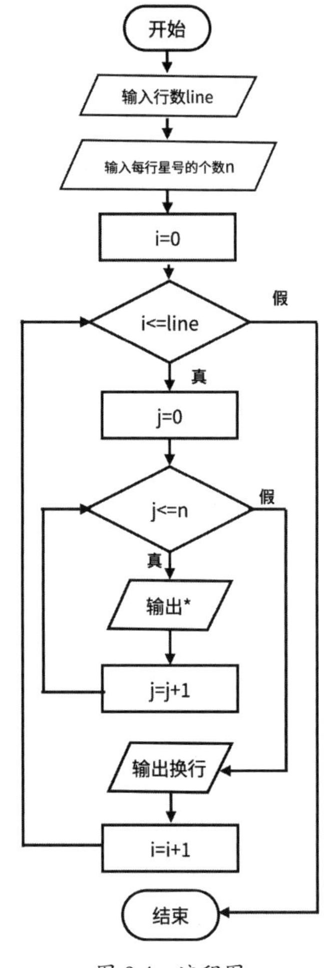

图 9.4　流程图

第 2 个例子，输入块的个数、行数和每行星号的个数，然后输出图形。

```
输入块的个数：3↵
输入行数：4↵
输入每行星号的个数：5↵
* * * * *
* * * * *
* * * * *
* * * * *

* * * * *
* * * * *
* * * * *
* * * * *

* * * * *
* * * * *
* * * * *
* * * * *
```

这个程序可以用 3 个可变循环来完成，第 1 层循环控制输出多少块，第 2 层循环控制每块输出多少行。第 3 层循环控制每行有多少个星号。代码如下。

```
#include <cstdio>
int main() {
    int i, j, k, n, line, numBlocks;
    printf( "输入块的个数：" );
    scanf( "%d" , &numBlocks);
    printf( "输入行数：" );
    scanf( "%d" , &line);
    printf( "输入每行星号的个数：" );
    scanf( "%d" , &n);
    for(k=0; k<numBlocks; k++) {
        for(j=0; j<line; j++) {
            for(i=0; i<n; i++) {
                printf( "*" );
            }
            printf( "\n" );
        }
```

```
        printf( "\n" );
    }
    return 0;
}
```

提 示

用 printf 输出循环变量的值，有助于理解程序的运行。

第 3 个例子，输入块的个数、行数和第一行星号的个数，然后输出图形。

```
输入块的个数：3↲
输入行数：4
输入第一行星号的个数：5↲
* * * * *
* * * * * *
* * * * * * *
* * * * * * * *

* * * * *
* * * * * *
* * * * * * *
* * * * * * * *

* * * * *
* * * * * *
* * * * * * *
* * * * * * * *
```

这个程序与第 2 个例子的程序类似，不同的是第 3 层循环控制每行有多少个星号，星号数由 line 和 n 共同决定。代码如下。

```
#include <cstdio>
int main() {
    int i, j, k, n, line, numBlocks;
    printf( "输入块的个数：" );
```

```
    scanf("%d", &numBlocks);
    printf("输入行数：");
    scanf("%d", &line);
    printf("输入第一行星号的个数：");
    scanf("%d", &n);
    for(k=0; k<numBlocks; k++) {
        for(j=0; j<line; j++) {
            for(i=0; i<j+n; i++) { 输出 j+n 个星号
                                   printf("*");
            }
            printf("\n");
        }
        printf("\n");
    }
    return 0;
}
```

练习题

（1）阅读程序写结果。

```
#include <cstdio>
int main() {
    int i, j;
    for(i=1;i<=3;i++)
        printf("*");
        for(j=1;j<=5;j++)
            printf("-");
    return 0;
}
```

（2）阅读程序写结果。

```
#include <cstdio>
int main() {
    int i, j;
    for(i=1;i<=4;i++) {
        j=4;
        while(i<=j)
```

```
        {
            printf( " %d " , i*3+j);
            j--;
        }
        printf( " \n " );
    }
    return 0;
}
```

（3）请用嵌套循环编写一个程序输出以下内容。

```
A
BB
CCC
DDDD
```

（4）补充程序，输出以下内容。

```
0
12
345
6789
```

代码如下。

```
#include <cstdio>
int main()
{
    int i, j;
    for(i=0; i<4; i++) {
        for(j=i*(i+1)/2; j< ① ; j++) {
            printf( " %d " , j);
        }
        ②
    }
    return 0;
}
```

9.4 有多少种组合——嵌套循环的应用 1

用数字 1、2、3 能组成多少个没有重复数字的两位数？

用两个 for 循环可以实现枚举。用外循环枚举十位数，用内循环枚举个位数，枚举从 1 开始到 3 就结束。当个位数和十位数不相同的时候，计数加 1，并输出组合结果。

代码如下。

```
#include <cstdio>
int main() {
    int i, j, n = 0;
    for(i = 1; i <= 3; i++) {
        for(j = 1; j <= 3; j++) {
            if(i != j) {
                printf("%d%d\n", i, j);
                n = n + 1;
            }
        }
    }
    printf("个数:%d\n", n);
    return 0;
}
```

运行结果如下。

```
12
13
21
23
31
32
个数:6
```

流程图如图 9.5 所示。

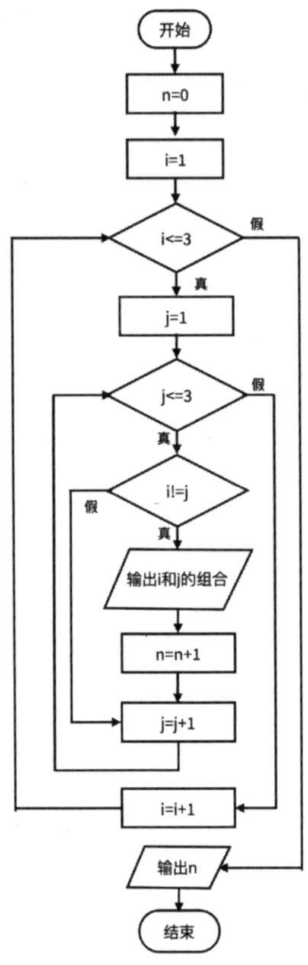

图 9.5 流程图

练习题

（1）找出以下代码中的问题。

```
#include <cstdio>
int main() {
    int i=4, j;
    do
        for(j=1; j<i; j++)
    while(i>4);
    printf( "%d", i*j);
    return 0;
}
```

（2）用程序输出字母 A、B、C 组成字符串的所有可能的组合。

（3）补充下面的代码，它计算了分数 9/100 在序列 1/3，3/3，1/4，3/4，1/5，3/5，5/5，…中排的位置。

```
#include <cstdio>
int main() {
    int i, j,n=0;
    for(i=3;i<=100;i++)
        for(j=1;j<=i; ① ) {
            ②
            if(i==100&&j==9) ③
    }
    printf( "%d\n" , n);
    return 0;
}
```

9.5 鸡兔同笼——嵌套循环的应用 2

有若干只鸡和兔在一个笼子里，有 35 个头、94 只脚，问鸡和兔各有多少只？

我们可以用循环逐一验证可能的答案，当发现正确答案时，跳出循环。正确答案要满足以下 2 个条件。

（1）鸡的数量 + 兔的数量 =35。

（2）鸡的脚数 + 兔的脚数 =94。

鸡有 2 只脚，兔有 4 只脚。鸡至少有 1 只，最多只有 35 只；兔至少有 1 只，最多只有 35 只。所以枚举鸡的数量和兔的数量，都是从 1 开始，直到 35 结束。

综合上述分析，实现代码如下。

```
#include <cstdio>
int main() {
    int x, y; // x 鸡 y 兔
    int heads = 35;
    int legs = 94;
    for(x=1; x<=heads; x++) {
        for(y=1; y<=heads; y++) {
            if( x+y == heads  && x*2+4*y == legs) {
```

```
                printf("鸡：%d 兔：%d\n", x, y);
                break;
            }
        }
    }
    return 0;
}
```

运行结果如下。

```
鸡：23 兔：12
```

流程图如图 9.6 所示。

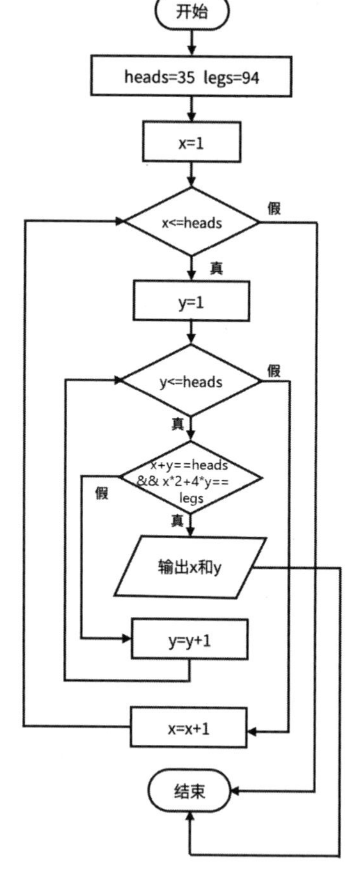

图 9.6　流程图

因为鸡和兔的总和是 35，所以只使用一次 for 循环也能计算出结果，代码如下。

```
#include <cstdio>
int main() {
    int x, y; // x 鸡 y 兔
    int heads = 35;
    int legs = 94;
    for(x=1; x<=heads; x++) {
        y = heads-x;
        if(x*2+4*y == legs) {
            printf("鸡：%d 兔：%d\n", x, y);
            break;
        }
    }
    return 0;
}
```

流程图如图 9.7 所示。

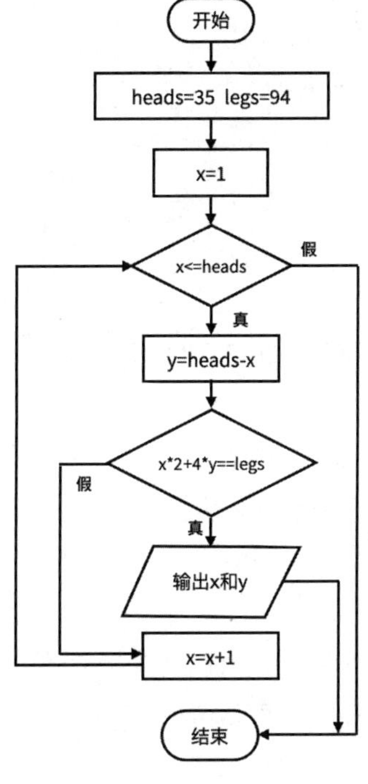

图 9.7　流程图

这两种解法都是穷举法。穷举法就是列出所有可能的情况，然后逐一验证。它的特点是正确性的验证比较简单，代码容易理解和编写。它的缺点是在情况非常多的时候效率低下。

练习题

（1）3 文钱可以买 1 只公鸡，2 文钱可以买 1 只母鸡，1 文钱可以买 3 只小鸡，要用 100 文钱买 100 只鸡，而且要求每种鸡必须买 1 只。请用程序计算出公鸡、母鸡、小鸡各买多少只。

（2）补充下面的代码，要找出一个三位数，个位数大于十位数，十位数大于百位数，各位数字之和等于各位数字的乘积。

```
#include <cstdio>
int main() {
    int i, j, k, sum=0;
    for(i=1;i<=9;i++)
        for(j=0;j<=9;j++)
            for(k=0;k<=9;k++) {
            if( ① ) {
                printf( "%d%d%d\n" , i, j ,k);
            }
    }
    return 0;
}
```

9.6 莫尔庄园——嵌套循环的应用 3

一个农民计划用 5 天时间在莫尔庄园的一片田地里种植苹果和香蕉，每天种水果的次数不限。试着编写一个程序模拟这个过程。用户输入数字来设定每次种哪种水果。输入数字“1”，种苹果；输入数字“2”，种香蕉；输入数字“0”，结束当天的种植活动。程序还要统计这 5 天里分别种了多少次苹果和香蕉。

可以使用嵌套循环来模拟这个过程，外循环负责累计种植天数，内循环不断接收用户的输入并累加苹果和香蕉的种植数量。外循环结束之后，把统计结果输出即可。

代码如下。

```
#include <cstdio>
int main()
{
    int apple = 0, banana = 0;
    int fruit, n = 5;
    while(n>0) {
        do {
            printf( "输入1种植苹果，输入2种植香蕉，输入0结束今天的种植： " );
            scanf( "%d" , &fruit);
            if(fruit == 1) {
                apple++;
            }
            if(fruit == 2) {
                banana++;
            }
        } while(fruit!=0);
        n=n-1;
    }
    printf( "种了%d次苹果、种了%d次香蕉\n" , apple, banana);
    return 0;
}
```

运行结果如下。

```
输入1种植苹果，输入2种植香蕉，输入0结束今天的种植：1↲
输入1种植苹果，输入2种植香蕉，输入0结束今天的种植：1↲
输入1种植苹果，输入2种植香蕉，输入0结束今天的种植：2↲
输入1种植苹果，输入2种植香蕉，输入0结束今天的种植：0↲
输入1种植苹果，输入2种植香蕉，输入0结束今天的种植：2↲
输入1种植苹果，输入2种植香蕉，输入0结束今天的种植：0↲
输入1种植苹果，输入2种植香蕉，输入0结束今天的种植：1↲
输入1种植苹果，输入2种植香蕉，输入0结束今天的种植：0↲
输入1种植苹果，输入2种植香蕉，输入0结束今天的种植：2↲
输入1种植苹果，输入2种植香蕉，输入0结束今天的种植：0↲
输入1种植苹果，输入2种植香蕉，输入0结束今天的种植：1↲
输入1种植苹果，输入2种植香蕉，输入0结束今天的种植：1↲
输入1种植苹果，输入2种植香蕉，输入0结束今天的种植：0↲
种了5次苹果、种了3次香蕉
```

流程图如图9.8所示。

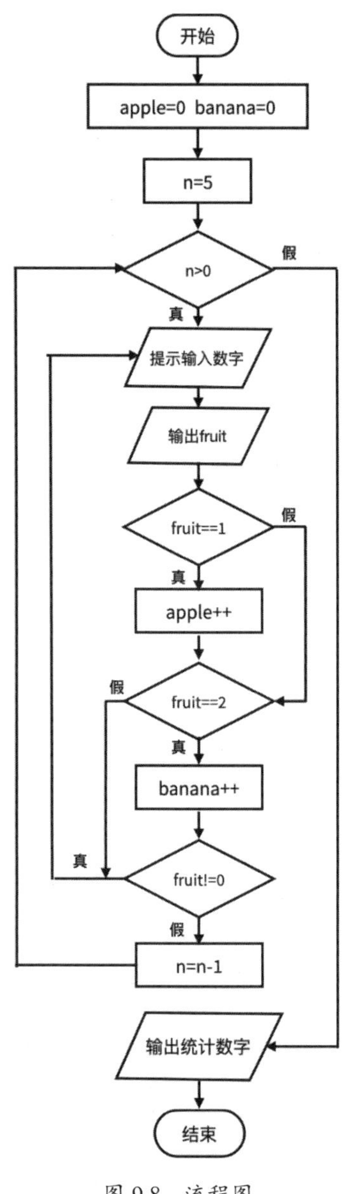

图 9.8　流程图

练习题

（1）编写一个程序，把一个合数分解成多个质数。（提示：从 2 开始试除合数）

（2）补充程序，输入正整数 n，输出 1~n 之间的所有素数。

```
#include <cstdio>
int main() {
    int i, n, m;
    scanf( " %d " , &n);
    for(m=2; m<=n; m++) {
        i=2;
        while( ① ) {
            i++;
        }
        if(i>m-1) printf( " %d " , m);
    }
     return 0;
}
```

9.7 拓展阅读：计算机网络

我们经常在互联网上进行各种活动，如聊天、查找资料、购物等。那么互联网是如何工作的呢？本节就来简单介绍一下计算机网络的基础知识。

一组连接的计算机就可以组成一个计算机网络，如图 9.9 所示。计算机网络上的设备是多种多样的，如手机、平板电脑、计算机（台式机、笔记本）等。

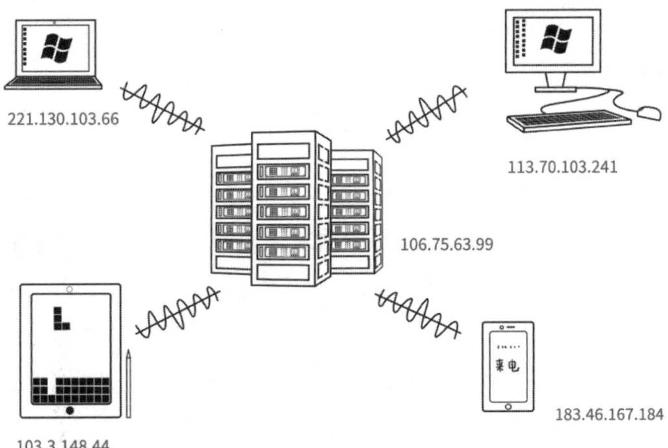

图 9.9 计算机网络

每个连接互联网的设备都有一个地址，称为 IP 地址。IP 地址有点像家庭地址。数据发送类似发快递，首先把数据装进一个包裹里，然后设定接收的 IP 地址，再通过网络来传输，如图 9.10 所示。

IPv4 地址用 32 位二进制数表示。在图 9.10 中，每个网络上的设备都有自己的 IPv4 地址。为了提高可读性，IP 地址一般分为四段，用“.”隔开，每一段都是一个不大于 255 的整数，如“103.3.148.44”。

随着互联网的发展，IPv4 地址不够用了，于是 IPv6 地址应运而生，IPv6 地址用 128 位二进制数表示。

IP 地址是一串数字，比较难记忆。于是人们又引入了域名，通过域名访问服务器如图 9.11 所示。

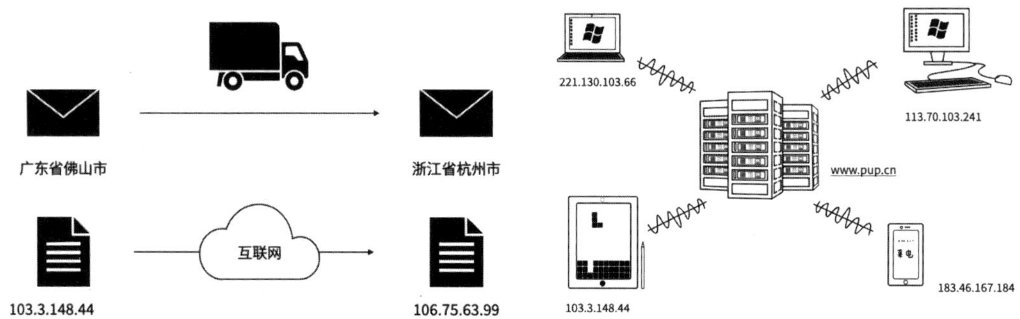

图 9.10 IP 地址就像收货地址　　图 9.11 通过域名访问服务器

在图 9.11 中，处于中心位置的计算机分配了一个域名“www.pup.cn”。这些计算机被称为服务器。服务器就是一台可以在网络上提供某种服务的计算机。

域名由多个分量组成，分量之间用“.”分隔，格式如下。

```
三级域名.二级域名.顶级域名
```

顶级域名相当于快递地址中的省份，二级域名相当于快递地址中的城市，三级域名相当于快递地址中的县。常用的顶级域名有 .com、.cn、.gov、.edu。其中，.cn 表示中国，即中国国内域名，.com 是常用的企业域名。

当我们通过域名访问另外一台计算机的时候，要知道域名和 IP 地址之间的对应关系。这个对应关系可以从 DNS 服务器中获取，如图 9.12 所示。

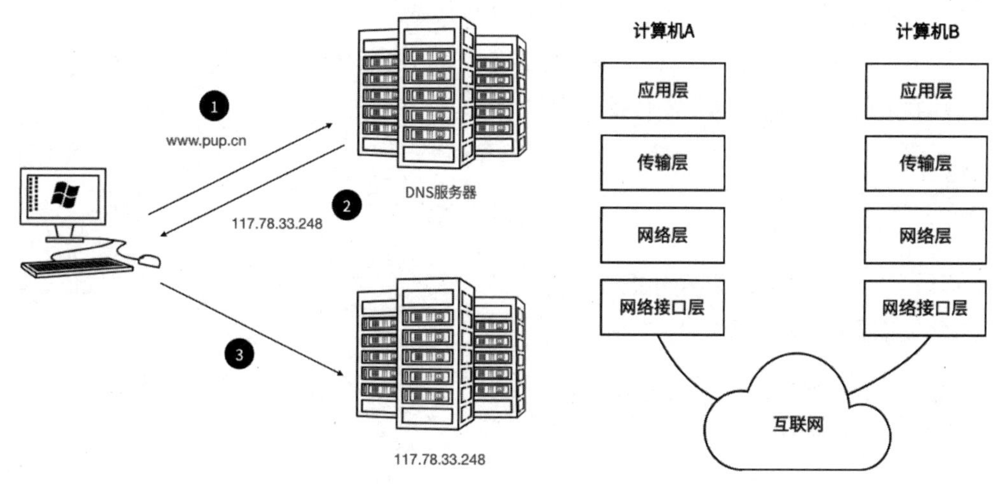

图 9.12　把域名转换成 IP 地址　　　　图 9.13　TCP/IP 分层

为了让计算机之间传输信息更有秩序，现实的计算机网络采用了名为TCP/IP的协议规则。所谓协议就是一套两个实体之间的通信规则。TCP/IP 分为四层：应用层、传输层、网络层、网络接口层，如图 9.13 所示。TCP/IP 分成多层，更容易实现、更灵活。

TCP/IP 的每一层都有明确的功能。网络接口层负责与网络物理传输介质打交道，为计算机网络提供有效可靠的帧传输。网络层的作用是把数据报（datagram）从源主机发送出去，并使这些数据报独立地到达目的主机。传输层提供了应用程序之间的传送信息服务。应用层为计算机用户提供各种实用的服务。

网络层的常用协议有 IP、ICMP、IGMP、ARP 等。传输层有两个重要的协议：可靠的传输协议 TCP 和无连接的传输协议 UDP。应用层的常用协议有 HTTP、POP3、SMTP、SSH 等。

计算机网络根据范围可以分为局域网、城域网、广域网。Internet 就是一种广域网、它是目前世界上最庞大的计算机网络，连接着世界各地的计算机。

练习题

（1）下列 IP 地址中书写错误的是（　　）。

A. 162.105.115.101　　B. 192.168.101.1　　C. 256.250.101.1　　D. 10.0.0.1

（2）以下说法错误的是（　　）。

A. IPv6 标准是对 IPv4 标准的升级补充。

B. 互联网主机有了域名之后，就不需要 IP 地址了。

C. TCP/IP 分为四层：应用层、传输层、网络层、网络接口层。

D. HTTP 是应用层上的一个协议。

9.8 小结

本章介绍了嵌套循环的常用模式。

（1）嵌套的 for 循环。

```
for( 初始化 ; 判断条件 ; 更新表达式 ) {
   for( 初始化 ; 判断条件 ; 更新表达式 ) {
      执行语句
   }
   执行语句
}
```

（2）嵌套的 while 循环。

```
while( 判断条件 ){
      do {
           重复执行的操作
      } while ( 判断条件 );
      重复执行的操作
}
```

while 循环和 for 循环也可以相互嵌套。

9.9 真题解析

1.（CSP-S 2018）为了统计一个非负整数的二进制形式中 1 的个数，代码如下。

```
int CountBit(int x)
{
      int ret = 0;
      while(x)
      {
           ret++;
```

```
        _____;
    }
    return ret;
}
```

则空格内要填入的语句是（　　）。

A. x>>=1　　　　B. x &= x – 1　　　　C. x |= x >> 1　　　　D. x <<= 1

解析：首先我们尝试A选项和D选项，x>>=1相当于x除以2，x <<=1相当于x乘以2。假如x等于10，分别把x>>=1和x<<=1代入函数CountBit中，发现结果都不是2。接着我们尝试B选项，在第一次循环中，10的二进制表示是“1010”，x–1的结果是“1001”，x&(x–1)的结果是1000，这时候x变成1000。在第二次循环中，x减1的结果是0111，x&(x–1)的结果是0000，x变成0，满足退出while循环的条件，ret的最终值是2。最后我们尝试C选项，在第一次循环中，x>>1的结果是0101，0101 | 1010的结果是“1111”。第二次循环，x>>1的结果是0111，0111| 1111的结果是1111，如此反复进行，while循环没有办法终止，所以正确选项是B。

2.（CSP-J 2017）阅读程序写结果。

```
#include<iostream>
using namespace std;
int main()
{
    int n, m;
    cin >> n >> m;
    int x = 1;
    int y = 1;
    int dx = 1;
    int dy = 1;
    int cnt = 0;
    while (cnt != 2)
    {
        cnt = 0;
        x = x + dx;
        y = y + dy;
        if (x == 1 || x == n)
        {
            ++cnt;
```

```
            dx = -dx;
        }
        if (y == 1 || y == m)
        {
            ++cnt;
            dy = -dy;
        }
    }
    cout << x << " " << y << endl;
    return 0;
}
```

输入 1：4 3。

输出 1：________。

输入 2：2017 1014。

输出 2：________。

解析：这段代码有 2 个关键变量 x 和 y。x 的值先从 1 到 n、再从 n 到 1 循环。y 的值先从 1 到 m、再从 m 到 1 循环。

在下面四种情形中，cnt 都等于 2，从而退出循环。

（1）x=1，y=3。

（2）x=1，y=1。

（3）x=4，y=3。

（4）x=4，y=1。

我们先看看输入是“4 3”的时候，这些值是怎么变化的。

```
x = 1, y = 1, n = 4, m = 3, dx = 1, dy = 1
x = 2, y = 2
x = 3, y = 3, dy = -1
x = 4, y = 2, dx = -1
x = 3, y = 1, dy = 1
x = 2, y = 2
x = 1, y = 3, dx = 1, dy = -1, cnt = 2
```

从上述推导过程可以知道第一个空的答案是“1 3”。

当输入是“2017 1014”时，值的变化如下。

```
x = 1, y = 1, n = 2017, m = 1014, dx = 1, dy = 1,
x = 2, y = 2
⋮
x = 1014, y = 1014, dy = -1
x = 1015, y = 1013
⋮
x = 2017, y = 1, dx = -1, dy = 1, cnt = 2
```

可以看出，x 从 1 开始每走 2016 步，就会变成 2017，再走 2016 步，会变成 1，然后一直循环下去。y 从 1 开始每走 1013 步，就会变成 1014，再走 1013 步，会变成 1014。

在下面四种情形中，cnt 都等于 2，从而退出循环。

（1）x=1，y=1014。

（2）x=1，y=1。

（3）x=2017，y=1014。

（4）x=2017，y=1。

可以求出 2016 和 1013 的最小公倍数：2042208。

输出 1：1 3。

输出 2：2017 1。

第 10 章

数组

糖糖家在一座 12 层的板楼里，楼房的每一层都用一个数字标号，最低的一层是一楼，再上一层是二楼，以此类推。在 C++ 程序里可以把多个同类型变量存放到“一座楼”里，这座楼就是数组。每个数组元素的位置都用一个数字来标记，而且数字是递增的。

本章将介绍一维数组、二维数组、字符数组的定义和使用方法。

10.1 记录每天的温度——一维数组

胖头老师要求同学们用程序记录星期一到星期五每天中午的温度，温度数据来自教室的温度计。

豆豆写出如下代码。

```
#include <cstdio>
int main() {
    int a1 = 30, a2 = 33, a3= 28, a4 = 29, a5 = 31;
    printf( "%d %d %d %d %d\n" , a1, a2, a3, a4, a5);
    return 0;
}
```

“记录 5 天的温度，就要用 5 个变量。如果要记录 100 天的温度，就要建立 100 个变量，这也太麻烦了吧。” 糖糖指出用变量存储连续数据的缺点。

“是的，其实我们可以用数组来存储每天的温度。一个数组元素存储一个温度值。” 胖头老师用数组改写了代码。

```
#include <cstdio>
int main() {
    int a[5] = {30, 33, 28, 29, 31};
    printf( "%d %d %d %d %d\n" , a[0], a[1], a[2], a[3], a[4]);
    return 0;
}
```

运行结果如下。

```
30 33 28 29 31
```

数组 a 的结构如图 10.1 所示。

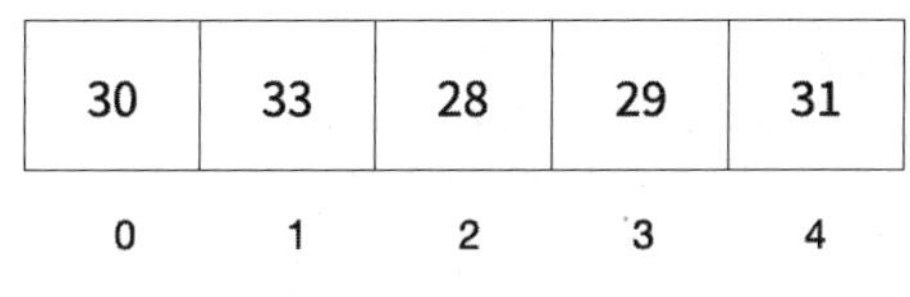

图 10.1 数组 a 的结构

定义一维数组的格式如下。

```
类型名 数组名 [ 常量表达式 ];
```

数组名的命名规则与变量名相同（参考第 2 章变量声明的介绍）。常量表达式的值就是数组元素的个数。示例代码中的“int a[5];”定义了一个包含 5 个元素的整型数组。我们一般会说数组 a 的长度是 5。

读取数组某个元素的写法如下。

```
数组名 [ 下标 ]
```

数组的下标从 0 开始，所以数组 a 的长度是 5，那么最后一个元素是 a[4]。

注 意

数组定义和数组元素的写法类似，初学者要注意区分。

初始化数组的时候可以只填前几项，其余元素自动填充为 0，示例代码如下。

```
int a[5] = {1, 2};// 1 2 0 0 0
```

这里可以使用 for 循环来把数据存入数组中。例如，用 for 循环读取 5 天的温度数据。

```
#include <cstdio>
int main() {
    int a[6]; // 为了方便，a[0] 不使用
    int i, weekday;
    for(i = 1; i <= 5; i++) {
        scanf( "%d" , &a[i]);
    }
    printf( "输入星期几 : " );
    scanf( "%d" , &weekday);
    if(weekday >= 1 && weekday <= 5 )
        printf( "温度: %d\n" , a[weekday]);
    return 0;
}
```

运行结果如下。

```
30↵
33↵
28↵
29↵
31↵
输入星期几 :2↵
温度：33
```

流程图如图 10.2 所示。

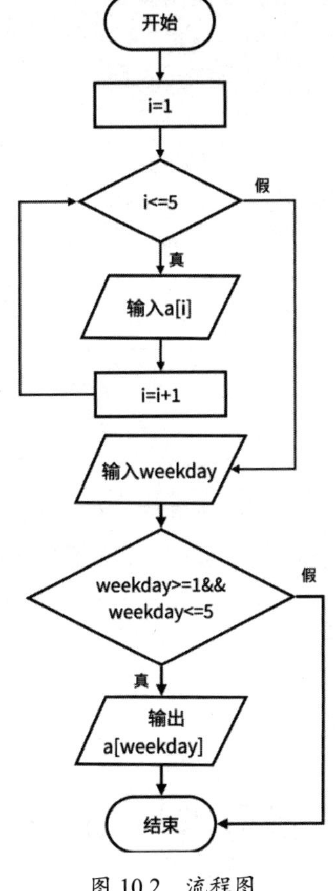

图 10.2　流程图

练习题

（1）阅读程序写结果。

```
#include <cstdio>
int main() {
    int a[5] = {10, 21, 32, 23, 34};
    a[0]++;
    printf( "%d" , a[0]);
    return 0;
}
```

（2）阅读程序写结果。

```
#include <cstdio>
int main() {
    int i, a[5];
    for(i=0; i<5; i++)
        a[i]=i;
    for(i=0; i<5; i++)
        a[0] = a[0] + a[i];
    printf( "%d" , a[0]);
    return 0;
}
```

（3）阅读程序写结果。

```
#include <cstdio>
int main() {
    int a[5] = {1};
    int i;
    for(i=0; i<5; i++) {
        printf( "%d" , a[i]);
    }
    return 0;
}
```

10.2 逆序输出——一维数组与 for 循环

用 for 循环可以输出数组的所有元素，示例代码如下。

```
#include <cstdio>
int main() {
```

```
    int a[5] = {0, 1, 2, 3, 4};
    int i;
    for(i = 0; i < 5; i++) {
        printf( "%d " , a[i]);
    }
    printf( "\n" );
    return 0;
}
```

运行结果如下。

```
0 1 2 3 4
```

代码的第 3 行定义并初始化数组。把数组元素放在花括号内，并用逗号隔开。顺序输出数组 a 的过程如图 10.3 所示。

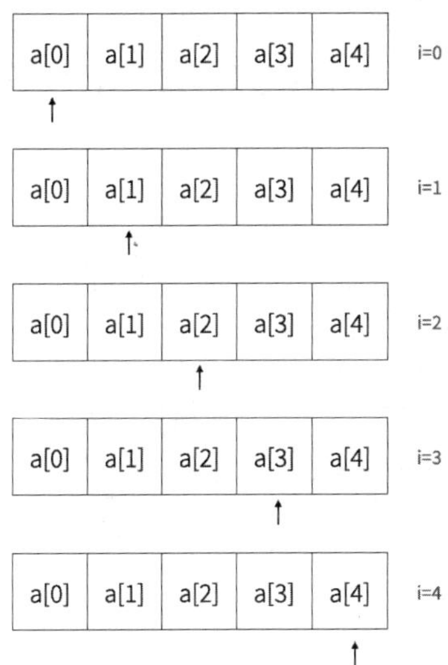

图 10.3　顺序输出数组 a

用 for 循环还可以逆序输出数组的所有元素。下面用数组实现一个有趣的功能，先输入 5 个整数，然后将其倒序输出。

```
#include <cstdio>
int main() {
    int a[5];
    int i;
```

```
// 顺序输入
    for(i = 0; i <= 4; i++) {
        scanf( "%d" , &a[i]);
    }
// 倒序输出
    for(i = 4; i >= 0; i--) {
        printf( "%d" , a[i]);
    }
    printf( "\n" );
    return 0;
}
```

运行结果如下。

```
13 14 15 16 17↲
17 16 15 14 13
```

倒序输出数组的时候，下标从 4 开始往下递减，直到小于 0 才跳出循环。逆序输出数组 a 的过程如图 10.4 所示。

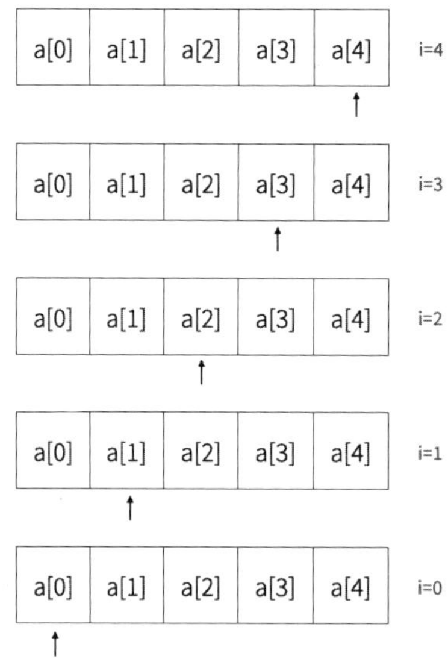

图 10.4　逆序输出数组 a

流程图如图 10.5 所示。

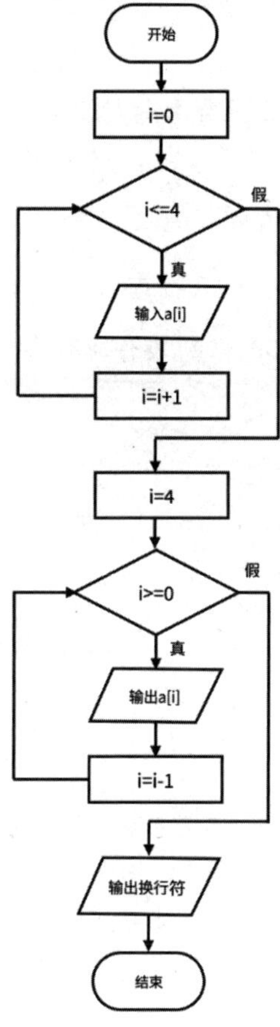

图 10.5 流程图

练习题

（1）阅读程序写结果。

```
#include <cstdio>
int main() {
    int i, a[5], sum;
    for(i=0; i<5; i++)
        a[i]=i;
    sum = a[1]+a[4];
    printf( " %d " , sum);
```

```
    return 0;
}
```

（2）补充代码，找出一个数组中第 n 大的数。

```
#include <cstdio>
int main() {
    int i, x, num, j=0;
    bool p = true;
    int a[] = {10, 20, 30, 40, 50, 60, 70, 80, 90, 100};
    int n = 6;
    while(p) {
        x = a[j];
        num = 0;
        for(i=0; i<10; i++) {
            ①
        }
        if(num==n-1)
            ②
        else
            ③
    }
    printf( "%d\n" , x);
    return 0;
}
```

10.3 闯入禁区——数组越界

“对于记录温度的程序，如果不校验 weekday 的值，输入 6 会发生什么？我们试试修改程序。”胖头老师修改代码并重新编译运行程序。

```
#include <cstdio>
int main() {
    int a[6]; // 为了方便，a[0] 不使用
    int i, weekday;
    for(i = 1; i <= 5; i++) {
        scanf( "%d" , &a[i]);
    }
```

```
    scanf("%d", &weekday);
    printf("温度: %d\n", a[weekday]);
    return 0;
}
```

运行结果如下。

```
10 12 13 14 15↲
6↲
温度：-958332845
```

“为什么数组 a 的长度是 5，但是 C++ 程序还能输出 a[6] 呢？而且输出的数据还是一个负数。”豆豆对这个结果十分不解。

“因为 C++ 编译器不会去检查数组下标，所以能访问 a[6]。”胖头老师解释道。

当定义数组 a 的时候，计算机在内存里开辟了一片连续的存储单元来存储 a[0]，a[1]，…，a[5]。当我们试着读取 a[6] 的值时，这个值是不可预知的，这就会发生数组越界错误，如图 10.6 所示。

a[0]	a[1]	a[2]	a[3]	a[4]	a[5]	a[6]
不使用						×

图 10.6 访问数组越界

提 示

要避免程序读取不属于数组的元素，就要注意检查下标的值和 for 循环的跳出条件。

练习题

补充程序，找出数组中的最小值。

```
#include <cstdio>
int main() {
    int i, a[10], min;
```

```
    for(i=0; i<10; i++)
        scanf( " %d " , &a[i]);
    min = a[0];
    for(i=1; i<10; i++)
    ________________
    printf( " %d " , min);
    return 0;
}
```

10.4 统计投票数——一维数组的应用 1

学校举行了一次歌唱比赛，共有 10 个选手参加，最后由同学们投票选出最佳歌手。现在要编写一个程序记录投票数。

投 1 号选手，那么 1 号的票数加 1；投 2 号选手，那么 2 号的票数加 1。这启发我们可以用一个数组来实现这个逻辑，把数组的下标作为选手编号。

投 1 号，1 号的票数加 1，可以用下列代码来表示。

```
i=1; num[i] = num[i]+1;
```

投 2 号，2 号的票数加 1，可以用下列代码来表示。

```
i=2; num[i] = num[i]+1;
```

先用一个 while 无限循环录入数据，输入数字 0 时退出循环。然后用 for 循环输出数组中所有元素的值。代码如下。

```
#include <cstdio>
int main() {
    int num[11] = {0};
    int i;
    while(true) {
        scanf( " %d " , &i);
        // 输入数字 0 退出
        if(i == 0) {
            break;
        }
        num[i] = num[i] + 1;
    }
```

```
    // 输出数组中所有元素的值
    for(i=0; i<11; i++) {
        printf( " %d " , num[i]);
    }
    return 0;
}
```

运行结果如下。

```
1↵
2↵
4↵
2↵
6↵
5↵
0↵
0 1 2 0 1 1 1 0 0 0 0
```

程序的部分流程图如图 10.7 所示。

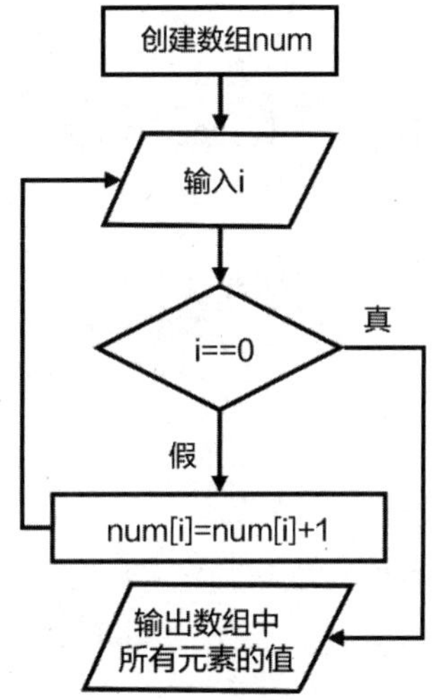

图 10.7 程序的部分流程图

练习题

用数组计算斐波那契数列。

10.5 计算某天是当年的第几天——一维数组的应用 2

请编写一个程序，输入年月日，然后计算这天是当年的第几天。

我们先选一个具体的日期计算这天是当年的第几天，然后从中发现规律。假设要计算 2003 年 3 月 5 日是当年的第几天。3 月之前是 1 月和 2 月，1 月天数加上 2 月天数等于 59。3 月 5 日是 3 月的第 5 天。所以最终结果是 64。

现在可以总结规律，第几天可以按以下公式计算。

某天是当年的第几天 = 前几个月的天数总和 + 当天是当月的第几天
前几个月的天数总和 = 当月之前所有月份的天数累加

每月的天数是固定的，可以把每月的天数存到数组中，这样就可以从数组中读取当月之前所有月份的天数。我们还要考虑闰年对于天数的影响。如果那一年是闰年且月份大于 2，那么天数要再加 1。

代码如下。

```
#include <cstdio>
int main() {
    int a[13] = {0, 31, 28, 31, 30, 31, 30, 31, 31, 30, 31, 30, 31};
    int i, n=0, year, month, day;
// 输入年月日
    scanf( "%d%d%d" , &year, &month, &day);
    for(i=1; i<month; i++) {
        n = n + a[i];
    }
    n = n + day;
// 如果是闰年，那么天数加 1
    if( (year % 4 == 0 && year % 100 != 0)  || (year % 400 == 0) ) {
        if(month > 2) {
            n = n + 1;
        }
    }
// 输出天数
    printf( "%d\n" , n);
    return 0;
}
```

运行结果如下。

```
2003 3 5↵
64
```

流程图如图 10.8 所示

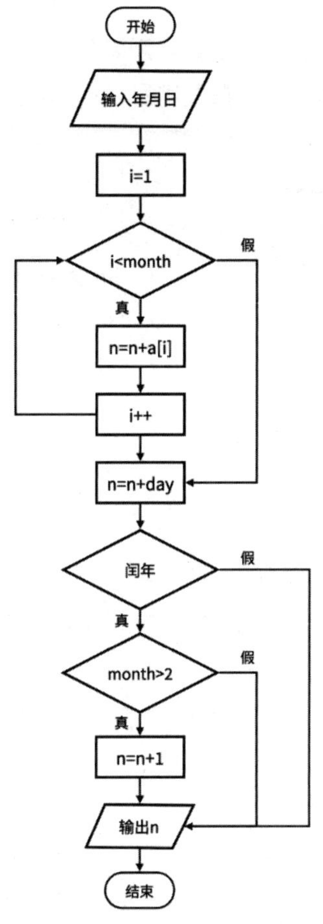

图 10.8　流程图

练习题

一天，一只鼹鼠和一只兔子在山顶上玩捉迷藏。兔子对鼹鼠说："山顶上有 10 个洞，现在把这 10 个洞从 1 到 10 编号，你从 10 号洞出发，第一次先到 1 号洞找我，第二次隔 1

个洞找我，第三次隔 2 个洞找我，以此类推。如果重复 1000 次，你也找不到我，就算你输。”试着用程序分析兔子躲在几号洞里才能不被发现。

10.6 撒谎的狮子和老虎——一维数组的应用 3

狮子每逢星期一、二、三撒谎，老虎每逢星期四、五、六撒谎。某天，狮子对老虎说：“昨天是我的撒谎日。”老虎回应：“昨天也是我的撒谎日。”如图 10.9 所示。请用程序判断当天是星期几。

图 10.9　撒谎的狮子与老虎

下面用穷举法解决这个问题。正确答案只能是星期二到星期六中的一天。可以用 for 循环从星期二开始逐个验证哪天是正确答案。

另外，可以用两个数组分别记录狮子和老虎在哪天说谎，数字 1 表示说真话，数字 0 表示说谎，数组下标表示星期几，如图 10.10 所示。

		1	2	3	4	5	6
狮子	-1	0	0	0	1	1	1
老虎	-1	1	1	1	0	0	0
		星期一	星期二	星期三	星期四	星期五	星期六

图 10.10　用数组记录哪天说谎

如果星期i狮子说真话，老虎说谎，可以用以下代码来表示。

```
lion[i] == 1 && tiger[i] == 0
```

那么前一天是狮子的说谎日，不是老虎的说谎日。

```
lion[i-1] == 0 && tiger[i-1] == 1
```

同理，如果星期i老虎说真话，狮子说谎，可以用以下代码来表示。

```
lion[i] == 0 && tiger[i] == 1
```

那么前一天是老虎的说谎日，不是狮子的说谎日。

```
lion[i-1] == 1 && tiger[i-1] == 0
```

综合上述分析，得出以下代码。

```
#include <cstdio>
int main() {
    int lion[7] = {-1, 0, 0, 0, 1, 1, 1};
    int tiger[7] = {-1, 1, 1, 1, 0, 0, 0};
    int i;
    // 0 表示说假话, 1 表示说真话
    for(i=2;i<=6;i++) {
// 狮子说真话、老虎说假话
        if( (lion[i-1] == 0) && (tiger[i-1] == 1) && lion[i] == 1 && tiger[i] == 0) {
            printf( "%d\n", i);
        }
// 狮子说假话、老虎说真话
        if( (lion[i-1] == 1) && (tiger[i-1] == 0) && lion[i] == 0 && tiger[i] == 1) {
            printf( "%d\n", i);
        }
    }
    return 0;
}
```

运行结果如下。

```
4
```

所以那一天是星期四。

练习题

写一个程序，利用数组计算 100 以内的素数。

10.7 密码校验——一维数组的应用 4

糖糖在网上报名参加学校的极客编程大赛，注册账号的时候要填写 10 位数字密码，而且密码中不能出现重复的数字。例如，密码“1234560789”能通过验证，密码“1233450789”不能通过验证。

请编写一个程序检查输入的数字密码中是否有出现多于 1 次的数字。

这里可以用一个长度为 10 的布尔数组 digits 跟踪密码中出现的数字。开始时，数组所有元素的值都是 false，表示 0~9 这 9 个数字都还没有出现，如图 10.11 所示。

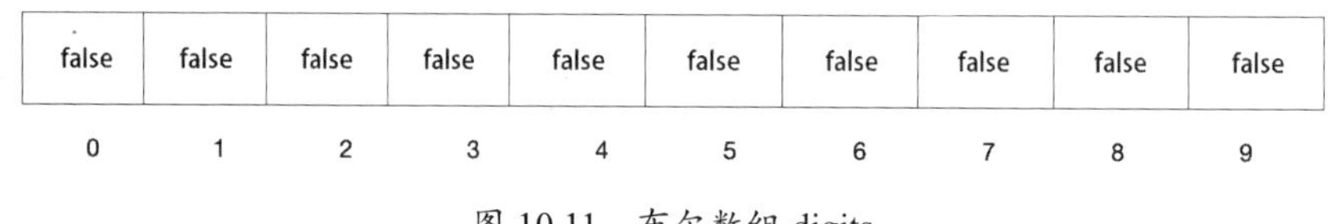

图 10.11 布尔数组 digits

输入的密码可以先存入一个整型变量 *n*，然后从右到左读取 *n* 的各个数位。第 8 章已经介绍了如何在 while 循环中组合运用求余运算和除法运算获得一个数字的各个数位。

如何用数组找出重复的数字？假如重复的数字是 1，那么第一次遇到 1 的时候把 digits[1] 由 false 改为 true。当第二次遇到 1 时，会发现 digits[1] 的值为 true，这时候可以确定 1 是重复的数字，终止循环。

用程序扫描数字 1231 时，数组 digits 的变化如图 10.12 所示。

遇到1	false	true	false	false	false	false	false	false	false	false
	0	1	2	3	4	5	6	7	8	9

遇到2	false	true	true	false	false	false	false	false	false	false
	0	1	2	3	4	5	6	7	8	9

图 10.12 扫描数字的过程

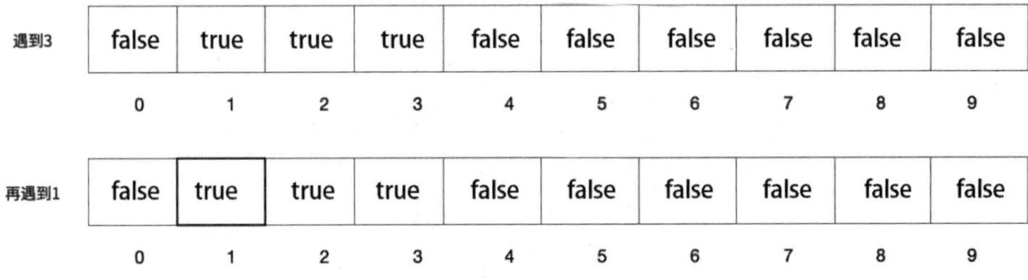

图 10.12 扫描数字的过程（续）

综合上述分析，得出以下代码。

```
#include <cstdio>
int main() {
    bool digits[10] = {false};
    int i;
    long n;
    printf( " 输入密码 : " );
    scanf( " %ld " , &n);
    while(n > 0) {
        i = n % 10;
        if(digits[i])
            break;
        digits[i] = true;
        n = n / 10;
    }
    if(n > 0) {
        printf( " 有重复数字 \n " );
    } else {
        printf( " 没有重复数字 \n " );
    }
    return 0;
}
```

运行结果如下。

```
输入密码 :8834567912↵
有重复数字
```

流程图如图 10.13 所示。

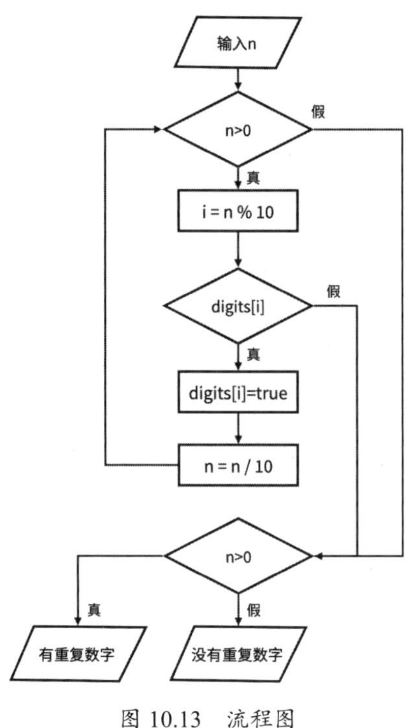

图 10.13 流程图

练习题

用数组的方式解决 8.6 节存钱罐的密码问题。

10.8 猴子选大王——一维数组的应用 5

注 意

本节介绍的例子比较难，初学者可以跳过。

有 n 只猴子围成一圈，它们要用这样的方法选大王：按顺时针方向给每只猴子分配 1 个编号，从 1 开始，每次增加 1；然后从 1 号猴子开始轮流报数，一直数到 m，数到 m 的猴子退出；剩下的猴子再接着从 1 开始报数，直到圈内只剩下 1 只猴子，这只猴子就是大王。当 m 等于 4 时，报数过程如图 10.14 所示。

图 10.14　报数到 4 的猴子退出

请编写程序，对于给定的 n 和 m，算出哪只猴子会成为大王。

可以用一维数组来模拟猴子选大王的过程，数组元素 a[i] 记录每只猴子的状态，当 a[i] 等于 0 时，表示编号 i 的猴子在圈中，当 a[i] 等于 1 时，表示编号 i 的猴子不在圈中。

代码如下。

```
#include <cstdio>
int main() {
    int i, j, k;
    int a[31] = {0};
    int n=30, m=4;
    k=0;
```

```
    j=0;
    // 0 表示在圈，1 表示出圈 , j 指向报数的猴子
    for(i=1;i<=n-1;i++) {
        while(k<m)
        {
            j++;
            if(j>n) j=1;
            if(a[j]==0)
                k++;
        }
        a[j]=1; // 猴子出圈
        k=0; // k 重置为 0，开始下一轮的报数
    }
     for(i=1;i<=n;i++) {
        if(a[i] == 0)
            printf( "%d\n" , i);
     }
    return 0;
}
```

运行结果如下。

```
6
```

模拟猴子报数有以下 2 个要点。

（1）用数组模拟环状。要实现这点，只要在 j 大于 n 的时候，把 j 重置为 1 就可以了。

（2）遍历数组 a 的时候，要跳过那些已经出圈的猴子。要实现这点，可以用 if 语句判断 j 指向的猴子是否在圈里。

```
        while(k<m)
        {
            j++;
            if(j>n) j=1; // 下标超过 n，返回 1
            if(a[j]==0) // 当 j 指向的猴子在圈里才计数
                k++;
        }
```

流程图如图 10.15 所示。

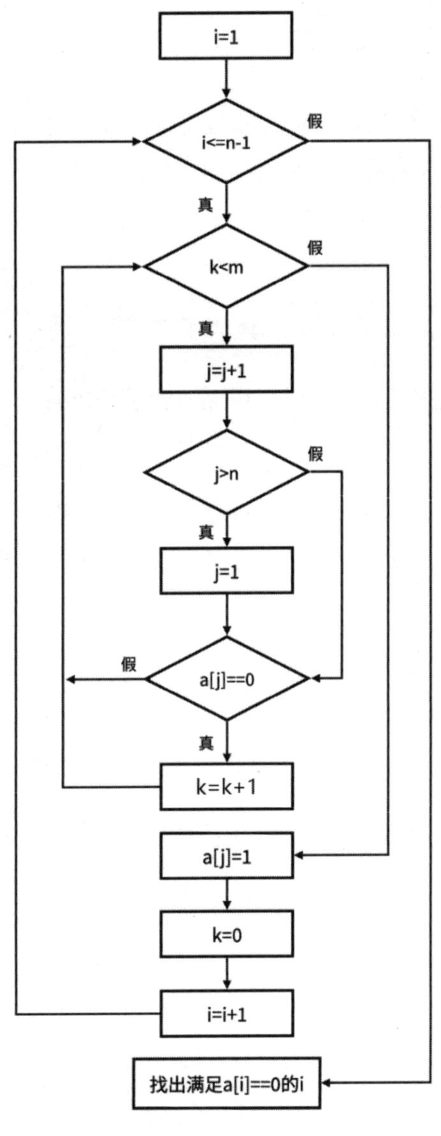

图 10.15 流程图

练习题

有 n 个人围成一圈，依次标号 0 到 n−1，从 0 号开始依次 0，1，0，1，…交替报数。报到 1 的人会离开，直至圈中只剩下 1 个人。求最后剩下的人的编号。

10.9 记录早中晚的温度——二维数组

10.1 节的示例程序记录了 5 天的中午温度，胖头老师现在要求把 8 点和 17 点的温度也记录下，然后计算每天的平均温度和 5 天的平均温度。

糖糖想到用 3 个一维数组去记录温度。

```
int morning[5]; // 早上
int noon[5]; // 中午
int afternoon[5]; // 下午
```

胖头老师介绍了一个更好的方法，就是定义一个二维数组。

```
int temperature[5][3];
```

每天的数据用一个长度为 3 的一维数组来表示，5 个一维数组再构成一个二维数组，用来记录 5 天的数据。二维数组可以看作是一个以一维数组作为元素的数组。

二维数组的定义格式如下。

```
类型 数组名 [ 下标 1][ 下标 2];
```

读取二维数组的元素的格式如下。

```
数组名 [ 下标 1][ 下标 2];
```

例如，数组 a[5][3] 有 5 行 3 列，它的各个元素排列如图 10.16 所示。

a[0][0]	a[0][1]	a[0][2]
a[1][0]	a[1][1]	a[1][2]
a[2][0]	a[2][1]	a[2][2]
a[3][0]	a[3][1]	a[3][2]
a[4][0]	a[4][1]	a[4][2]

图 10.16　数组 a[5][3] 的各个元素排列

代码如下。

```
#include <cstdio>
int main() {
```

```
    int i, j;
     // 输入温度
    int temperature[5][3];
    for(i=0;i<5;i++) {
        for(j=0;j<3;j++) {
            scanf( " %d " , &temperature[i][j]);
        }
    }
    int sum = 0; // 累加所有的温度值
    for(i=0;i<5;i++) {
        int dailySum = 0; // 在每次开始计数前重置为 0
        for(j=0;j<3;j++) {
            sum = sum + temperature[i][j];
            dailySum = dailySum + temperature[i][j];
        }
        printf( " %d\n " , dailySum/3);
    }
    printf( " %d\n " , sum/15);
    return 0;
}
```

首先用 2 个 for 循环输入数据，然后用 2 个 for 循环读取数据并进行累加求和。

练习题

（1）糖糖和豆豆所在的班级有 40 个同学，编号为 1~40。做课间操的时候，他们按编号顺序排成 10 行 4 列。例如，1 号至 4 号站在第一行。请用数组表示他们站立的位置，并用程序找出站在第 5 行第 3 列的同学的编号是多少。

（2）电子设备中常常用 7 段 LED 显示器来显示数字。显示某个数字的时候，要打开某些段和关闭某些段。7 段 LED 显示器的编号如图 10.17 所示。

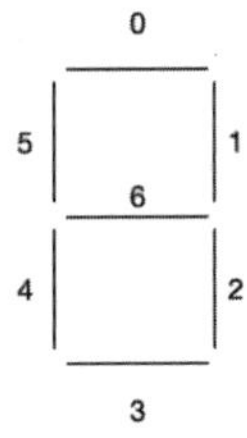

图 10.17　7 段 LED 显示器的编号

用 7 段 LED 显示器显示数字 0~9，如图 10.18 所示。

图 10.18　LED 显示器显示数字 0~9

现在用一个数组来记录显示每个数字时需要“打开”的显示段。下面是数组可能的形式，每一行表示一个数字，第一行表示数字 0。请补充余下的部分。

```
int segments[10][7] = {
    {1, 1, 1, 1, 1, 1, 0},
}
```

10.10 杨辉三角形——二维数组的应用 1

杨辉三角形是一个由数字排列而成的三角形数表。它的形式如下。

```
1
1 1
1 2 1
1 3 3 1
1 4 6 4 1
1 5 10 10 5 1
1 6 15 20 15 6 1
1 7 21 35 35 21 7 1
1 8 28 56 70 56 28 8 1
1 9 36 84 126 126 84 36 9 1
```

杨辉三角形的特点是从第 3 行起，每个数等于它上方和左上方的两数之和。

下面用程序输出上面的杨辉三角形。步骤如下。

（1）使用二维数组 c 存放杨辉三角形的值。其中第一行和第二行可以用赋值来实现。

```
c[0][0]=1;
c[1][0]=1;
c[1][1]=1;
```

（2）从第三行起，用嵌套的 for 循环计算出杨辉三角形的值。

（3）用嵌套的 for 循环输出杨辉三角形。外循环输出某一行，内循环输出某一行的所有元素。

具体代码如下。

```
#include <cstdio>
int main() {
    int i, j, n=10, c[10][10] = {0};
    c[0][0]=1;
    c[1][0]=1;
    c[1][1]=1;
    for(i=2;i<n;i++) {
        c[i][0] = 1; // 每行第一个数都是 1
        for(j=1;j<=i;j++) {
            // 左上方是 c[i-1][j-1] ，上方是 c[i-1][j]
            c[i][j]=c[i-1][j-1]+c[i-1][j];
        }
    }
    for(i=0;i<n;i++) {
        for(j=0;j<=i;j++) {
            printf( " %d " , c[i][j]);
        }
        printf( " \n " );
    }
     return 0;
}
```

代码“c[i][j]=c[i-1][j-1]+c[i-1][j];”就是把上方和左上方的两数加起来，如图 10.19 所示。

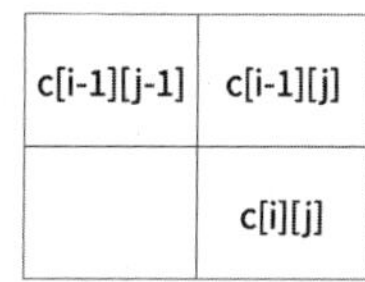

图 10.19　把上方和左上方的两数加起来

编写一个程序，输入 10 个整数，然后再输入一个整数 x，计算比 x 大的整数有多少个。示例如下。

```
1 2 3 4 5 6 7 8 9 10↵
8↵
2
```

10.11 走迷宫——二维数组的应用 2

用二维字符数组可以表示一个迷宫。用“#”表示墙，用“ ”表示可以通行的路，用“o”表示在迷宫里行走的小人。现在编写一个简单的走迷宫游戏，输入下列数字控制小人的行走。

（1）输入数字 1，小人往上走。

（2）输入数字 2，小人往下走。

（3）输入数字 3，小人往左走。

（4）输入数字 4，小人往右走。

当小人在迷宫出口时，程序结束。完整代码如下。

```
#include <cstdio>
char a[6][7] = {
    "# ####",
    "#    #",
    "# ## #",
    "#  # #",
    "#  #  ",
    "######"
};
// maze 是迷宫的意思
void printMaze() {
    int i,j ;
    // 打印迷宫
    for(i=0;i<6;i++) {
        for(j=0;j<6;j++) {
            printf( "%c ", a[i][j]);
        }
        printf( "\n" );
    }
}
```

```
int main() {
    int i, j;
    int g;
    i = 0, j = 1;
    a[i][j] = 'o';
    do {
      printMaze();
      printf("1.往上走 2.往下走 3.往左走 4.往右走\n");
      scanf("%d", &g);
      a[i][j] = ' ';
      switch(g) {
          case 1: i--;break; // 往上走
          case 2: i++;break; // 往下走
          case 3: j--;break; // 往左走
          case 4: j++;break; // 往右走
          default:break;
      }
      a[i][j] = 'o';
    } while( !(i==4 & j==5) ); // 没有到出口就一直继续
    printMaze();
     return 0;
}
```

数字与行走方向的对应关系可以用 switch 语句表达。要模拟小人在迷宫中的移动，可以先把小人所在位置的“o”设为“ ”，然后把新的位置设为“o”。流程图如图 10.20 所示。

注 意

为了让代码更简洁，这里引入了自定义函数 printMaze()。函数 printMaze() 的作用是输出二维数组表示的地图。自定义函数的内容在第 13 章会详细讲解。

同学们可以运行程序、输入数字来操控小人走出迷宫。

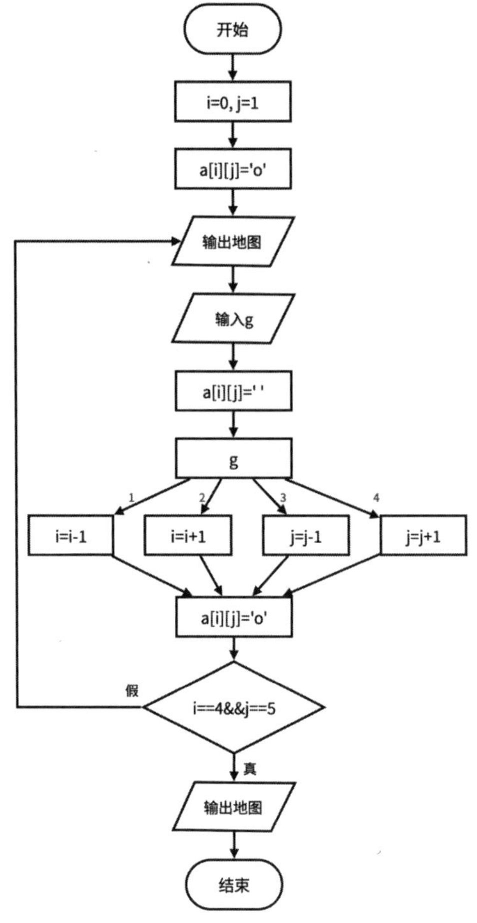

图 10.20　流程图

练习题

请修改走迷宫代码，使得小人不能穿过墙壁行走。

10.12 极客文字转换器——字符数组

豆豆构想了一个极客文字转换器，把输入的英文句子按以下规则进行转换。

（1）把小写英文字母转换为大写英文字母。

（2）用数字代替某些英文字母（A → 4，B → 8，E → 3，I → 1，O → 0，S → 5）。

（3）在末尾添加 5 个感叹号。

思路：先把输入的字符记录在一个字符数组，字符数组的每 1 个元素都可以当作一个字符型变量来使用，然后用 while 循环遍历数组，并根据规则将每个元素转换成相应的字符。

代码如下。

```
#include <cstdio>
int main() {
    char a[100];
    char c;
    fgets(a, sizeof(a), stdin);
    int i = 0;
    while(a[i] != '\n') {
        if(a[i] >= 'a' && a[i] <= 'z') { // 小写字母转换成大写字母
            c = a[i] - 32;
        } else {
            c = a[i];
        }
        switch(c) {
            case 'A': printf("4");break;
            case 'B': printf("8");break;
            case 'E': printf("3");break;
            case 'I': printf("1");break;
            case 'O': printf("0");break;
            case 'S': printf("5");break;
            default: printf("%c", c); //其他字符按原样输出
        }
        i++;
    }
    for(i=0; i<5; i++) {
        printf("!");
    }
    printf("\n");
    return 0;
}
```

运行结果如下。

```
I love C++↲
1 L0V3 C++!!!!!
```

字符数组的定义如下。

```
char 数组名 [ 元素个数 ];
```

例如，定义一个长度为 100 的字符数组的代码如下。

```
char s[100];
```

“fgets(a, sizeof(a), stdin);”是一种习惯用法，用来读取字符串输入。sizeof 是一个运算符，它可以获取数组所占的字节数，也可以获取某个数组元素所占的字节数。所以下面的表达式可以计算出数组的元素个数。

```
sizeof(a)/ sizeof(a[0])
```

流程图如图 10.21 所示。

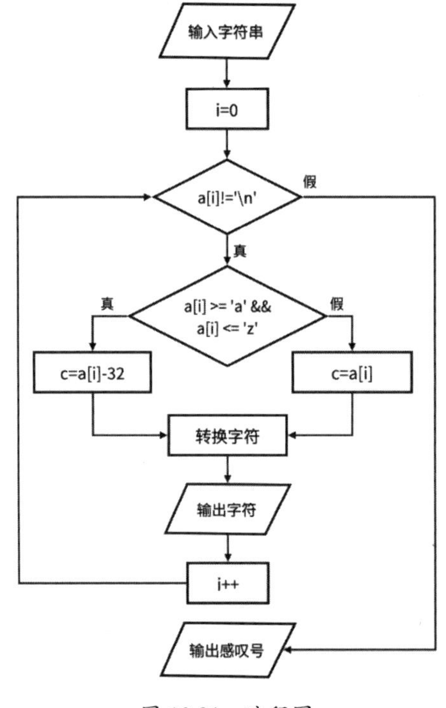

图 10.21　流程图

练习题

阅读程序写结果。

```
#include <cstdio>
int main() {
    char a[5] = {"ABCD"};
    int i;
    for(i=0; i<4; i++) {
        printf("%c", a[i]);
    }
    return 0;
}
```

10.13 判断回文串——字符数组的应用

回文串是一种特殊的文本。它从左往右读和从右往左读是一样的。拿破仑被流放到厄尔巴岛时，说了一句话："Able was I ere I saw Elba"。这句话就是一个回文串。

现在编写一个程序，判断输入的文本是不是回文串。

根据回文串的定义，判断的过程如下。

（1）首先假定字符串是回文串，把标志变量设为 true。

（2）然后检测第一个字符和最后一个字符是否一样，检测第二个字符和倒数第二个字符是否一样，依次类推。这个过程可以用一个 for 循环实现。

（3）如果 for 循环里能发现不一样的情况，那么字符串不是回文串，设标志变量为 false，直接退出循环即可。

检查字符串"cefhgfec"的过程，如图 10.22 所示。

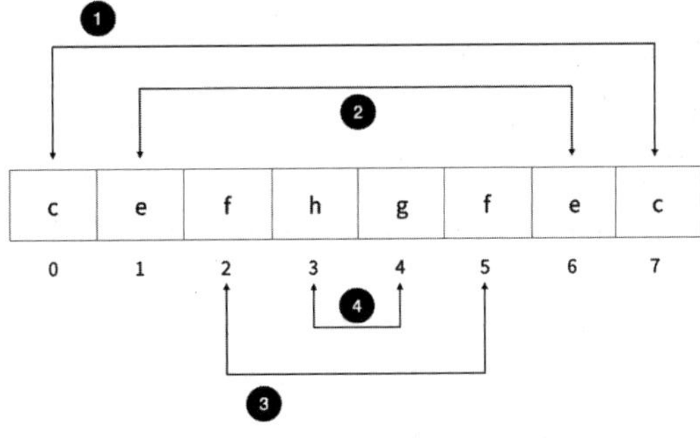

图 10.22　判断回文串

实现代码如下。

```
#include <cstdio>
#include <cstring>
int main() {
    char str[100] = {};
```

```
    int ch, n = 0;
// palindrome是回文串的意思
    bool palindrome = true;
    fgets(str, sizeof(str), stdin);
    n = strlen(str) - 1; // 输入了多少个字母
    printf("%d\n", n);
    int i;
    for(i=0; i<n/2;i++) {
        if(str[i] != str[n-1-i]) {
            palindrome = false;
            break;
        }
    }
    if(palindrome) {
        printf("YES");
    } else {
        printf("NO");
    }
    return 0;
}
```

运行结果如下。

```
cefhgfec↵
8
NO
```

示例代码用了 strlen 函数获取输入的字符串的长度。使用这个函数前要添加以下预处理命令。

```
#include <cstring>
```

检查字符的次数应该是字符串长度的一半。所以 for 循环的判断条件是 i<n/2 或 i<=n/2。应该选哪个呢？可以分别分析 n 是奇数和 n 是偶数这两种情形下变量 *i* 和表达式 n−1−*i* 如何变化，从而得出答案。

当 n 等于 5 时，*i* 和 n−1−*i* 的变化如表 10.1 所示。

表 10.1 变化情况

i	n-1-i
0	4
1	3

当 n 等于 6 时，*i* 和 n-1-*i* 的变化如表 10.2 所示。

表 10.2 变化情况

i	n-1-i
0	5
1	4
2	3

可以看出判断条件应该是 *i*<n/2。

流程图如图 10.23 所示。

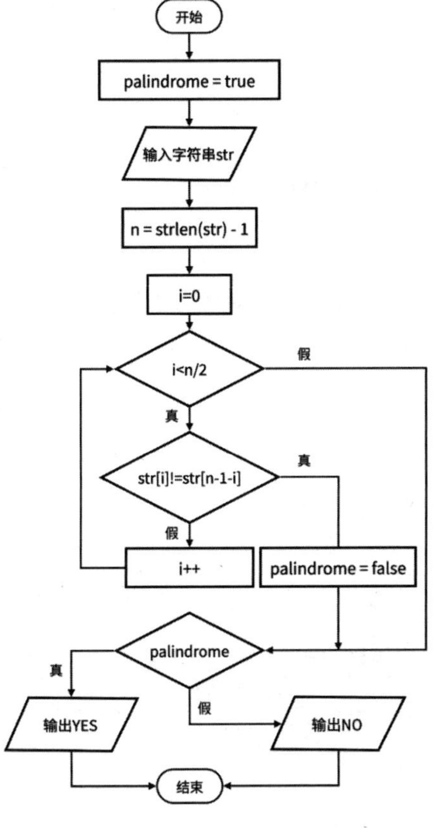

图 10.23 流程图

练习题

（1）补充程序，输入两个小于 1000 的正整数的加法表达式，计算出结果。示例如下。

```
123+436↵
123+436=559
```

代码如下。

```
#include <cstdio>
int main() {
    char str[100] = {};
    int i = 0;
    fgets(str, sizeof(str), stdin);
    int x = 0, y = 0;
    while(str[i]!='+') {
        x=x*10+(str[i]-'0');
        i++;
    }
// 这里补充代码
    printf("%d+%d=%d", x, y, x+y);
    return 0;
}
```

（2）编写程序，输入一个英文句子，单词之间用空格隔开，句子以“.”结尾，找出长度最大的单词。示例如下。

```
The weather is good.↵
weather 长度:7
```

可以用一个数组存储单词和单词的长度。

10.14 小结

本章介绍了以下知识点。

（1）一维数组和二维数组的定义和初始化，示例代码如下。

```
int a[5] = {0, 1, 2, 3, 4};
int b[2][3] = {
    {1, 2, 3},
    {4, 5, 6}
};
```

（2）一维数组和二维数组都可以通过下标读取和修改元素，示例代码如下。

```
a[1] = 2;
a[1][1] = 3;
```

（3）字符数组。

（4）用 for 循环遍历一维数组。

```
for(i=0;i<N;i++) {
    // 操作数组元素 a[i]
}
```

（4）用 for 循环遍历二维数组。

```
for(i=0;i<N;i++) {
    for(j=0;j<M;j++) {
        // 操作数组元素 a[i][j]
    }
}
```

10.15 真题解析

1.（CSP-J 2018）阅读程序写结果。

```
#include <cstdio>
char st[100];
int main() {
    scanf( "%s ", st);
```

```
    for(int i = 0; st[i];++i) {
        if('A'<= st[i] && st[i] <='Z')
            st[i] += 1;
    }
    printf("%s\n", st);
    return 0;
}
```

输入：QuanGuoLianSai。

输出：________。

解析：这段代码建立了一个字符数组 st，然后把“QuanGuoLianSai”存到数组 st 中。接着用 for 循环遍历这个数组中的每一个字符，当发现这个英文字母是大写的时候，把字母变成相邻的字母，如把“Q”变成“R”，所以最终的输出结果是“RuanHuoMianTai”。

2.（CSP-J 2016）阅读程序写结果。

```
#include <iostream>
using namespace std;
int main(){
    int a[6] = {1, 2, 3, 4, 5, 6};
    int pi = 0;
    int pj = 5;
    int t, i;
    while (pi < pj)
    {
        t = a[pi];
        a[pi] = a[pj];
        a[pj] = t;
        pi++;
        pj--;
    }
    for (i = 0; i < 6; i++)
        cout << a[i] << ",";
    cout << endl;
    return 0;
}
```

解析：当程序开始运行时，pi 指向数组 a 的第一个元素，pj 指向数组 a 的最后一个元素。在while 循环中，程序使用了一个临时变量 t 来交换 a[pi] 和 a[pj] 的值，每次交换后，pi 增加 1（向后移动），pj减少1（向前移动），所以while循环结束后，数组的顺序反转了，6和1互换位置，2和5互换位置，3和4互换位置。最后用for循环输出数组的每个元素，而且每个元素后面加上逗号，所以输出结果是“6,5,4,3,2,1,”。

3.（CSP-J 2014）阅读程序写结果。

```
#include <iostream>
using namespace std;
const int SIZE = 100;
int main()
{
    int  p[SIZE];
    int  n, tot, i, cn;
    tot = 0;
    cin >> n;
    for ( i = 1; i <= n; i++ )
        p[i] = 1;
    for ( i = 2; i <= n; i++ )
    {
        if ( p[i] == 1 )
            tot++;
        cn = i * 2;
        while ( cn <= n )
        {
            p[cn] = 0;
            cn += i;
        }
    }
    cout << tot << endl;
    return(0);
}
```

输入：30。

输出：___。

解析：当i等于2的时候，这段代码把数组中索引值是2的倍数的元素都变成0了。

```
        cn = i * 2;
        while ( cn <= n )
        {
```

```
            p[cn] = 0;
            cn += i;
    }
```

同理，当 i 等于 3 的时候，把从 6 开始、索引值是 3 的倍数的元素都变成 0；当 i 等于 4 的时候，把从 8 开始、索引值是 4 的倍数的元素都变成 0，所以就是找出 30 以内的质数。质数的总个数是 10，所以输出结果是 10。

第 11 章

string 类型

之前的程序都是以字符数组的形式存储一段文本，C++ 中还有一个专门的 string 类型可以用来存储文本。使用 string 类型之前，要在代码开头加上以下预处理命令。

```
#include <string>
```

本章就来介绍 string 类型的详细用法。

11.1 输入你的名字——字符串的输入和输出

定义一个字符串类型的变量与定义一个字符型变量类似，示例代码如下。

```
string name;
```

可以直接对一个字符串变量赋值，字符串的内容要放在半角双引号内，示例代码如下。

```
string name = "abc";
```

字符串类型变量一般用 iostream 中的 cout 和 cin 来实现输出和输入。下面来看一个例子，先输入名字，然后输出“你好，XXX”。

```
#include <iostream>
#include <string>
using namespace std;
int main() {
    string name;
    cout << "输入你的名字：";
    cin >> name;
    cout << "你好，" << name << endl;
    return 0;
}
```

运行结果如下。

```
输入你的名字：糖糖↲
你好，糖糖
```

用 cin 把输入的内容存到一个 string 类型变量中，形式如下。

```
cin >> 变量名；
```

用 cin 读入字符串时，可以通过输入空格或按 Enter 键来结束输入。如果要输入带有空格的文本到字符串变量，可以用 getline 函数，示例代码如下。

```
#include <iostream>
#include <string>
using namespace std;
int main() {
    string s;
```

```
    getline(cin, s);
    cout << "input:" + s << endl;
    return 0;
}
```

运行结果如下。

```
Hello world!↵
input: Hello world!
```

用 cout 来输出 string 类型变量的内容，形式如下。

```
cout << 项目1 << 项目2 << ... << 项目n;
```

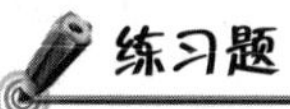

练习题

（1）阅读程序写结果。

```
#include <iostream>
#include <string>
using namespace std;
int main() {
    int i = 1;
    cout << i+1 << endl;
    float f = 2.3;
    cout << f << endl;
    char c = 'a';
    cout << static_cast <int> (c+1) << endl;
    return 0;
}
```

（2）cin 和 cout 也能用来操作字符数组。请同学们编译运行以下代码，观察输出结果。

```
#include <cstdio>
#include <iostream>
using namespace std;
int main() {
    char str[20];
    cin >> str;
    cout << str;
```

```
    return 0;
}
```

11.2 ID 生成器——拼接字符串

在网站上注册账号，经常要设定一个昵称。糖糖想创建一个 ID 生成器来自动生成昵称。先输入一个形容词和一个名词，然后把这两个词拼接成一个昵称。例如，输入“聪明”和“柴犬”，拼接成“聪明的柴犬”。

用 string 类型变量可以实现这个生成器，代码如下。

```
#include <iostream>
#include <string>
using namespace std;
int main() {
    string name1, name2;
    cout << "输入一个形容词" << endl;
    cin >> name1;
    cout << "输入一个名词" << endl;
    cin >> name2;
    cout << name1 + "的" + name2 << endl;
    return 0;
}
```

运行结果如下。

```
输入一个形容词
聪明↲
输入一个名词
柴犬↲
聪明的柴犬
```

这个程序把输入的形容词和名词分别存到两个字符串变量，然后拼接字符串。这里使用了“+”来拼接字符串，一般的形式如下。

```
项目 1 + 项目 2 + ... + 项目 n
```

其中，项目可以是字符串变量、字符串常量，也可以是数字。示例代码如下。

```
#include <iostream>
```

```
#include <string>
using namespace std;
int main() {
    cout << "abc" << 1 << "def" << endl;
    return 0;
}
```

练习题

编写一段程序，输入人物、地点、做什么，并将它们拼接成一句话。请补充以下程序。

```
#include <iostream>
#include <string>
using namespace std;
int main() {
    string s1, s2, s3;
    cout << "输入人物名称: " << endl;
    getline(cin, s1);


    cout <<  << endl;
}
```

11.3 把数字转换成星期几——字符串数组

有了字符串类型之后，还可以创建字符串数组。下面使用字符串数组改写第 5 章的一个程序，实现把数字转换成星期几的功能。代码如下。

```
#include <iostream>
#include <string>
using namespace std;
int main() {
    int n;
    string days[8] = {"", "星期一", "星期二", "星期三", "星期四", "星期五",
"星期六", "星期日"};
    cin >> n;
    cout << days[n] << endl;
```

```
    return 0;
}
```

运行结果如下。

```
1↵
星期一
```

字符串数组的初始化与整数数组类似，只是每个字符串的内容要放在半角双引号内。

练习题

阅读程序写结果。

```
#include <iostream>
#include <string>
using namespace std;
int main() {
    int i;
    string s;
    string a[3] = {"a", "b", "c"};
    for(i=0;i<3;i++)
        s = s + a[i];
    cout << s << endl;
    return 0;
}
```

11.4 石头剪刀布——字符串数组的应用

下面用字符串数组模拟石头剪刀布这个经典游戏。用户先输入一个数字，其中，1 对应石头，2 对应剪刀，3 对应布，然后计算机随机生成一个 1~3 之间的数字，最后比较这 2 个数字判断胜负。

可以把石头、剪刀、布这三个文本存到一个 string 数组里，如图 11.1 所示。

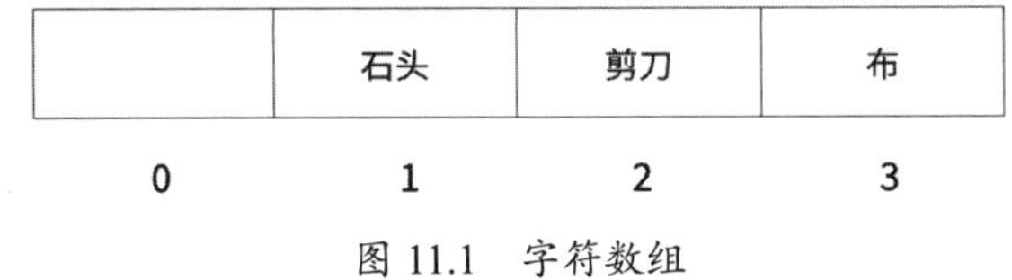

	石头	剪刀	布
0	1	2	3

图 11.1　字符数组

这个程序与第 8 章的猜数游戏类似，实现代码如下。

```
#include <cstdlib>
#include <ctime>
#include <string>
#include <iostream>
using namespace std;
int main() {
    string a[] = {" ", "石头", "剪刀", "布"};
// choice 是用户的选择，computer 是计算机的意思
    int choice, computer;

    while(true) {
// 计算机随机选择石头、剪刀、布中的一个
        srand(time(NULL));
        computer = rand()%3+1;
// 用户选择石头、剪刀、布中的一个
        cout << "1: 石头, 2: 剪刀, 3: 布, 4: 退出" << endl;
        cin >> choice;
// 如果输入 4，就退出游戏
        if(choice == 4) {
            break;
        }
        cout << "计算机:" << a[computer] << " 你:" << a[choice] << " ";
// 判断胜负
        if(computer == choice) {
            cout << "平局" << endl;
        } else if(
            (computer == 1 && choice == 2) || // 计算机出石头，你出剪刀
            (computer == 2 && choice == 3) || // 计算机出剪刀，你出布
            (computer == 3 && choice == 1) // 计算机出布，你出石头
            ) {
            cout << "你输了" << endl;
        } else {
            cout << "你赢了" << endl;
        }
    }
    return 0;
}
```

运行结果如下。

```
1: 石头 , 2: 剪刀 , 3: 布 , 4: 退出
1
计算机: 剪刀 你: 石头 你赢了
1: 石头 , 2: 剪刀 , 3: 布 , 4: 退出
2
计算机: 石头 你: 剪刀 你输了
1: 石头 , 2: 剪刀 , 3: 布 , 4: 退出
3
计算机: 石头 你: 布 你赢了
1: 石头 , 2: 剪刀 , 3: 布 , 4: 退出
4
```

流程图如图 11.2 所示。

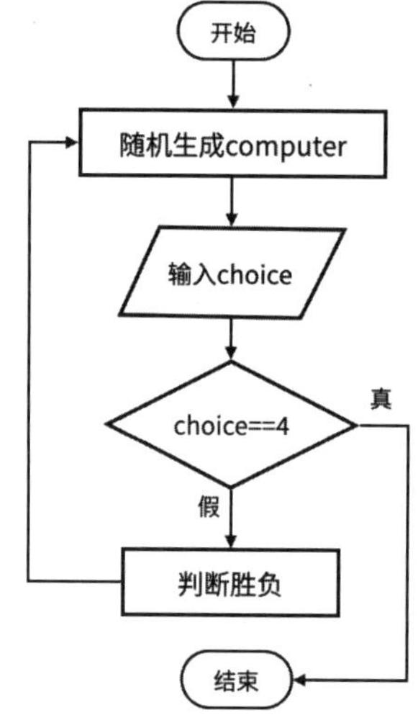

图 11.2　流程图

判断胜负的时候，首先考虑最简单的情况，如果计算机和用户的选择相同，那么结果是平。然后枚举计算机胜的所有组合。剩下的组合都是计算机输。

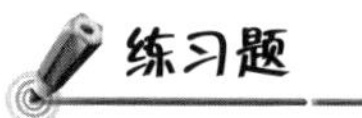

练习题

用程序输出字母 A、B、C 组成字符串的所有可能的组合（利用字符串数组）。

11.5 计算字母出现的次数——字符串与字符

用类似数组下标的语法可以读取字符串中的某个字符，如 s[i] 对应字符串 s 的第 i 个字符。下面来看一个例子。

```
#include <iostream>
#include <string>
using namespace std;
int main() {
    string s;
    cin >> s;
    int i, c = 0;
    for(i=0; i<s.size(); i++) {
        if(s[i] == 'a') {
            c++;
        }
    }
    cout << c << endl;
    return 0;
}
```

运行结果如下。

```
abcdaa↵
3
```

这个程序先让用户输入一串英文字符，然后找出字母 a 在字符串中出现的次数。

字符串中有一个 size 方法，用于获取字符串的长度，使用形式如下。

```
str.size()
```

流程图如图 11.3 所示。

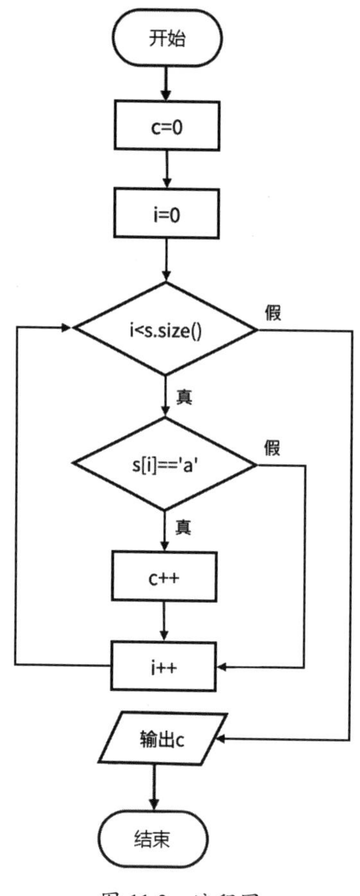

图 11.3 流程图

练习题

（1）阅读程序写结果。

```
#include <iostream>
#include <string>
using namespace std;
int main() {
    const int N = 125;
    int t[N];
    string s;
```

```
    int i;
    cin >> s;
    for(i=0;i<N;i++)
        t[i] = 0;
    for(i=0;s[i];i++){
        if(s[i]>='A' && s[i]<='Z')
            s[i]+=1;
    }
    cout << s << endl;
    return 0;
}
```

输入：abcABC。

输出：______。

（2）阅读程序写结果。

```
#include <iostream>
#include <string>
using namespace std;
int main() {
    const int N = 125;
    int t[N];
    string s;
    int i;
    cin >> s;
    for(i=0;i<N;i++)
        t[i] = 0;
    for(i=0;i<s.size();i++) {
        t[static_cast<unsigned char>(s[i])]++;
    }
    for(i=0;i<s.size();i++) {
        if(t[static_cast<unsigned char>(s[i])] == 2) {
           cout << s[i] << "  ";
        }
    }
    return 0;
}
```

输入：AABCDE。

输出：______。

（3）请编写一个程序，计算字符串中有多少个数字字符。

（4）请编写一个程序，输入一个英文句子，统计句子中小写字母的个数。

（5）请编写一个程序，输入一个英文句子，去掉其中连续的空格，示例如下。

```
Let me  introduce    myself.↵
Let me introduce myself.
```

11.6 拼写检查——字符串的查找与替换

我们用计算机编辑文档的时候，经常要批量替换文本。例如，下面的英语句子包含了一个语法错误，flower 没有使用复数形式。

```
This planet is very cold. The grass is green and the flower are red and pink.
The sky is blue and the
sun is yellow.
```

现在要用程序把 flower 替换成 flowers。可以先把文本存到字符串变量，然后在文本中找到 flower 的位置，最后用 flowers 替换掉。代码如下。

```
#include <iostream>
#include <string>
using namespace std;
int main() {
    string s = "This planet is very cold. The grass is green and the flower are red and pink. The sky is blue and the sun is yellow.";
    string name1 = "flower";
    string name2 = "flowers";
    int i = s.find(name1);
    if(i!=string::npos) {
        s.replace(i, name1.size(), name2);
    }
    cout << s << endl;
    return 0;
}
```

这里用了 string 类型中的两个方法：find 和 replace，调用形式如下。

```
str.find(subs, 开始位置);
str.replace(开始位置, 长度, 要换上的字符串);
```

find 方法是在字符串中查找 subs。如果找到，就返回第一个出现 subs 的位置。例如，“abc”在“defg abc”中的位置是 5，如图 11.4 所示。如果没有找到，就返回 -1。一般为了兼容性，把 -1 写成 string::npos。开始位置是一个整数，可以不填，默认为 0。

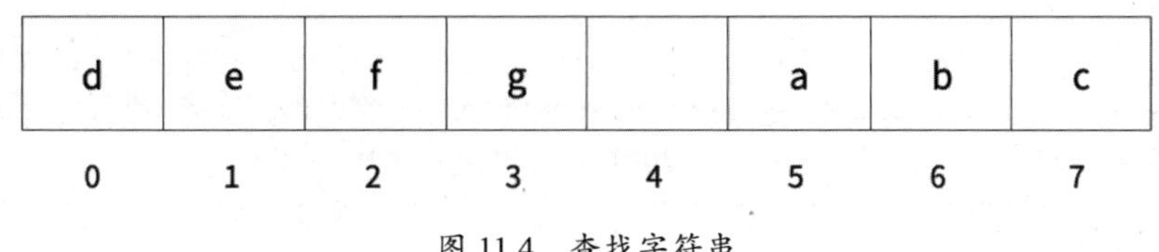

图 11.4　查找字符串

replace 方法可以用来替换字符串，替换之后的结果直接存到字符串变量中，示例代码如下。

```
#include <iostream>
#include <string>
using namespace std;
int main() {
    string s = "abcde";
    s.replace(1, 3, "**");
    cout << s << endl;
    return 0;
}
```

开始位置是 1，长度为 3，得到的结果是“bcd”，所以就把“bcd”换成“**”，最终结果就是“a**e”，如图 11.5 所示。

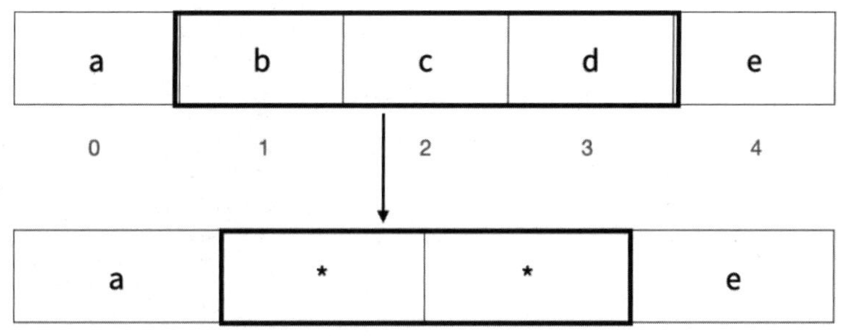

图 11.5　替换字符串

练习题

（1）补充程序，修正英语句子中的两个语法错误。

```
#include <iostream>
#include <string>
using namespace std;
int main() {
    string s = "The grass is green and the flower are red and pink. The sky is blue and the sun is yellow. This planet are very cold.";
    cout << s << endl;
    return 0;
}
```

（2）补充代码，输入若干个车牌号，然后找出其中相邻的两个数字相同的车牌号码，如“YA77B2”。

```
#include <iostream>
#include <string>
using namespace std;
int main() {
    int i, j;
    const int N = 100;
    string license[N];
    string patterns[10];
    for(i=0; i<10; i++) {
        patterns[i] += char(i+'0');
        patterns[i] += char(i+'0');
    }
    for(i=0; i<N; i++) {
        ①
    }
    for(i=0; i<N; i++) {
        for(j=0; j<10; j++) {
                ②
        }
    }

    return 0;
}
```

（3）编写程序，查找输入的字符串中是否包含“sunny”“rainy”“snowy”“windy”这四个字符串。

11.7 隐藏手机号码——截取字符串

为了防止隐私信息泄露，显示 11 位手机号码的时候，经常会隐藏中间的 4 位号码。例如，把“18933293830”变成“189****3830”。可以用 string 类型变量实现号码的自动隐藏，代码如下。

```
#include <iostream>
#include <string>
using namespace std;
int main() {
// mobile 是手机号码的意思
    string mobile = "18933293830";
    string ans;
    ans = mobile.substr(0, 3);
    ans = ans + "****" + mobile.substr(7, 4);
    cout << ans << endl;
    return 0;
}
```

运行结果如下。

```
189****3830
```

string 类型有一个 substr 方法，它可以截取字符串中的一部分，调用形式如下。

```
str.substr( 开始位置 , 长度 )
```

这段代码截取了开头 3 位数字和末尾 4 位数字，然后再与字符串“****”拼接，如图 11.6 所示。

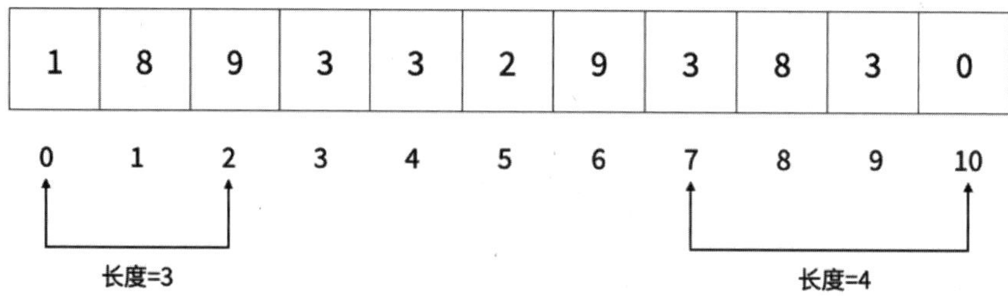

图 11.6　截取字符串

（1）阅读程序写结果。

```
#include <iostream>
#include <string>
using namespace std;
int main() {
    string s;
    int i, p;
    cin >> s;
    for(i=0;i<s.size();i++) {
        if(s[i] == '#')
        {
            p=i+1;
            for(i++;s[i]!='#';i++);
            cout << s.substr(p, i-p) << endl;
            break;
        }
    }
    return 0;
}
```

输入：abc#ccdd#aa。

输出：______。

（2）用 string 类型写第 10 章中的极客文字转换器。

11.8 判断密码是否正确——字符串比较

string 类型变量可以像数字那样进行比较，但它们的比较方式不是基于数值大小，而是按字典序来比较大小。

下面解释一下什么是字典序。给定两个字符串 a 和 b，它们之间存在以下三种情形。

（1）如果 a 和 b 的内容完全一样，那么 a 和 b 相等。

（2）如果 a 和 b 的内容不一样但长度相同，从左往右开始逐一比较字符，当发现不相同的字符 a[i] 和 b[i] 时，返回 a[i] 和 b[i] 的比较结果。例如，“abd”大于“abc”，因此“d”大于“c”。

（3）如果 a 和 b 的内容不一样而且长度不相同，也进行类似第二种情形的比较操作。如果前面的字符都相等，那么长度大的字符串大。例如，“abcd”大于“ab”。

模拟字典序比较的代码如下。

```
#include <iostream>
#include <string>
using namespace std;
int main() {
    string a = "abd";
    string b = "abc";
    // 0 表示相等， 1 表示大于， -1 表示小于
    int i;
    int n = min(a.size(), b.size());
    int cmp = 0;
    for(i = 0; i<n; i++) {
        if(a[i]!=b[i]) {
            cmp = a[i]>b[i] ? 1 : -1;
            break;
        }
    }
    // 前面的字符都相等，那么就比较长度
    if(cmp == 0 && a.size() != b.size())
        cmp = a.size() > b.size() ? 1 : -1;
    cout << cmp << endl;
    return 0;
}
```

字典序比较的流程图如图 11.7 所示。

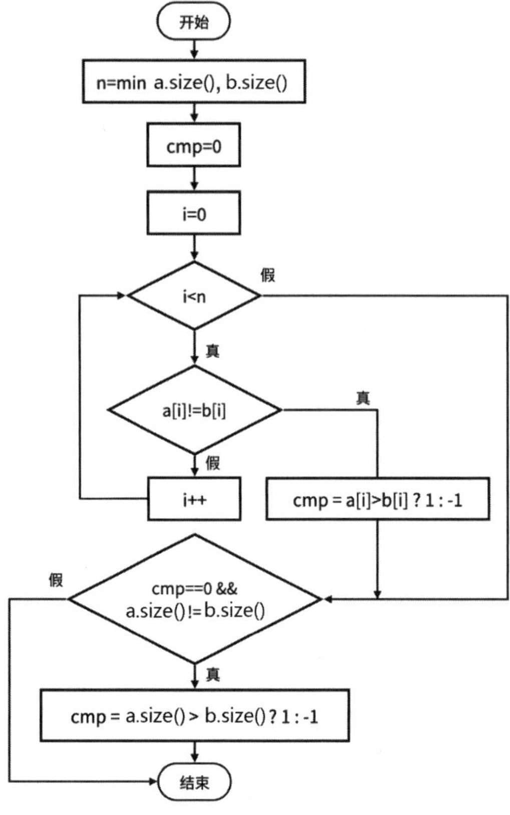

图 11.7 流程图

下面的程序用字符串比较操作模拟了验证密码的过程。

```
#include <iostream>
#include <string>
using namespace std;
int main() {
// password 是密码的意思
    string password = "abc123";
    string input;
    cout << "请输入密码: ";
    cin >> input;
    if(password == input) {
```

```
        cout << "密码正确" << endl;
    } else {
        cout << "密码错误" << endl;
    }
    return 0;
}
```

运行结果如下。

```
请输入密码：abc123↵
密码正确
请输入密码：abc124↵
密码错误
```

这个程序先用一个字符串变量存储密码，然后用另外一个字符串变量存储用户输入的密码，最后比较两个字符串，判断输入是否正确。当两个字符串 str1 和 str2 完全相同时，“str1 == str2”的结果为 true。

练习题

（1）空调发生故障的时候，会在显示屏里显示一个错误码。E1 表示“内外机通信故障”，E2 表示“压缩机过热”，E3 表示“压缩机低压保护”，E4 表示“温度保险丝断开”。请补充程序，实现故障代码查询功能。

```
#include <string>
#include <iostream>
using namespace std;
int main() {
    string code;
    cin >> code;
    if(code == "E1") {
        cout << "内外机通信故障" << endl;
    } else {
        cout << "未查询到此错误代码" << endl;
    }
    return 0;
}
```

（2）编写一个程序实现凯撒加密。加密规则是：将密文中的每个字母替换为该字母后面的第一个字母。例如，用“b”代替“a”，用“c”代替“b”，……，用“a”代替“z”。

11.9 小结

string 类型的常用操作如表 11.1 所示。

表 11.1 string 类型的常用操作

操作	例子
定义并初始化	string s = "abc";
赋值	string s1, s2, s3; s1 = "abc"; s2 = 'x'; s3 = s1+s2;
输入和输出	cin >> s1; cout << s1 << endl;
字符串连接	str1 + str2
字符串长度	str1.size()
取字符串中的某个字符	str1[i]
获取子字符串	str1.substr(3, 5);
替换字符串	str1.replace(2, 1, "abc");
查找字符串	int i = str1.find("a");

11.10 真题解析

1.（CSP-J 2016）阅读程序写结果。

```
#include <iostream>
using namespace std;
int main()
{
    int i, length1, length2;
    string s1, s2;
    s1 = "I have a dream.";
    s2 = "I Have A Dream.";
    length1 = s1.size();
```

```
    length2 = s2.size();
    for (i = 0; i < length1; i++)
        if (s1[i] >= 'a' && s1[i] <= 'z')
            s1[i] -= 'a' - 'A';
    for (i = 0; i < length2; i++)
        if (s2[i] >= 'a' && s2[i] <= 'z')
            s2[i] -= 'a' - 'A';
    if (s1 == s2)
        cout << "=" << endl;
    else if (s1 > s2)
        cout << ">" << endl;
    else
        cout << "<" << endl;
    return 0;
}
```

解析：length1 是字符串 s1 的长度，length2 是字符串 s2 的长度。

```
    for (i = 0; i < length1; i++)
        if (s1[i] >= 'a' && s1[i] <= 'z')
            s1[i] -= 'a' - 'A';
```

(s1[i] >= 'a' && s1[i] <= 'z') 是在判断字母是否为小写。'a' 的值是 97，'A' 的值是 65，s1[i] -= 'a' – 'A' 的作用是把小写字母转换成大写。

```
    for (i = 0; i < length2; i++)
        if (s2[i] >= 'a' && s2[i] <= 'z')
            s2[i] -= 'a' - 'A';
```

这段代码的作用与前面的 for 循环一样，只是操作对象换成了 s2。所以 s1 和 s2 都变成了“I HAVE A DREAM.”。“s1==s2”成立，输出“=”。

2.（CSP-J 2017）阅读程序写结果。

```
#include<iostream>
using namespace std;
int main()
{
    int t[256];
    string s;
    int i;
```

```
    cin >> s;
    for (i = 0; i < 256; i++)
        t[i] = 0;
    for (i = 0; i < s.length(); i++)
        t[s[i]]++;
    for (i = 0; i < s.length(); i++)
        if (t[s[i]] == 1)
        {
            cout << s[i] << endl;
            return 0;
        }
    cout << "no" << endl;
    return 0;
}
```

输入：xyzxyw。

输出：________。

解析：数组 t 的作用是计数，第一个 for 循环把 t 的所有元素设置为 0。第二个 for 循环遍历字符串 s 中的所有字符，t[s[i]]++ 就是对这些字符出现次数的统计。字母 x 出现了两次，y 出现了两次，z 和 w 各出现了一次。第三个 for 循环遍历 s，当发现第一个计数为 0 的字符时，退出程序，并输出该字符，所以最终输出“z”。

3.（CSP-J 2017）阅读程序写结果。

```
#include<iostream>
using namespace std;
int main()
{
    string ch;
    int a[200];
    int b[200];
    int n, i, t, res;
    cin >> ch;
    n = ch.length();
    for (i = 0; i < 200; i++)
        b[i] = 0;
    for (i = 1; i <= n; i++)
    {
```

```
        a[i] = ch[i - 1] - '0';
        b[i] = b[i - 1] + a[i];
    }
    res = b[n];
    t = 0;
    for (i = n; i > 0; i--)
    {
        if (a[i] == 0)
            t++;
        if (b[i - 1] + t < res)
            res = b[i - 1] + t;
    }
    cout << res << endl;
    return 0;
}
```

输入：100110101100110110101111100001。

输出：______。

解析：ch[i-1] 等于 ' 0 ' 的时候，b[i]=b[i-1]+0。当 ch[i-1] 等于 ' 1 ' 的时候，b[i]=b[i-1]+1，所以数组 b 就是统计从左到右目前遇到多少个 1，所以数组 b 的元素如下。

```
1 1 1 2 3 3 4 4 5 6 6 6 7 8 8 9 10 10 11 11 12 13 14 15 15 15 15 16
```

所以执行第三个 for 循环之前，res 等于 16。数组 a 就是把字符串 ch 转换成数组，字符 1 变成数字 1，字符 0 变成数字 0。b[i-1] 是 ch[i] 左边 1 的个数，t 是 ch[i] 右边 0 的个数，这里是要求出 b[i-1]+t 的最小值。经过模拟运算，我们发现当 i=4 的时候可以得到最小值“11”。所以输出是 11。

第 12 章

排序与查找

极客小学组织了一次朗诵比赛，共 20 名同学报名。在比赛开始前，参赛的同学先抽取一个号码，号码的范围从 1 到 20。然后他们按着号码由小到大的顺序逐一上台表演朗诵。在日常生活中，经常需要对数字序列进行类似这样的排序。当数字很多的时候，我们可以把数字存到数组，然后用计算机排序。本章将介绍三种常见的计算机排序方法。另外，还会介绍一种针对有序数据的查找方法。

从小到大排列与从大到小排列是类似的，本章介绍排序算法的例子都是把数组元素从小到大排列。

12.1 按身高排序——选择排序法

有 10 个同学要按身高从低到高排成一列。排序的方法是：先找出最矮的一个人并让其站在第一位；然后从剩下的 9 个人中找出最矮的一个人并让其站在第二位；接着从剩下的 8 个人中找出最矮的一个人并让其站在第三位，依次类推，直到剩下一个人，这个人就是身高最高的，他站在队列的最后一位。如图 12.1 所示。

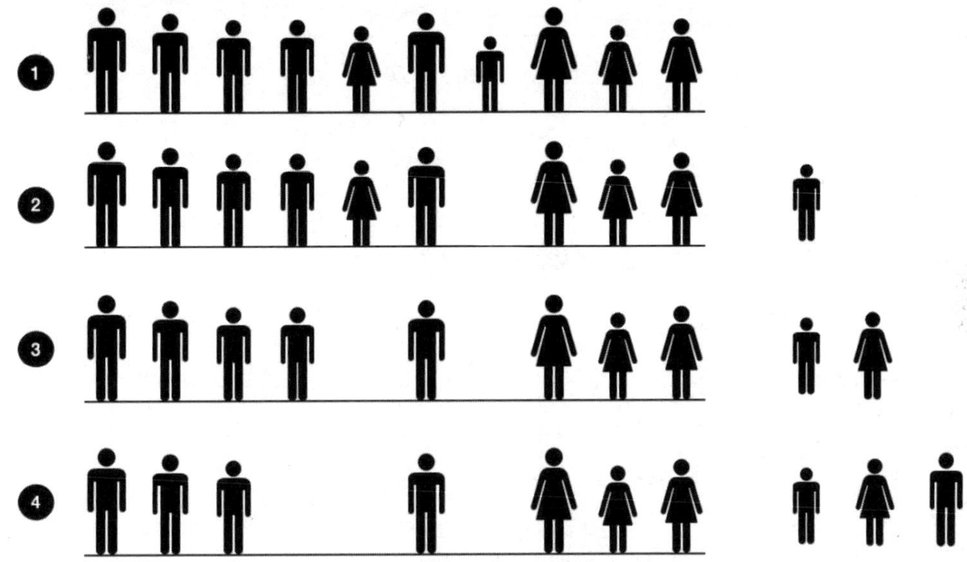

图 12.1　按身高排序

下面介绍第一种排序算法——选择排序法。选择排序法与按身高排序的过程类似。首先找到数组中最小的数，把它与第一位元素交换位置。然后从剩下的数中找到最小的，把它与第二位元素交换位置。这样一直下去，直到剩下最后一个数。这个数就是数组中最大的。

注　意

如果最小的数已经在合适的位置，就不需要交换。

下面以长度为 4 的数组作为例子，演示选择排序法，如图 12.2 所示。

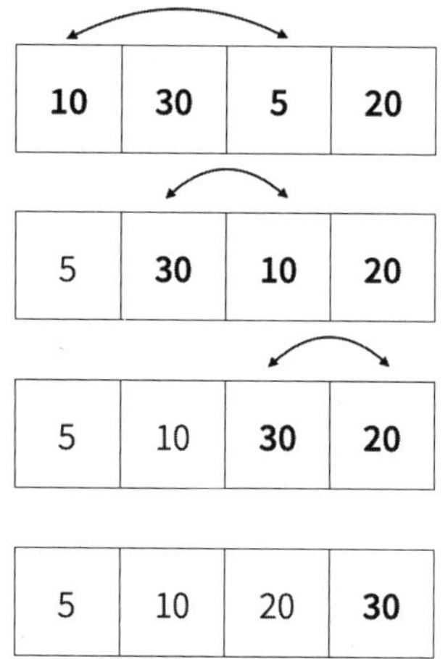

图 12.2　用选择排序法排列四个数字

选择排序法的示例代码如下。

```
#include <cstdio>
int main() {
    int i, j, min, tmp;
    int a[10] = {10, 20, 5, 30, 13, 14, 7, 5, 3, 23};
    for(i=0;i<10;i++) {
// 找出 a[i] 到 a[9] 中最小的元素，把它的索引记为 min
        min=i;
        for(j=i+1; j<10; j++) {
            if(a[min]>a[j]) min=j;
        }
// 交换 a[i] 和 a[min]
        if(min!=i) {
           tmp = a[i];
           a[i] = a[min];
           a[min] = tmp;
        }
    }
// 输出排序后的数组
    for(i=0;i<10;i++) {
        printf( "%d" , a[i]);
```

```
    }
    return 0;
}
```

运行结果如下。

```
3 5 5 7 10 13 14 20 23 30
```

示例代码的流程图如图 12.3 所示。

找出 a[i] 到 a[9] 中最小的元素的流程图如图 12.4 所示。

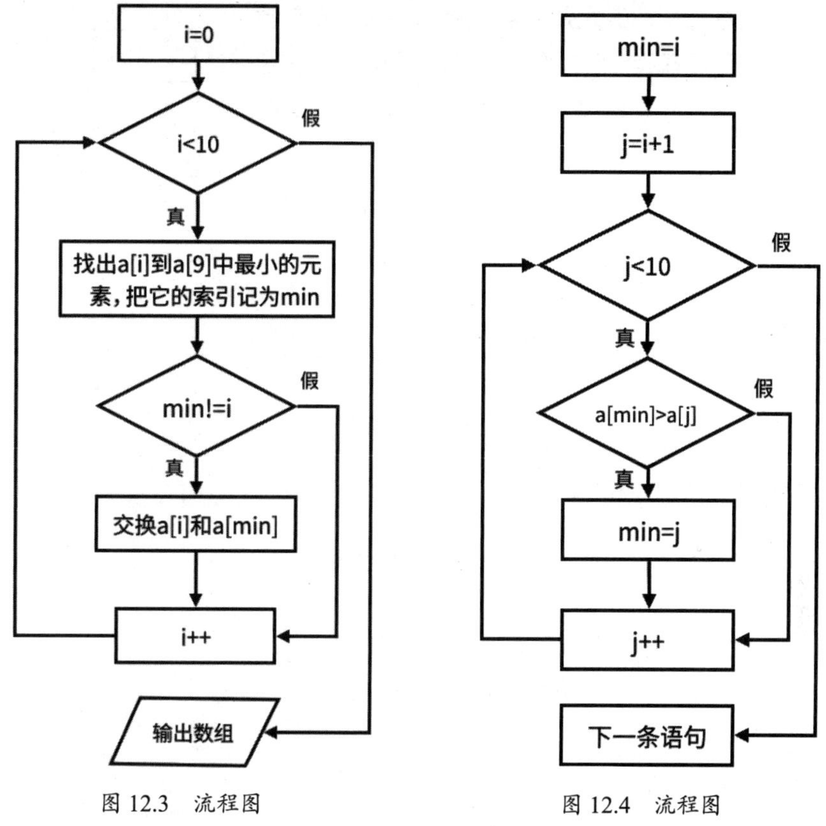

图 12.3　流程图

图 12.4　流程图

12.2 池塘得流水，龟鱼自浮沉——冒泡排序法

本节介绍第二种排序算法——冒泡排序法。冒泡排序法第一步的目标与选择排序法类似，

也是把最小的数排到第一位。这个目标是通过逐个比较数组的相邻元素实现的。当最小的元素被排到第一位后，对剩下的元素也用比较相邻元素的方法来操作。依次类推，最终让数组的元素按从小到大的顺序排列。最小的元素好像冒泡一样逐步冒泡到相应的位置。

下面以长度为 4 的数组作为例子，演示冒泡排序法的第一轮操作，如图 12.5 所示。

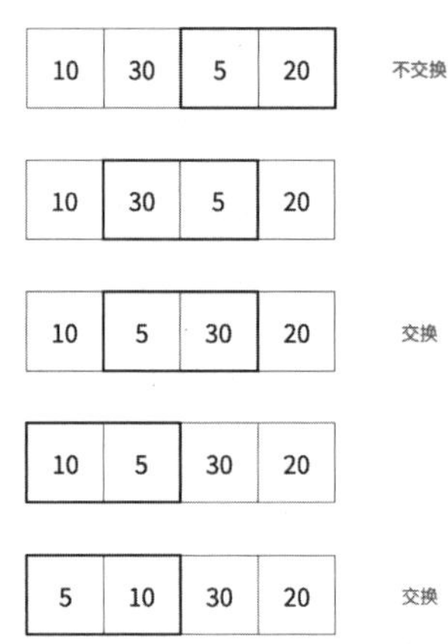

图 12.5　数字 5 冒泡到第一位

可以看到通过数组相邻的元素交换，最小的数字 5 像冒泡一样，刚开始的时候在第三位，然后冒到第二位，最后到达第一位，如图 12.6 所示。接着可以对“10、30、20”进行第二轮比较操作。

图 12.6　数字 5 像冒泡一样排上去

冒泡排序法的示例代码如下。

```
#include <cstdio>
int main() {
    int i, j, tmp;
    int a[10] = {10, 20, 5, 30, 13, 14, 7, 5, 3, 23};
    for(i=9;i>=1;i--) { // 从最后两个元素开始比较
        for(j=0;j<i;j++) {
// 如果后面的元素更小，就把它排到前面
            if(a[j]>a[j+1]) {
          // 交换 a[j] 和 a[j+1]
                tmp = a[j];
                a[j] = a[j+1];
                a[j+1] = tmp;
            }
        }
```

```
    }
// 输出排序后的数组
    for(i=0;i<10;i++) {
        printf( " %d " , a[i]);
    }
    return 0;
}
```

运行结果如下。

```
3 5 5 7 10 13 14 20 23 30
```

示例代码用两层 for 循环完成冒泡排序算法。外层循环控制每一轮要比较的次数。内层循环负责比较相邻元素，如果逆序就交换元素。

上述程序的流程图如图 12.7 所示。

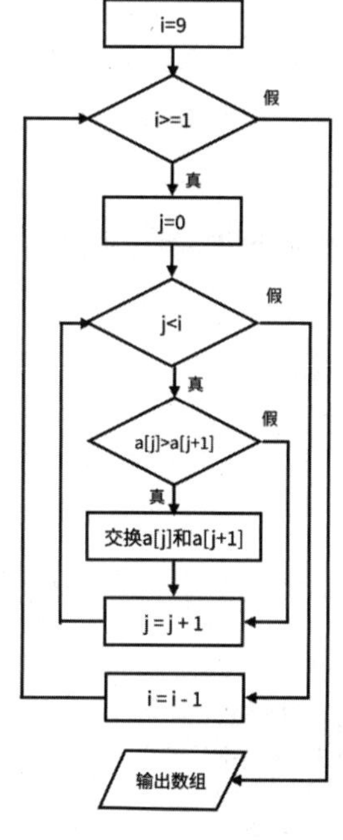

图 12.7　流程图

练习题

使用冒泡排序法对序列 5，4，3，2，1 进行升序排列，每执行一次交换操作将减少 1 个逆序对，求需要进行（　　）次操作，才能完成冒泡排序。

A. 0　　B. 5　　C. 10　　D. 15

12.3 整理扑克牌——插入排序法

下面介绍第三种排序算法——插入排序法。插入排序与我们整理扑克牌的做法类似。整理扑克牌的时候，常常要把一张牌插入已经排好序的牌中的合适位置。在计算机程序里要实现类似的过程，就要移动一部分的元素，腾出空间给要插入的元素。插入排序法的具体步骤如下。

插入排序是指在待排序的元素中，假设前面 n-1（其中 n≥2）个数已经是排好顺序的，现将第 n 个数插到已经排好的序列中，然后找到适合自己的位置，使得插入第 n 个数的这个序列也是排好顺序的。按照此方法对所有元素进行插入，直到整个序列排为有序的过程，称为插入排序。

下面以长度为 4 的数组作为例子，演示插入排序法，如图 12.8 所示。

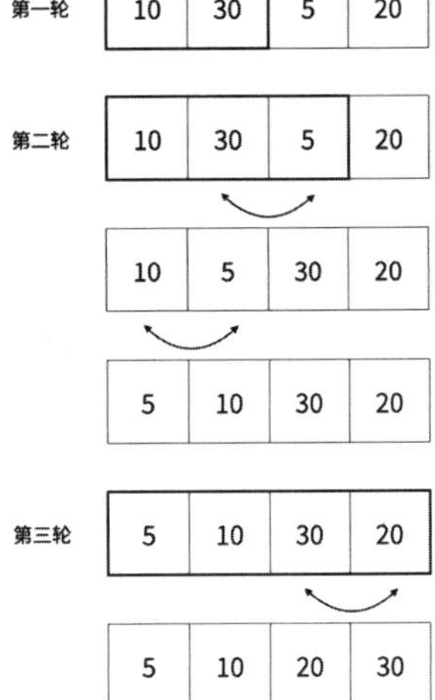

图 12.8　将长度为 4 的数组进行插入排序

插入排序法的示例代码如下。

```
#include <cstdio>
int main() {
    int i, j, tmp;
    int a[10] = {10, 20, 5, 30, 13, 14, 7, 5, 3, 23};
    for(i=1;i<10;i++) {
// 将 a[i] 插入 a[i-1]、a[i-2]、……中
        for(j = i; j>0 && a[j]<a[j-1]; j--) {
            // 交换 a[j] 和 a[j-1]
            tmp = a[j];
            a[j] = a[j-1];
            a[j-1] = tmp;
        }
    }
// 输出已经排序的数组
```

```
    for(i=0;i<10;i++) {
        printf( " %d " , a[i]);
    }
    return 0;
}
```

运行结果如下。

```
3 5 5 7 10 13 14 20 23 30
```

示例代码用两层 for 循环完成排序算法。外层循环的 i 控制待排序的数，内层循环负责把 a[i] 插入 a[i-1]、a[i-2]、……、a[0] 中。

上述程序的流程图如图 12.9 所示。

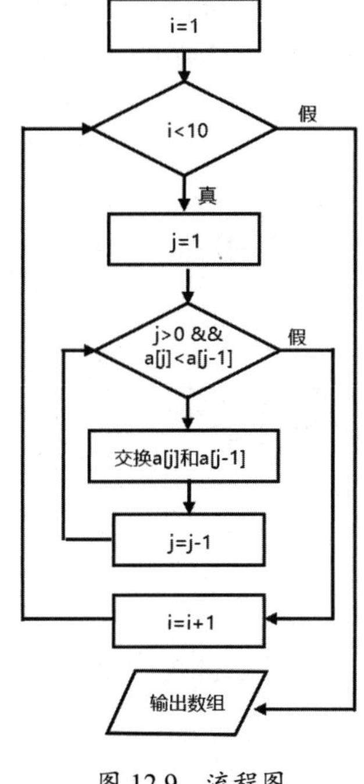

图 12.9 流程图

12.4 一步一个脚印——顺序查找

糖糖的书桌上有五本并排的书，她把一张书签夹到其中一本书中，但她忘记了书签夹在哪本书里。于是她先在第一本书中查找，没有发现书签。接着在第二本书中查找，也没有发现。最后她在第三本书中找到了书签。这种查找方法称为顺序查找法。

当数组不是有序的时，可以用顺序查找法，查找某个数是否在数组中。下面来看一个例子，输入要查找的整数 n，然后在长度为 10 的数组 a 中查找 n。代码如下。

```
#include <cstdio>
int main() {
    int i, n;
    int a[10] = {10, 20, 5, 30, 13, 14, 7, 5, 3, 23};
    bool find = false;
    scanf("%d", &n);
    for(i=0;i<10;i++) {
       if(n == a[i]) {
          find = true;
          break;
       }
    }
    if(find) {
        printf("找到了，位置是 %d", i);
    } else {
        printf("找不到");
    }
    return 0;
}
```

运行结果如下。

```
13
找到了，位置是 4
```

这个程序先设置标志变量 find 为 false，即假定 n 不在 a 中。然后用 for 循环遍历数组 a，数组元素逐一与 n 比较。如果 n 与 a[i] 相等，设 find 为 true，跳出 for 循环。如果不相等，开始下一次循环。如果 for 循环结束之后，还没有找到 n，标志变量 find 仍然为 false，说明 n 不在 a 中。

提示

使用标志变量是一种常用的编程方法，请同学们注意体会。

顺序查找法的特点是对于任意数组都可以实现查找功能，但是当数组元素比较多的时候，比较的次数会增多，查找效率低。

在数组 a 中查找数字“30”的过程如图 12.10 所示。

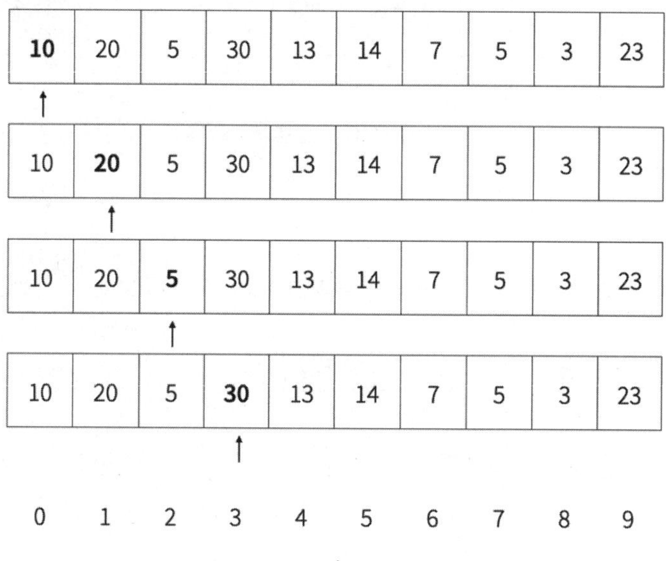

图 12.10 顺序查找数字 30

程序的流程图如图 12.11 所示。

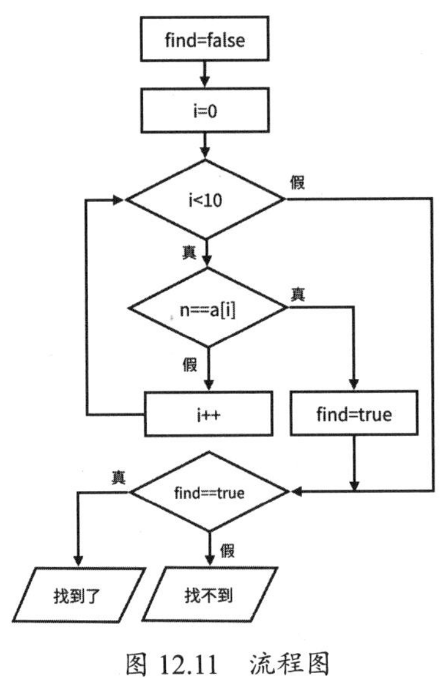

图 12.11　流程图

练习题

修改示例代码，改成从最后一个元素开始查找。

12.5 先中间后两边——二分查找

豆豆有一天要去极客实验室找胖头老师请教问题。极客实验室共有 20 个房间，它们的编号依次是 1 到 20。豆豆先到 10 号房间找胖头老师。10 号房间的管理员说胖头老师刚来过，他打算去 1 号至 9 号房间。于是豆豆又去了 4 号房间，4 号房间的管理员说胖头老师不在这里，他可能在 5 号至 9 号房间。最后豆豆在 7 号房间找到了胖头老师。如图 12.12 所示。在这个过程中，豆豆总是到可选范围的中间查找。当找不到胖头老师时，再到新范围的中间查找。这与计算机算法中的二分查找法很类似。

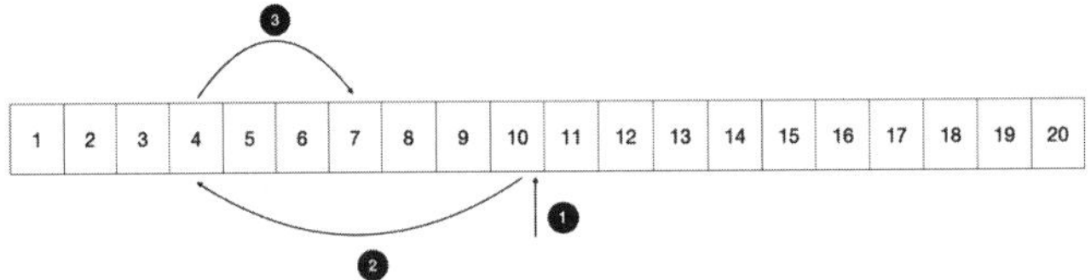

图 12.12　豆豆在极客实验室找胖头老师

字典里的单词是按着字母表顺序排列的。如果单词不是按着某个规则排序，那么只能一页页翻字典来查找。同理，数组的元素预先按大小排列，那么查找会更加简单。对于一个已经排好序的数组，可以使用二分查找。二分查找比顺序查找更有效率。

假设一个整数数组 a 的元素是按照从小到大排列的，要用二分查找法在 a 中查找数字 n。首先可以把数组的中间元素与 n 作比较，结果有以下三种可能。

（1）中间元素与 n 相等，那么查找成功。

（2）n 小于中间元素，那么 n 可能在数组的前半段。把前半段看成一个新的数组，与新数组的中间元素作比较。

（3）n 大于中间元素，那么 n 可能在数组的后半段。把后半段看成一个新的数组，与新数组的中间元素作比较。

二分查找就是这样通过多次折半查找来搜索 n。当折半后的数组只有一个元素时，还没有找到 n，说明数组 a 里没有 n。

具体实现代码如下。

```
#include <cstdio>
int main() {
    int i, n;
    int a[10] = {3, 5, 5, 7, 10, 13, 14, 20, 23, 30};
    bool find = false;
    scanf("%d", &n);
    int low=0, high=9, mid;
    while(low <= high) {
        mid = low + (high-low)/2;
        // 可以输出 a[low], a[mid], a[high], 观察它们的变化
        // printf( " low:%d, mid:%d, high:%d\n " , a[low], a[mid], a[high]);
        if(n < a[mid]) {
            high = mid - 1;
        } else if (n > a[mid]) {
            low = mid + 1;
        } else {
            find = true;
            break;
        }
    }
    if(find) {
```

```
        printf("找到了");
    } else {
        printf("找不到");
    }
    return 0;
}
```

运行结果如下。

```
13↲
找到了
```

在实现代码中创建了三个变量 *low*、*high*、*mid*，它们分别表示查找区间的左端点、右端点和中间位置。

在数组 a 中查找数字 14 的过程，如图 12.13 所示。同学们可以观察变量 *low*、*mid*、*high* 的变化。

low				mid					high
3	5	5	7	10	13	14	20	23	30

					low		mid		high
3	5	5	7	10	13	14	20	23	30

					mid low	high			
3	5	5	7	10	13	14	20	23	30

						high mid low			
3	5	5	7	10	13	14	20	23	30

图 12.13　查找数字 14

流程图如图 12.14 所示。

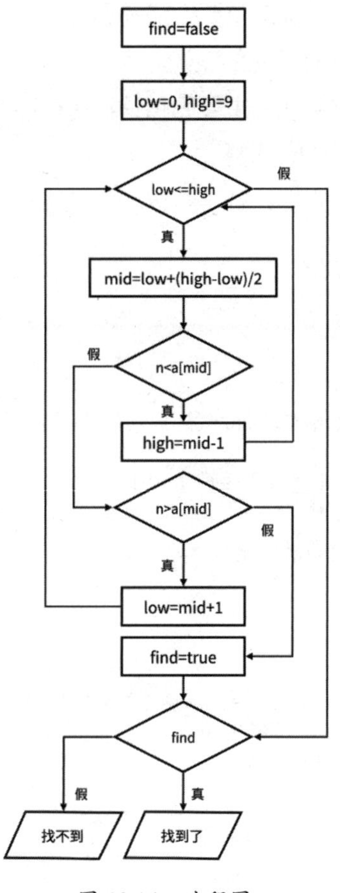

图 12.14 流程图

练习题

设数组中有 100 个元素，对它进行二分查找，最大的比较次数是多少？

12.6 小结

本章介绍了以下知识点。

（1）选择排序法。选择排序法的主要思路是先把最小的数调到第一位，然后将剩下的数中最小的调到第二位，依次类推，直到剩下最后一个数。

（2）冒泡排序法。冒泡排序法的主要思路是通过比较和交换相邻的元素把最小的数排到第一位，对余下的元素继续重复这样的操作。

（3）插入排序法。插入排序法的主要思路是把待排序的元素与前面的元素作比较，如果它小于前面的数，则把前面的数往后移动。

（4）查找数组元素的两个方法：顺序查找和二分查找。当数组本身是有序的，可以使用效率更高的二分查找。

12.7 真题解析

1.（CSP-J 2020）对 n 个数用冒泡排序算法进行排序，最少需要比较多少次（　　）？

```
输入：数组L, n ≥ k。输出：按非递减顺序排序的 L。
算法 BubbleSort:
   FLAG ← n // 标记被交换的最后元素位置
   while FLAG > 1 do
       k ← FLAG -1
       FLAG ← 1
       for j=1 to k do
           if L(j) > L(j+1) then do
               L(j)  ↔ L(j+1)
               FLAG ← j
```

A. n 的平方　　B. n-2　　C. n-1　　D. n

解析：这是一段伪代码。非递减顺序排序就是从小到大排列，允许相邻的元素相等。FLAG 变量标记被交换的最后元素位置。当数组是有序的时，比较次数是最少的，只需要比较 n-1 次。例如，数组的元素是 {1, 2, 3, 4}。在 while 循环的第一次迭代中，k=FLAG-1=3，for 循环里会进行 3 次比较，分别是 1 和 2 比较，2 和 3 比较，3 和 4 比较，所以比较了 3 次。由于 L(j) >L(j+1) 不成立，所以循环结束之后 FlAG=1，while 循环也退出了。正确答案是 C。

2.（CSP-J 2021）以比较作为基本运算，在 N 个数中找出最大数，最坏情况下所需要的最少的比较次数为（　　）。

A. N 的平方　　B. N　　C. N-1　　D. N+1

解析：以数组的第一个元素作为初始值，从第二个元素开始逐一比较，最坏的情况下要比较到序列末尾才能得到最大值，也就是说要比较 N-1 次。正确答案是 C。

3.（CSP-J 2018）给定一个含 N 个不相同数字的数组，在最坏情况下，找出其中最大或最小的数，至少需要 N–1 次比较操作。则最坏情况下，在该数组中同时找最大与最小的数至少需要进行（　　）次比较操作。

A. 向上取整 (3N/2)–2　　　　B. 向下取整 (3N/2)–2

C. 2N–2　　　　D. 2N–4

解析：对于数组 a，设立两个变量 *maxn* 和 *minn*，然后用 for 循环逐一比较，找出最大值，那么要比较 2N–2 次。正确答案是 C。代码如下。

```
#include<iostream>
#include<cstdio>
using namespace std;
int main()
{
    const int N = 7;
    int a[N] = {2, 4, 7, 8, 3, 9, 10};
    int i, maxn, minn;
    maxn = a[0];
    minn = a[0];
    for(i=1; i<N; i++) { // 执行6次，每个循环比较2次
        if(maxn < a[i]) {
            maxn = a[i];
        }
        if(minn > a[i]) {
             minn = a[i];
        }
    }
    cout << maxn << "  " << minn;
    return 0;
}
```

为了提升效率，我们可以优化这种方法：a[0] 和 a[1] 先比较一次，较大者为 *maxn*，较小者为 *minn*。这样比较次数是 2N–4。还有一种思路是：a[2] 和 a[3] 比较，较大者与 *maxn* 比较，较小者与 *minn* 比较，这样比较了 3 次；然后 a[4] 和 a[5] 比较，较大者与 *maxn* 比较，较小者与 *minn* 比较，依次类推。代码如下。

```
#include<iostream>
```

```
#include<cstdio>
using namespace std;
int main()
{
    const int N = 8;
    int a[N] = {2, 4, 7, 8, 3, 9, 10};
    int i, maxn, minn;
    if(a[0] < a[1]) {
        maxn = a[1];
        minn = a[0];
    } else {
        maxn = a[0];
        minn = a[1];
    }
    // N=7 的时候, (N-3)/2 * 3 + 2 + 1 = 9 次
    // (N-2)/2 * 3 + 1 = 10 共比较 10 次
    for(i=2; i<=N-2; i=i+2) {
        // 每两个比较，大的同最大值比较，小的同最小值比较
        if(a[i]>a[i+1]) {
            maxn = a[i] > maxn ? a[i] : maxn;
            minn = a[i+1] < minn ? a[i+1] : minn;
        } else {
            maxn = a[i+1] > maxn ? a[i+1] : maxn;
            minn = a[i] < minn ? a[i] : minn;
        }
    }
    cout << maxn << "  " << minn;
    return 0;
}
```

第 13 章

函数进阶

做复杂的数学题的时候，我们可以分几步来完成，每一步只计算一个结果，最后再把这些结果整合起来，以得出最终答案。同理，在设计程序的时候，我们可以把一个复杂的功能拆分成几个小功能，每一个功能用一个函数完成。前面我们学习了各种 C++ 自带的函数，但是这些函数并不能满足所有需求。因此当我们需要特定的功能时，就需要自定义函数。本章就来学习如何创建自定义函数，并用自定义函数来简化代码。

13.1 输出星号——定义函数

本节我们将学习如何定义函数。函数定义的一般形式如下。

```
返回类型 函数名(参数列表)
{
    函数体
}
```

函数名的命名规则与变量名相同，而且自定义函数的函数名要避免与 C++ 自带函数的函数名重复。参数列表可以是空的，也就是说函数可以没有参数。函数体由一个或多个 C++ 语句组成，由这些语句实现函数的功能。函数返回值的类型可以是 int、char、bool 等类型，也可以是数组。

先看一个最简单的自定义函数的例子。下面的代码定义了一个 printStar 函数，它既没有参数也没有返回值，它的功能是输出三个星号并换行。

```
#include <cstdio>
void printStar(void) {
    printf( "***\n" );
}
int main() {
    printStar();
    return 0;
}
```

运行结果如下。

```
***
```

这段代码的执行过程如图 13.1 所示。

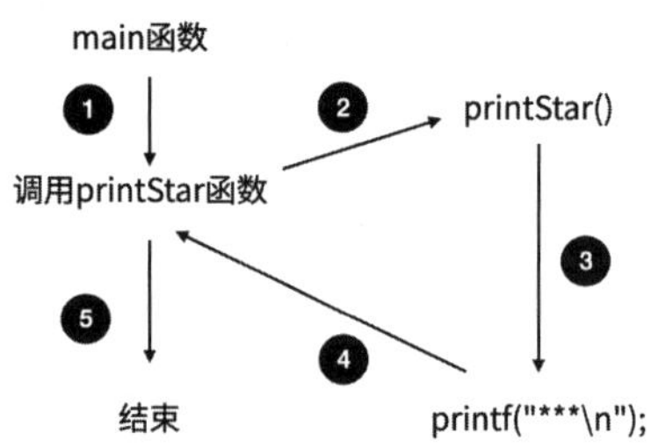

图 13.1　函数调用的执行过程

当函数不需要返回任何值时，返回类型设为 void。

使用自定义函数的好处就是避免重复编写代码，相同的功能只需要调用同一个函数，做到一劳永逸。例如，下面的代码可以输出三行星号。

```
#include <cstdio>
void printStar(void) {
    printf( " ***\n " );
}
int main() {
    printStar();
    printStar();
    printStar();
    return 0;
}
```

运行结果如下。

```
***
***
***
```

现在的 printStar 函数只能输出固定数量的星号，增加一个参数可以让它输出指定数量的星号。代码如下。

```
#include <cstdio>
void printStar(int n) {
   int j;
   for(j=0; j < n; j++) {
      printf( " * " );
   }
   printf( " \n " );
}
int main() {
   printStar(10);
   return 0;
}
```

运行结果如下。

```
**********
```

这段代码的执行过程如图 13.2 所示。

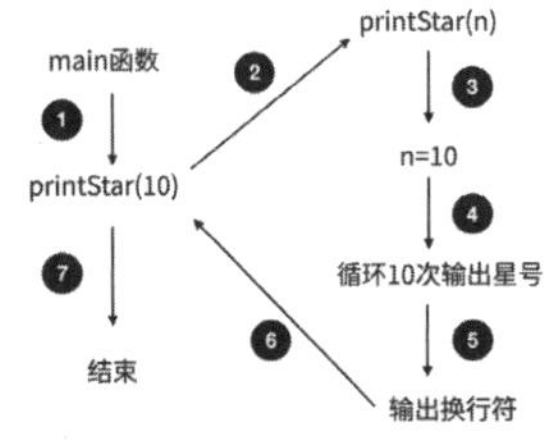

图 13.2　函数调用执行过程

新的 printStar 定义了一个参数，它的类型是 int，参数名是 n。参数有点像变量，只是参数的值由外部传入，不像变量那样通过赋值语句设定。参数传递的过程就像把飞盘抛给一只狗。函数调用方就像抛飞盘的人，飞盘就像参数，狗就像函数，如图 13.3 所示。

图 13.3　传递一个参数

自定义函数中可以有多个参数。例如，我们还可以给 printStar 定义一个新的参数，使其输出指定行数的星号。代码如下。

```
#include <cstdio>
void printStar(int n, int rows) {
    int i, j;
     for(i=0; i < rows; i++) {
        for(j=0; j < n; j++) {
            printf("*");
        }
        printf("\n");
     }
}
int main() {
    printStar(10, 5);
    return 0;
}
```

运行结果如下。

```
**********
**********
**********
**********
**********
```

总结：多个参数之间用逗号隔开，参数列表的每个参数都由参数类型和参数名组成。参数列表的一般格式如下。

```
参数类型 1 参数名 1, 参数类型 2 参数名 2, ..., 参数类型 n 参数名 n
```

传递多个参数就像一个人抛多个飞盘给一只狗，如图 13.4 所示。

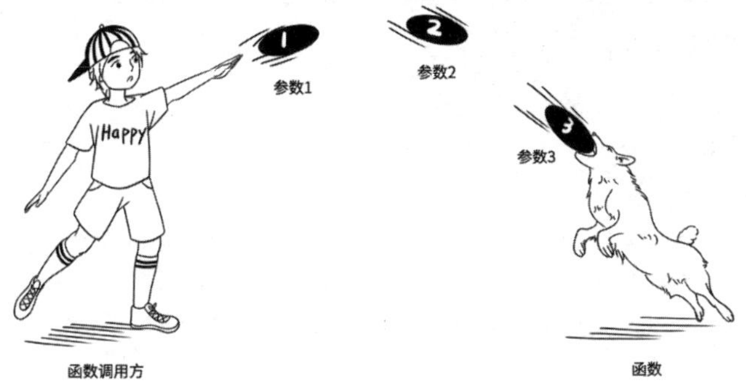

图 13.4 传递多个参数

提 示

对于初学者来说，创建新函数要注意合理性。函数是把一组有意义的操作打包到一起，然后起一个好的名字。如果把多个不相关的语句组合成一个函数，会让代码难以理解和修改。

练习题

编写一个程序，输入几个数，第一个数表示行数，后面的数表示每行的“*”号数。示例如下。

```
行数 :3↵
星号 :6↵
9↵
16↵
******
*********
****************
```

13.2 判断闰年——定义带返回值的函数

第 5 章介绍了如何判断某一年是不是闰年。我们可以把判断的代码归纳成一个函数，判断的结果用一个返回值表示。代码如下。

```
#include <cstdio>
// leap year 是闰年的意思
bool isLeapYear(int year) {
     if( (year % 4 == 0 && year % 100 != 0)  || year % 400 == 0) {
          return true;
     } else {
          return false;
     }
}
int main() {
    if(isLeapYear(2024)) {
        printf( " 2024 是闰年 " );
    } else {
        printf( " 2024 不是闰年 " );
    }
    return 0;
}
```

运行结果如下。

```
2024 是闰年
```

isLeapYear 的返回类型是 bool。当 year 是闰年时，返回 true。当 year 不是闰年时，返回 false。

一个函数只能有一个返回值。当函数有返回值时，就要使用 return 语句。return 语句的语法形式如下。

```
return 表达式；
```

isLeapYear 中有两个 return 语句。这里的表达式可以是一个变量，也可以是一个值，还可以是函数调用。执行完 return 语句之后，程序会退出函数，不会执行后面的语句。

函数先接收参数值，然后通过 return 语句返回值，就像一只狗接了飞盘之后踢回一个球。如图 13.5 所示。

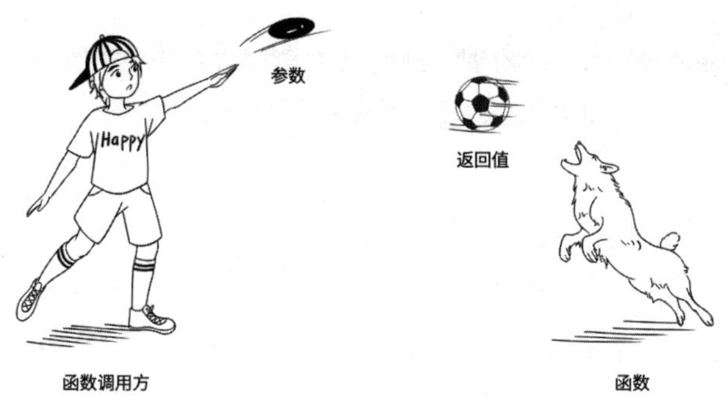

图 13.5 函数返回值

练习题

（1）编写一个函数判断一个字符是不是一个数字。

（2）阅读程序写结果。

```
#include <iostream>
#include <string>
using namespace std;
int fun(int n) {
    int sum = 1, i;
    for(i=1;i<n;i++)
        sum = sum * i;
     return sum;
}
int main() {
    int n;
    cin >> n;
    cout << fun(n) << endl;
```

```
    return 0;
}
```

输入：5。

输出：_____。

13.3 计算最大公因数——定义多个参数的函数

第 8 章介绍了如何计算最大公因数。我们可以把计算方法归纳成一个函数，这个函数有两个参数，最大公因数作为函数的返回值。示例代码如下。

```
#include <cstdio>
int gcd(int a, int b) {
    int n;
    n = a>b?b:a;
    while(n>1 && (a%n!=0 || b%n!=0)) {
        n--;
    }
    return n;
}
int main() {
    printf("%d\n", gcd(24, 18));
    return 0;
}
```

运行结果如下。

```
6
```

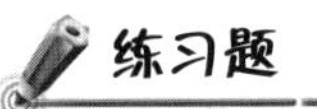

练习题

（1）阅读程序写结果。

```
#include <iostream>
#include <string>
using namespace std;
void printAddress(string name) {
   cout << name << endl;
```

```
    cout << "广东省深圳市南山区" << endl;
}
void printAddress2(string name, string area) {
    cout << name << endl;
    cout << "广东省深圳市" + area << endl;
}
void printAddress3(string name, string city, string area) {
    cout << name << endl;
    cout << "广东省" + city + area << endl;
}
int main() {
    printAddress("糖糖");
    printAddress("糖爸");
    printAddress("糖妈");
    printAddress2("豆豆", "宝安区");
    printAddress3("胖头老师", "广州市", "天河区");
    return 0;
}
```

（2）编写一个函数，求两个数中的最大值。

13.4 生成随机数——函数中调用函数

在函数体中可以调用另一个函数。例如，在下面的例子中，在 myrand 的函数体中调用了 srand 函数和 rand 函数。myrand 的功能是随机生成一个范围为 1~9 的数字。

```
#include <cstdio>
#include <ctime>
#include <cstdlib>
int myrand() {
    srand(time(NULL));
    return rand()%9+1;
}
int main() {
    printf("%d\n", myrand());
    return 0;
}
```

练习题

（1）用函数绘制一个红色的正方形。

（2）阅读程序写结果。

```
#include <iostream>
#include <string>
using namespace std;
void fun(int n) {
    for(int i=1;i<n;i++)
        cout << i << "  ";
}
int main() {
    int x;
    cin >> x;
    fun(x);
    return 0;
}
```

输入：6。

输出：______。

13.5 换汤不换药——形式参数和实际参数

胖头老师要求同学们编写一个函数来交换两个变量的值。于是糖糖定义了一个 swap 函数，代码如下。

```
#include <cstdio>
void swap(int a, int b) {
     int tmp = a;
     a = b;
     b = tmp;
}
int main() {
     int x, y;
     scanf("%d%d", &x, &y);
     swap(x, y);
```

```
    printf( " x:%d,y:%d\n " , x, y);
}
```

运行结果如下。

```
10 3↵
x:10,y:3
```

“为什么调用swap函数之后x和y的值并没有变化呢？”糖糖本以为会输出“x:3,y:10”。

胖头老师开始讲述形式参数和实际参数的概念。

定义函数的时候，函数名称后面括号中的参数，称为形式参数。调用函数的时候，函数名称后面括号中的参数，称为实际参数。例如，在代码“pow(2.0，3.0)”中，2.0和3.0就是实际参数，其中2.0传递给形式参数x，3.0传递给形式参数y。

调用函数f的执行过程如下。

（1）计算实际参数的值。

（2）程序跳转到函数f，把实际参数传递给函数f的形式参数。一般会把实际参数的副本传递给形式参数。

（3）执行函数f的函数体，如果有返回值，就把返回值返回给调用函数的地方。如果没有返回值，就直接跳转到函数调用的后面。

因为传递的是副本，所以改变函数的形式参数的值并不会影响实际参数的值。所以swap函数里修改形式参数a和b，只是修改了副本，并不会影响实际参数x和y的值。

提　示

利用第14章指针的知识可以改进swap函数。

13.6 只见树木不见森林——局部变量与全局变量

为了说明什么是局部变量和全局变量，胖头老师做了一个实验，胖头老师把三个控制器和三盏灯（编号A到C）分配给三个人，如图13.6所示。每个人手里的控制器都可以控制自己的灯。另外还有一盏共用的D灯，三个控制器都可以控制它。例如，糖糖的控制器可以控制A灯，也可以控制D灯。但是自己的控制器不能控制别人的灯，例如，糖糖的控制器不可以控制B灯。

计算机程序里有两个重要的概念：局部变量和全局变量。局部变量只能在函数内使用，就像A灯、B灯、C灯只能被某个控制器操控。全局变量可以被所有函数使用，就像D灯能被所有控制器操控。

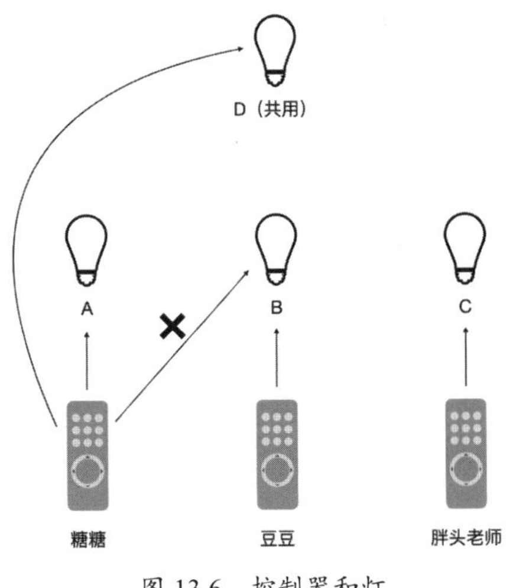

图 13.6　控制器和灯

下面来看一个局部变量和全局变量的例子。这个程序用 calTotal 函数来计算某个商品打折后的价格，它有两个参数 *price* 和 *discount*。代码如下。

```
#include <cstdio>
float applePrice = 10.0;
float calTotal(float price, float discount) {
    float mytotal = price * discount;
    return mytotal;
}
int main() {
    printf("%.2f\n", calTotal(applePrice, 0.8));
// 在函数 calTotal 外输出变量 mytotal
    printf("price:%f", mytotal);
    return 0;
}
```

同学们试着编译代码，发现编译器提示以下错误。

```
use of undeclared identifier mytotal
```

出现这个编译错误的原因是 *mytotal* 是一个局部变量。函数的形式参数和在函数内部定义的变量都是函数的局部变量。calTotal 函数中的形式参数 *price* 和 *discount* 都是局部变量。

局部变量只在函数内可见，在函数外无法使用。当函数执行完毕后，局部变量所占的空间就被释放了，局部变量的值无法在下次使用。*mytotal* 是在 calTotal 中定义的，它不能在 main 函数中使用。“return mytotal”返回的是变量的值，而不是变量本身。

所谓全局变量，就是在函数外部定义的变量。全局变量在任何函数中都可以使用，只要全局变量先于这些函数定义即可。*applePrice* 就是一个全局变量。

胖头老师修改之前的程序，尝试在 calTotal 函数中输出全局变量 *applePrice*。

```
#include <cstdio>
float applePrice = 10.0;
float calTotal(float price, float discount) {
    float total = price * discount;
    printf( " applePrice:%.2f\n " , applePrice);
    return total;
}
int main() {
    float total = calTotal(applePrice, 0.8);
    printf( " total:%.2f\n " , total);
    return 0;
}
```

运行结果如下。

```
applePrice:10.00
total:8.00
```

从运行结果可以看出 calTotal 可以访问全局变量 *applePrice*。

总结：*applePrice* 是全局变量，calTotal 和 main 函数都可以访问。*mytotal* 是局部变量，只有 calTotal 可以访问，如图 13.7 所示。

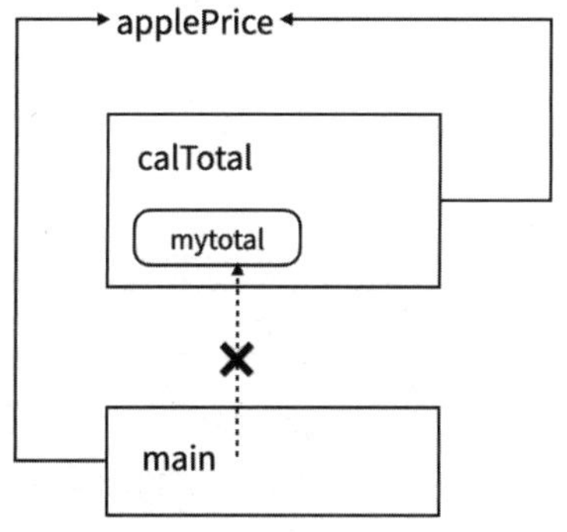

图 13.7　全局变量和局部变量

注 意

多个函数可以通过全局变量来方便地共享数据，但是这也会产生副作用。下面给出一个错误使用全局变量的例子。

```
#include <cstdio>
int i;
void print_one_row() {
    for(i=1; i<=10; i++) {
        printf( " * " );
    }
     // for 循环结束后，i 等于 10
}
void print_ten_rows() {
    for(i=1; i<=10; i++) {
        print_one_row();
        printf( " \n " );
      // i 已经变成 10
    }
}
int main() {
    print_ten_rows();
     return 0;
}
```

运行结果如下。

```
**********
```

运行结果只有一行星号，而不是多行星号。因为变量 *i* 是全局变量，所以 print_one_row 和 print_ten_rows 共用了变量 *i*。当在 print_ten_rows 中第一次调用 print_one_row 后，变量 *i* 的值已经变成 10。所以 print_ten_rows 的 for 循环运行完第一次，*i* 等于 10，然后 *i* 自增变成 11，这时已经满足跳出 for 循环的条件。所以 print_one_row 在整个程序里只调用了一次。

练习题

阅读程序写结果。

```
#include <cstdio>
int z;
int max(int x, int y) {
    z=x>y?x:y;
    return z;
}
int main() {
    max(2, 3);
    printf("%d", z);
    return 0;
}
```

13.7 找出数组中的最大值——数组作为函数的参数

不仅 int、float、char 类型可以作为函数的参数，数组也可以作为函数的参数。下面来看一个例子。

```
#include <cstdio>
int arrMax(int a[], int n) {
    int max = a[0], i;
    for(i=1;i<n;i++) {
        if(a[i] > max) {
            max = a[i];
        }
    }
    return max;
}
int main() {
    int a[6] = {10, 32, 3, 27, 19, 4};
    printf("最大值%d\n", arrMax(a, 6));
    return 0;
}
```

运行结果如下。

```
最大值 32
```

这个程序用 arrMax 找出一个整数数组的最大值。arrMax 有两个参数，一个是数组 a，另一个是数组长度 n。当数组作为参数的时候，不需要写长度，写法如下。

```
类型 数组名 []
```

用 arrMax 找出数组的最大值的步骤如下。

（1）建立一个变量 *max*，并用 a[0] 的值来初始化。

（2）用 for 循环遍历数组，每当发现比 *max* 大的元素，就更新 *max*。

注 意

本来可以在函数定义里使用 sizeof 来计算数组 a 的长度，但是这里选择由参数 n 提供数组长度。这是因为当数组作为形式参数时，sizeof 不能用于计算数组的长度。在第 14 章会结合指针的知识给出更详细的解释。

练习题

（1）本节例子代码改成“printf(" 最大值 %d\n", arrMax(a, 5));”会输出什么？

（2）编写一个函数，求数组的最小值。

（3）编写一个函数，找出数组 a 中第 n 大的数。

13.8 用星号画树——用函数简化代码

本节将使用自定义函数，通过星号来绘制一棵树，如图 13.8 所示。

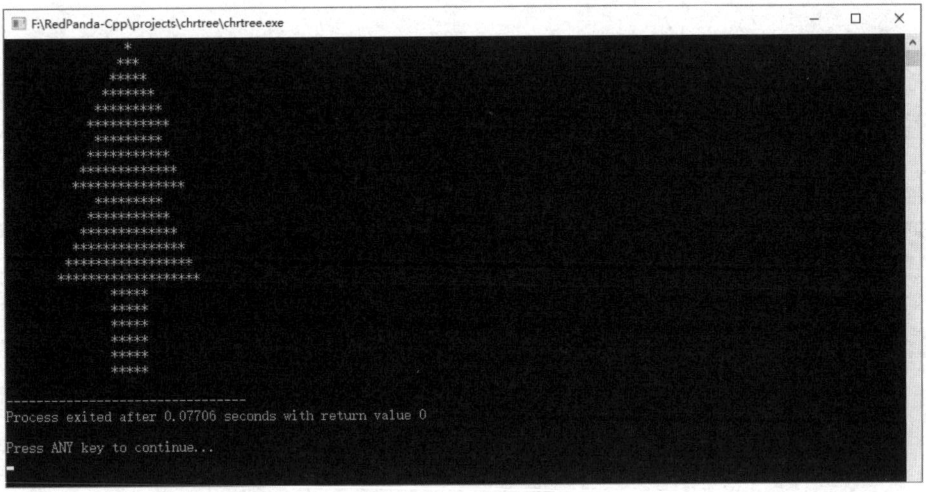

```
F:\RedPanda-Cpp\projects\chrtree\chrtree.exe
         *
        ***
       *****
      *******
     *********
    ***********
     *********
    ***********
   *************
  ***************
     *********
    ***********
   *************
  ***************
 *****************
*******************
       *****
       *****
       *****
       *****
       *****
       *****

--------------------------------
Process exited after 0.07706 seconds with return value 0

Press ANY key to continue...
```

图 13.8　程序画树

观察图 13.8，可以发现有三种形状：三角形、梯形、长方形。这棵树由一个三角形、两个梯形和一个长方形组成。这三种形状可以用三个不同的函数来绘制。于是我们定义以下三个函数。

（1）printStarTriangle 函数：用星号输出一个三角形。

（2）printStarTrapezoid 函数：用星号输出一个梯形。

（3）printStarRect 函数：用星号输出一个矩形。

我们先试着实现最简单的 printStarRect 函数。

```
#include <cstdio>
// n 是每行星号的个数
// h 是长方形的高度
// 当 offset 等于 0，长方形不做偏移
void printStarRect(int n, int h, int offset) {
    int i, j, k;
    for(i=0; i<h; i++) {
        // 输出空格
        for(j=0;j<offset;j++) {
            printf(" ");
        }
        // 输出星号
        for(k=0;k<n;k++) {
```

```
            printf("*");
        }
        printf("\n");
    }
}
int main() {
    printStarRect(5, 3, 2);
    return 0;
}
```

运行结果如下。

```
  *****
  *****
  *****
```

在外层 for 循环的每一次循环中都是先输出空格后输出星号。因此我们试着把这个功能也设计成一个函数。于是新建一个 drawRow 函数，它的作用是先输出 x 个空格，然后输出 y 个星号。

```
void drawRow(int spacecount, int starcount) {
    int i, j;
    // 输出空格
    for(i=0;i<spacecount;i++) {
        printf("  ");
    }
    // 输出星号
    for(j=0;j<starcount;j++) {
        printf("*");
    }
}
```

下面再来看看如何实现 printStarTrapezoid 函数和 printStarTriangle 函数，它们的调用形式如下。

```
// h 是长方形的高度
// 当 offset 等于 0，三角形不做偏移
void printStarTriangle(int h, int offset);
// n 是第一行的星号数
// h 是梯形的高度
```

```
// 当 offset 等于 0，梯形不做偏移
void printStarTrapezoid(int n, int h, int offset);
```

提 示

在设计函数时可以先从抽象角度思考函数的功能，确定有什么样的参数和返回值，然后思考如何实现函数。

printStarTrapezoid 函数和 printStarTriangle 函数也可以借助 drawRow 函数来实现。但是每次调用 drawRow 函数的时候，传入的值如何与循环变量 *i* 关联呢？我们可以通过观察得出结论。

当 n=9，h=4 的时候，梯形的形状如下。

```
    *********
   ***********
  *************
 ***************
```

上述星号数量和空格数量的变化如表 13.1 所示。

表 13.1 星号数量和空格数量的变化

循环变量 i	星号数量	空格数量
0	9	5
1	11	4
2	13	3
3	15	2

从表 13.1 中可以看出星号的数量是 n+2**i*+2，空格的数量是 h+1-*i*。

当 h=6 的时候，三角形的形状如下。

```
    *
   ***
  *****
 *******
```

```
  *********
 ***********
```

上述星号数量和空格数量的变化如表 13.2 所示。

表 13.2　星号数量和空格数量的变化

循环变量 i	星号数量	空格数量
0	1	7
1	3	6
2	5	5
3	7	4
4	9	3
5	11	2

从表 13.2 可以看出星号的数量是 $2*i+1$，空格的数量是 $h+1-i$。

综合上述分析，最终实现代码如下。

```
#include <cstdio>
void drawRow(int spacecount, int starcount) {
     int i, j;
     // 输出空格
     for(i=0;i<spacecount;i++) {
          printf( " " );
     }
     // 输出星号
     for(j=0;j<starcount;j++) {
          printf( "*" );
     }
}
void printStarTriangle(int h, int offset) {
    int i;
    for(i=0; i< h; i++) {
        drawRow(h+1-i+offset, 2*i+1);
        printf( "\n" );
    }
```

```
}
void printStarTrapezoid(int n, int h, int offset) {
    int i;
    for(i=0; i< h; i++) {
        drawRow(h+1-i+offset, n+2*i+2);
        printf( " \n " );
    }
}
void printStarRect(int n, int h, int offset) {
    int i;
    for(i=0; i< h; i++) {
        drawRow(offset, n);
        printf( " \n " );
    }
}
int main() {
    printStarTriangle(6, 9);
    printStarTrapezoid(7, 4, 7);
    printStarTrapezoid(7, 6, 5);
    printStarRect(5, 6, 14);
    return 0;
}
```

练习题

编写一个函数 check(int x, int y, int n)，当 x 和 y 都在 0~n 之间时，函数返回 1，否则返回 0。

13.9 分身术——递归函数

分身术是《西游记》中孙悟空的法术之一。通过分身术，孙悟空可以变出多个分身与敌人战斗。每个分身与孙悟空本体有相同的能力。计算机程序中的函数也能变出多个分身，这些分身与原函数的功能一样。

函数要实现分身很简单，就是在函数体中调用自己。一个函数 f 的函数体中调用了函数 f，那么我们称 f 是递归函数。递归函数要有一个终止条件，否则分身就会有无限多个，导致程序出错。当满足终止条件时，就作为一种特殊情况来处理，不再调用递归函数（不再分身）。

下面用递归的方式来计算斐波那契数列。设 fib 是递归函数。fib 函数输出斐波那契数列的第 n 项。根据斐波那契数列的定义，第 n 项等于第 n-1 项加上第 n-2 项。

```
fib(n) = fib(n-1) + fib(n-2)
```

实现代码如下。

```
#include <cstdio>
int fib(int n) {
    if(n == 1 || n == 2) {
        return 1;
    } else {
        return fib(n-1) + fib(n-2);
    }
}
int main() {
    int i;
    for(i=1; i<=10; i++) {
        printf( "%d " , fib(i));
    }
    printf( "\n" );
}
```

运行结果如下。

```
1 1 2 3 5 8 13 21 34 55
```

当 n 等于 1 或 2 时，函数 fib 返回 1。递归终止条件是“n == 1 || n == 2”。当 n 大于 2 时，返回 fib(n-1)+fib(n-2) 的结果，也就是说当 n 大于 2 时，fib 变出两个分身。第一个分身计算数列的第 n-1 项，第二个分身计算数列的第 n-2 项。

程序的执行分为两个阶段：递归前进和递归返回。递归前进阶段变出分身，递归返回阶段消除分身。

示例代码中递归前进的过程如图 13.9 所示。

示例代码中递归返回的过程如图 13.10所示。

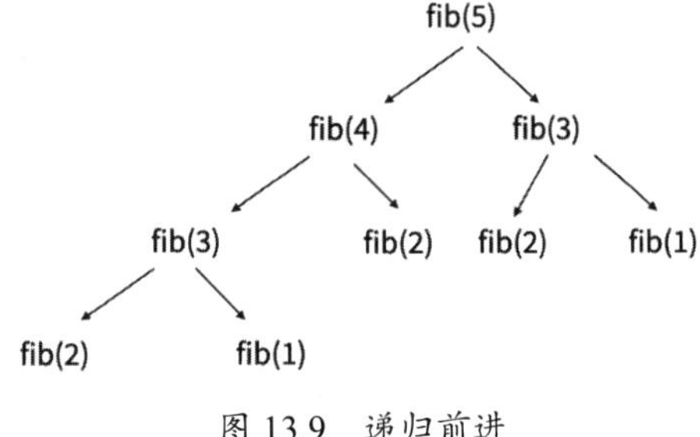

图 13.9　递归前进

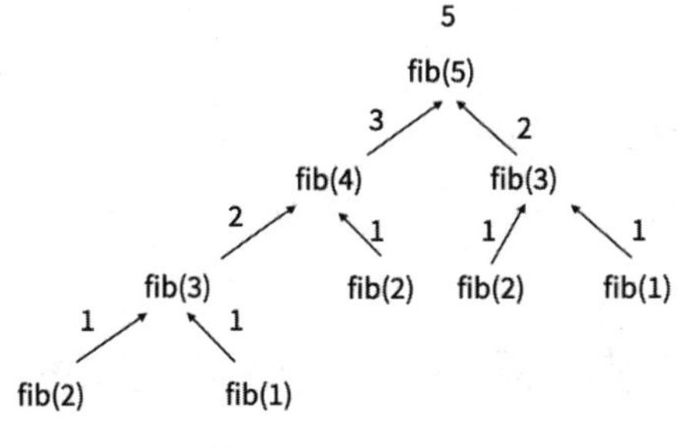

图 13.10　递归返回

总结：构造递归的方法如下。

（1）发现递归关系。

（2）确定递归终止条件。

练习题

（1）阅读程序写结果。

```
#include <cstdio>
int solve(int n) {
    if(n<=1) return 1;
    else if (n>=5) return n*solve(n-2);
    else return n*solve(n-1);
}
int main() {
    printf( "%d\n" , solve(7));
    return 0;
}
```

（2）阅读程序写结果。

```
#include <iostream>
#include <string>
using namespace std;
int fib(int n) {
    if(n==0 || n==1)
        return 1;
    else
        return fib(n-1)+fib(n-2);
```

```
}
int main() {
    cout << fib(fib(4))+1 << endl;
    return 0;
}
```

13.10 求数组元素的最大值——递归的应用 1

本节用递归来计算数组元素的最大值。首先以长度为 5 的数组为例，找出递归关系。

要找出 a[1] 到 a[5] 中的最大值，可以先找出 a[1] 到 a[4] 中的最大值 x0，然后比较 x0 与 a[5]。

要找出 a[1] 到 a[4] 中的最大值 x0，可以先找出 a[1] 到 a[3] 中的最大值 x1，然后比较 x1 与 a[4]。

要找出 a[1] 到 a[3] 中的最大值 x1，可以先找出 a[1] 与 a[2] 中的最大值 x2，然后比较 x2 与 a[3]。

要找出 a[1] 与 a[2] 中的最大值 x2，直接比较这两个元素就可以了。得出 x2 之后，逐层返回。至此，递归关系很明显了。设递归函数是 max，比较过程如图 13.11 所示。

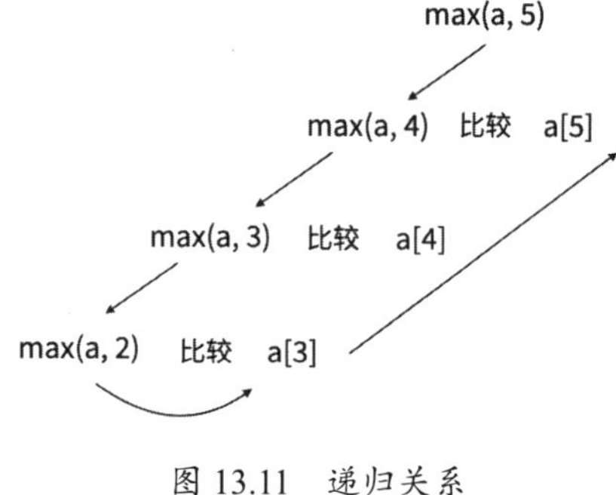

图 13.11　递归关系

递归的终止条件是传入递归函数 max 的数组的长度是 2。代码如下。

```
#include <cstdio>
int max(int a[], int n) {
    int x;
    if(n==2) {
        x = a[2] > a[1] ? a[2] : a[1];
    } else {
        x = max(a, n-1)>a[n] ? max(a, n-1) : a[n];
    }
    return x;
}
int main() {
// 第一个位置留空
    int a[6] = {0, 32, 3, 27, 19, 41};
```

```
    printf( " 最大值是 %d\n " , max(a, 5));
    return 0;
}
```

运行结果如下。

```
最大值是 41
```

程序运行的过程如图 13.12 所示。

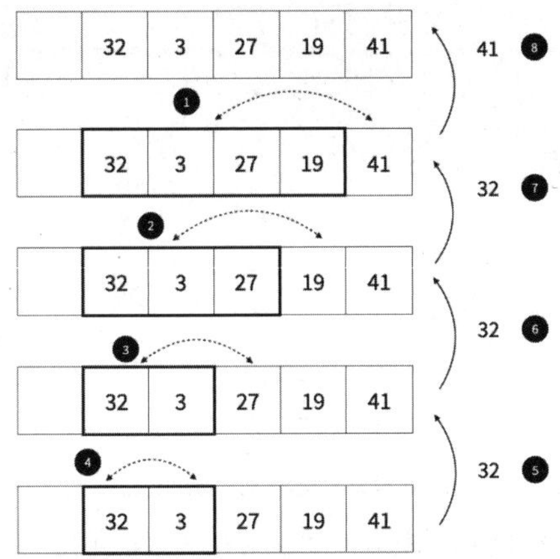

图 13.12 递归找 5 个数中的最大值

练习题

用递归的方法求最大公因数。

13.11 汉诺塔问题——递归的应用 2

本节应用递归来解决一个有趣的问题——汉诺塔问题。汉诺塔是一种常见的智力玩具。汉诺塔由 n 个盘子和 3 根柱子组成。n 个盘子大小不同，编号为 1~n。三根柱子用字母 a、b、c 编号。开始时，n 个圆盘从大到小依次套在柱子 a 上，如图 13.13 所示。

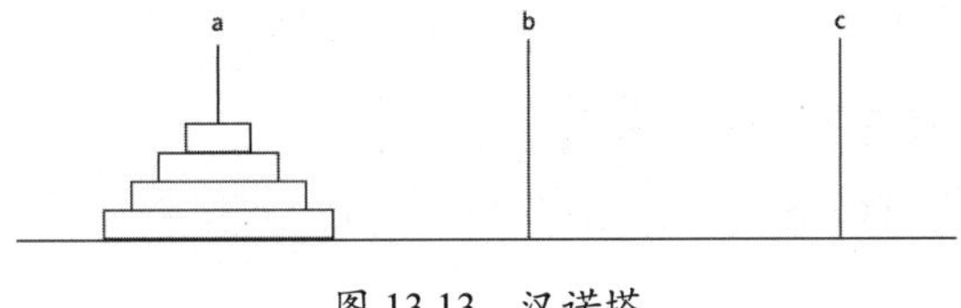

图 13.13 汉诺塔

现在要求把柱子 a 的圆盘按以下规则移到柱子 c。

（1）一次只能移动一个圆盘，它必须在某个柱子的顶部。

（2）圆盘只能放在三个柱子上。

（3）不允许大盘在小盘上面。

怎样才能用最少的移动次数把 n 个圆盘从柱子 a 移到柱子 c 呢？我们可以按以下思路倒推。

（1）要把 n 个圆盘从柱子 a 移到柱子 c，首先要把 n 号圆盘移到柱子 c。

（2）要把 n 号圆盘移到柱子 c，首先要把 1 到 n-1 号圆盘移到柱子 b 上，然后把 n 号圆盘从柱子 a 移到柱子 c，如图 13.14 所示。

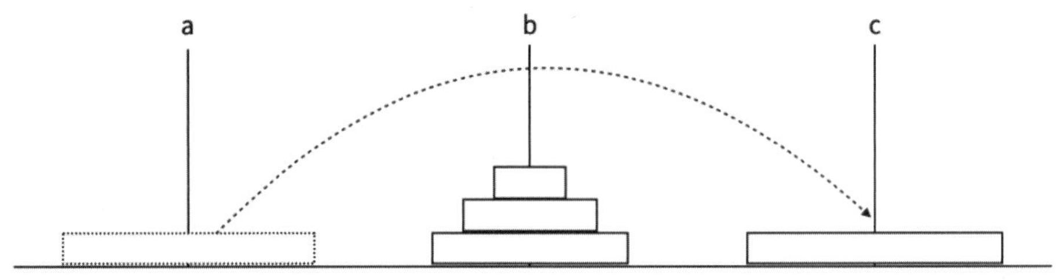

图 13.14　把 n 号圆盘从柱子 a 移到柱子 c

（3）在完成第二步之后，只要借助柱子 a，把柱子 b 上的 n-1 号圆盘移到柱子 c，就能完成任务。

总结：可以分成以下三步完成任务。

（1）用最少的移动次数把 1 到 n-1 号圆盘从柱子 a 移到柱子 b，这个过程要借助柱子 c。

（2）现在柱子 c 已经是空的，可以把 n 号圆盘从柱子 a 移到柱子 c。

（3）用最少的移动次数把 1 到 n-1 号圆盘从柱子 b 移到柱子 c，这个过程要借助柱子 a。

其中第一步可以分成以下三步。

一是用最少的移动次数把 1 到 n-2 号圆盘从柱子 a 移到柱子 c，这个过程要借助柱子 b。

二是把 n-1 号圆盘从柱子 a 移到柱子 b。

三是用最少的移动次数把 1 到 n-2 号圆盘从柱子 c 移到柱子 b，这个过程要借助柱子 a。

至此，递归关系已经很明显了，递归函数应该有四个参数：圆盘数量，原柱、目标柱、中间柱。递归的终止条件是 n 等于 1。

具体实现代码如下。

```
#include <cstdio>
int step;
// 第二个参数：从哪个柱子搬
// 第三个参数：搬到哪里
// 第四个参数：辅助盘
void hanoi(int n, char from, char to, char aux) {
    if(n==1) { // 直接搬
        step++;
        printf("%d. 圆盘%d 从 %c 到 %c\n", step, n, from, to);
    } else {
        hanoi(n-1, from, aux, to); // 借助 to，把 from 的圆盘放到 aux
        step++;
        printf("%d. 圆盘%d 从 %c 到 %c\n", step, n, from, to); // 把编号是 n 的圆
盘放到 to
        hanoi(n-1, aux, to, from); // 借助 from，把 aux 的圆盘放到 to
    }
}
int main() {
    int n=3;
    hanoi(n, 'a', 'c', 'b');
    return 0;
}
```

运行结果如下。

```
1. 圆盘1 从 a 到 c
2. 圆盘2 从 a 到 b
3. 圆盘1 从 c 到 b
4. 圆盘3 从 a 到 c
5. 圆盘1 从 b 到 a
6. 圆盘2 从 b 到 c
7. 圆盘1 从 a 到 c
```

13.12 小结

本章主要讲解了以下知识点。

（1）如何自定义函数。自定义函数有四种可能，如表 13.3 所示。

表 13.3 自定义函数

形式	例子
返回类型 函数名 ()	int rand(void)
返回类型 函数名 (参数列表)	double pow(double x, double y)
void 函数名 ()	void abort(void)
void 函数名 (参数列表)	void srand(unsigned int xseed)

使用自定义函数有以下几个好处。

（a）提高了程序的可读性，让程序的结构更加清晰。

（b）通过调用自定义函数来解决相同或相似的问题，可以大大减少重复代码。

（c）利用函数实现了模块化编程，各个模块相互独立，其中一个模块出错，不会影响其他模块。查找程序错误更加容易。

（2）形式参数和实际参数的概念。

（3）局部变量在函数内定义，只能被函数内的代码读取和修改，全局变量在函数外部定义，可以在任何函数中使用。

（4）递归是指在一个函数的定义中直接或间接调用自身。

13.13 真题解析

1.（CSP-J 2020）设 A 是 n 个实数的数组，考虑下面的递归算法。

```
XYZ (A[1...n])
if n=1 then return A[1]
else temp ← XYZ (A[1...n-1])
if temp < A[n]
then return temp
else return A[n]
```

请问算法 XYZ 的输出是什么？（   ）

A. A 数组的平均　　B. A 数组的最小值

C. A 数组的中值　　D. A 数组的最大值

解析：当数组 A 的元素个数为 1 时，返回该元素。当数组 A 的元素个数大于 1 时，对数组中的前 n-1 个元素调用算法 XYZ，把结果存入 temp，然后返回 A[n] 与 temp 中较小的那一个。所以，XYZ(A[1...2]) 返回的是 A[1] 和 A[2] 中的较小值，XYZ(A[1...3]) 返回的是 XYZ(A[1...2]) 和 A[3] 中的较小值，显然算法 XYZ 的结果就是 A 数组的最小值，所以选 B。

2.（CSP-S 2021）有如下递归代码，

```
solve(t, n):
    if t==1 return 1
    else return 5*solve(t-1, n) mod n
```

则 solve(23, 23) 的结果为（   ）。

A. 1　　B. 7　　C. 12　　D. 22

解析：mod 是求余运算。从函数定义可以看出 solve(1, 23)=1。solve(2, 23) 的值等于 5*solve(1,23) % 23=5，solve(3, 23) 的值等于 5*solve(2,23) % 23=5*5%23=2，依次类推，最终结果是 1，所以选 A。

3.（CSP-J 2018）阅读程序写结果。

```
#include <iostream>
using namespace std;
int n, m;
int findans(int n, int m) {
    if (n == 0) return m;
    if (m == 0) return n % 3;
    return findans(n - 1, m) - findans(n, m - 1) + findans(n - 1, m - 1);
}
int main(){
    cin >> n >> m;
    cout << findans(n, m) << endl;
    return 0;
}
```

输入：5 6。

输出：________

解析：findans(n – 1, m)、findans(n, m – 1)、findans(n – 1, m – 1) 的位置关系如下图所示。

findans(n - 1, m - 1)	findans(n - 1, m)
findans(n, m - 1)	findans(n, m)

n \ m	0	1	2	3	4	5	6
0	0	1	2	3	4	5	6
1	1	0	3	2	5	4	7
2	2	-1	4	1	6	3	8
3	0	1	2	3	4	5	6
4	1	0	3	2	5	4	7
5	2	-1	4	1	6	3	8

表格第一行和第一列可以从函数定义的前两行得出，findans(3, 2) = –1+4–1，所以最终答案是 2。

第 14 章

指针

糖糖想在极客小学的图书馆借阅《小王子》，老师告诉她要先用书名找到索书号，索书号就是一本书在图书馆的存放地址。她从网上查到《小王子》的索书号是“I565.84/9011”，然后按着索书号找到了这本书。

C++ 程序里的指针变量和索书号类似，指针变量存储的是变量的地址，通过这个地址可以读取变量的值。本章主要介绍 C++ 指针的基础知识。

14.1 变量的地址——让人又爱又恨的指针

计算机内存存储数据的最小单位是字节，一个字节有8位。每一个字节都有唯一的地址。在 C++ 里，可以把地址存到指针变量中。当指针变量 p 存储了变量 *i* 的地址时，我们可以说 p 指向了 *i*。

指针变量的声明和普通变量类似，只是要在变量名之前加上“*”，示例如下。

```
int *p; // 指向整型变量的指针
double *p2; // 指向浮点型变量的指针
char *p3; // 指向字符型变量的指针
```

可以用取地址运算符“&”获取一个变量的地址。

```
&i
```

取地址的结果可以赋值给指针变量。

```
p = &i;
```

指针变量的声明和初始化可以同时进行。

```
int *p = &i;
```

可以通过指针变量读取变量的内容。

```
#include <cstdio>
int main() {
    int a = 10;
    int *p = &a;
    printf("%d", *p);
    return 0;
}
```

运行结果如下。

```
10
```

第 4 行的“*”是间接寻址运算符。这里 *p 不仅与 a 的值相同，而且对 *p 的修改会影响 a，示例代码如下。

```
#include <cstdio>
```

```
int main() {
    int a = 10;
    int *p = &a;
    *p = 5; // 修改了 a 的值
    printf( "%d " , a);
    return 0;
}
```

运行结果如下。

```
5
```

注 意

不要把间接寻址运算符用于未初始化的变量，因为这样做会导致程序错误。

指针变量与普通变量类似，可以用赋值运算符来复制，示例代码如下。

```
#include <cstdio>
int main() {
    int a = 10, *p, *q;
    p = &a;
    q = p; // q 和 p 都指向了 a
    printf( "%d\n" , *q);
    // 修改 a，输出 q 对应的值
    a = 12;
    printf( "%d\n" , *q);
    return 0;
}
```

运行结果如下。

```
10
12
```

这段代码的示意图如图 14.1 所示。

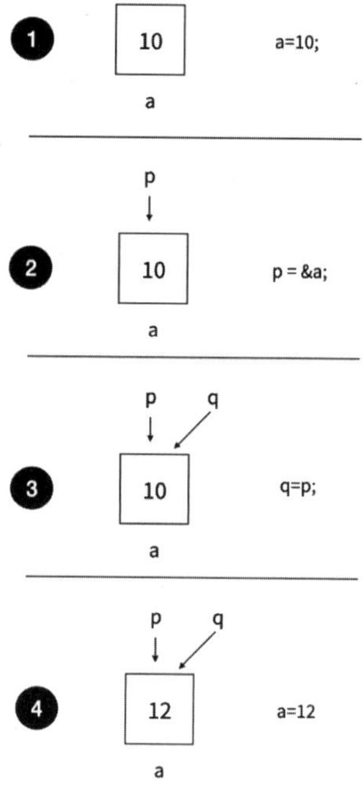

图 14.1　指针赋值

要注意区分“p=q”和“*p=*q”，前者是指针赋值，后者是复制指针指向的变量的值。下面来看一个例子，示例代码如下。

```
#include <cstdio>
int main() {
    int a = 10, b = 13, *p, *q;
    p = &a;
    q = &b;
    // q 指向的值复制到 p 指向的变量
    *p = *q;
    printf("%d\n", *p);
    return 0;
}
```

运行结果如下。

```
13
```

这段代码的示意图如图 14.2 所示。

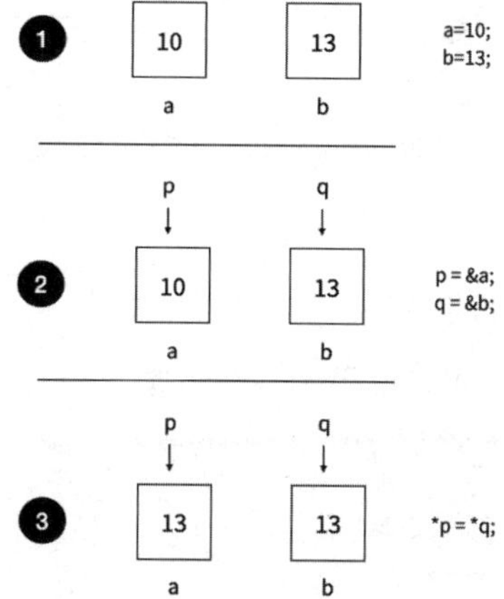

图 14.2 用指针复制变量的值

（1）找出以下代码中的错误。

```
#include <cstdio>
int main() {
    int a = 10, *p;
    *p = &a;
    printf("%d", *p);
    return 0;
}
```

（2）阅读程序写结果。

```
#include <cstdio>
int main() {
   char c, *p;
   c = 'A';
   p=&c;
   (*p)++;
   (*p)++;
   printf("%s", p);
   return 0;
}
```

14.2 找出数组中的最大值与最小值——指针作为参数

指针可以作为函数的参数。调用 scanf 函数时要传入变量的地址，scanf 的参数就是指针类型。

```
scanf( "%d" , &i);
```

我们也可以传入指向整数的指针，示例代码如下。

```
int i = 10;
int *p = &i;
scanf( "%d" , p);
```

指针参数的一个用途就是让函数可以返回多个值。本来函数只能返回一个值，但是可以通过传入多个指针变量来实现返回多个值。下面来看一个例子。

```
#include <cstdio>
void max_min(int a[], int n, int *max, int *min) {
    int i;
    *max = a[0];
    *min = a[0];
    for(i=1; i<n; i++) {
        if(a[i] > *max) {
            *max = a[i];
        } else if (a[i] < *min) {
            *min = a[i];
        }
    }
}
int main() {
    int i, amax, amin;
    const int N = 10;
    int a[N] = {14, 3, 5 ,10, 20, 7, 43, 12, 31, 8};
    max_min(a, N, &amax, &amin);
    printf( "max:%d, min:%d\n" , amax, amin);
    return 0;
}
```

运行结果如下。

```
max:43, min:3
```

max_min 函数的作用是找出数组中的最大值和最小值。为了实现同时返回最大值和最小值，首先传递两个指针变量给 max_min，然后在函数内通过指针参数修改变量的值。从结果可以看出最大值和最小值通过指针参数传递出去了。代码对应的流程图如图 14.3 所示。

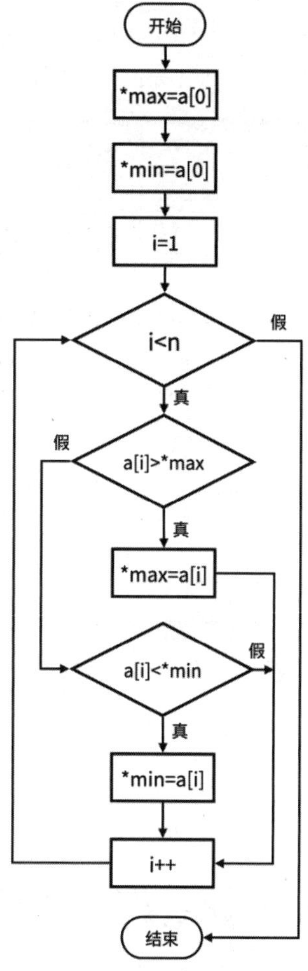

图 14.3　流程图

如果不使用指针参数，可以实现这个功能吗？我们试试看。

```
#include <cstdio>
void max_min(int a[], int n, int max, int min) {
```

```
    int i;
    max = a[0];
    min = a[0];
    for(i=1; i<n; i++) {
        if(a[i] > max) {
            max = a[i];
        } else if (a[i] < min) {
            min = a[i];
        }
    }
}
int main() {
    int i, amax=0, amin=0;
    const int N = 10;
    int a[N] = {14, 3, 5 ,10, 20, 7, 43, 12, 31, 8};
    max_min(a, N, amax, amin);
    printf( " max:%d, min:%d\n " , amax, amin);
    return 0;
}
```

运行结果如下。

```
max:0, min:0
```

函数 max_min 并没有发挥作用，调用之后，amax 和 amin 还是 0。这是因为修改形式参数的值并不会改变实际参数的值。

练习题

利用指针的知识改进第 13 章介绍的 swap 函数。

14.3 读写文本文件——指针作为返回值

指针可以作为函数参数，也可以作为函数的返回值。例如，在下面的例子中，max 函数返回了指向两个整数中较大者的指针。

```
#include <cstdio>
int *max(int *a, int *b)
```

```
{
// a 指向的值较大，就返回指针 a
// b 指向的值较大，就返回指针 b
      if(*a > *b) {
           return a;
      } else {
           return b;
      }
}
int main() {
     int a = 4, b = 5;
     int *p = max(&a, &b);
     printf("%d", *p);
     return 0;
}
```

运行结果如下。

```
5
```

注 意

不要返回指向局部变量的指针，因为局部变量在函数调用结束后就不存在了。

指针作为返回值的一个应用就是读写文本文件。文本文件保存在计算机硬盘里，而不是保存在内存中。利用文件指针可以读写文本文件。定义文件指针的语法如下。

```
FILE *f;
```

文件指针就是一个指向 FILE 类型的指针，FILE 类型主要用于文件读写。

读写文本文件要用到四个函数：fopen、fprintf、fscanf、fclose。先来介绍 fopen 函数，它用来打开文本文件，调用形式如下。

```
FILE *fopen( 文件名, 模式 );
```

fopen 函数的返回值就是一个文件指针。fopen 函数的第一个参数是文件名，第二个参数是模式。本书只介绍其中两种模式“r”和“w”。“r”表示以只读方式打开文件，“w”表示以写入方式打开文件。

fprintf 函数的功能与 printf 函数类似，都是把数据输出到文件。fscanf 函数的功能与 scanf 函数类似，都是从文本文件中读取数据。fprintf 函数和 fscanf 函数的调用形式如下。

```
fprintf( 文件指针, 格式字符串, 参数列表 );
fscanf( 文件指针, 格式字符串, 参数列表 );
```

fprintf 和 fscanf 比 printf 和 scanf 多了一个文件指针参数。

读写文件结束之后，还要用 fclose 函数关闭文件，调用形式如下。

```
fclose( 文件指针 );
```

下面用两个例子说明如何用这些函数读写文本文件。第一个例子是从文本文件“a.txt”读取 10 个整数到数组 a，示例代码如下。

```
#include <cstdio>
int main() {
    FILE *fin;
    int N, i;
    int a[100];
// 以只读模式打开文件 a.txt
    fin = fopen( "a.txt", "r");
// 读取一个整数 N，它表示数组的长度
    fscanf(fin, "%d", &N);
// 连续读取 N 个整数，存入数组
    for(i=0; i<N; i++){
        fscanf(fin, "%d", &a[i]);
    }
// 输出数组中的所有元素
    for(i=0; i<N; i++){
        printf("%d ", a[i]);
    }
     fclose(fin);
     return 0;
}
```

运行结果如下。

```
12 21 33 45 52 61 76 82 93 100
```

第二个例子是把数组 a 的内容写入文件“out.txt”，示例代码如下。

```
#include <cstdio>
int main() {
    FILE *fout;
    int i;
    const int N = 4;
    int a[N] = {11, 21, 31, 141};
// 以写入模式打开文件 out.txt，out.txt 不需要预先创建
    fout = fopen("out.txt", "w");
    for(i=0; i<N; i++) {
        fprintf(fout, "%d ", a[i]);
    }
     fclose(fout);
     return 0;
}
```

out.txt 文件的内容如下。

```
11 21 31 141
```

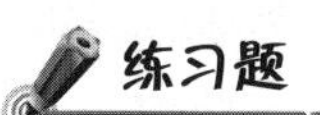

练习题

（1）阅读程序写结果。

```
#include <cstdio>
int main() {
    FILE *fin;
    int x, sum;
    fin = fopen("a.txt", "r");
    sum = 0;
    while(!feof(fin)) {
        fscanf(fin, "%d", &x);
        printf("%d\n", x);
        sum = sum + x;
    }
    printf("sum:%d\n", sum);
    return 0;
}
```

假如 a.txt 的内容如下。

```
1
2
3
4
5
```

（2）用 C++ 读写文件有时候还会用到 feof 函数，它有一个文件指针类型参数。feof 可以用来判断文件是否结束。当 feof 函数返回非零值时，说明已经到达输入文件的末尾。

假如文件“a.txt”的内容如下。

```
33
23
45
57
```

用下面的代码读取文件“a.txt”。

```
#include <cstdio>
int main() {
    FILE *fin;
    int x;
    fin = fopen("a.txt", "r");
    while(!feof(fin)) {
        fscanf(fin, "%d", &x);
        printf("%d", x);
    }
    fclose(fin);
    return 0;
}
```

请问这段程序的运行结果是什么？

（3）下面代码的作用是什么？

```
char *strcat(char *s1, char *s2)
{
    char *p = s1;
    while(*p != '\0') {
        p++;
```

```
    }
    while(*s2 != '\0') {
        *p = *s2;
        p++;
        s2++;
    }
    *p = '\0';
    return s1;
}
```

14.4 用指针逆序输出数组——指针与数组

指针不仅可以指向普通变量，还可以指向数组元素。示例代码如下。

```
int a[5];
int *p = &a[0];
```

这段代码的结果如图 14.4 所示。

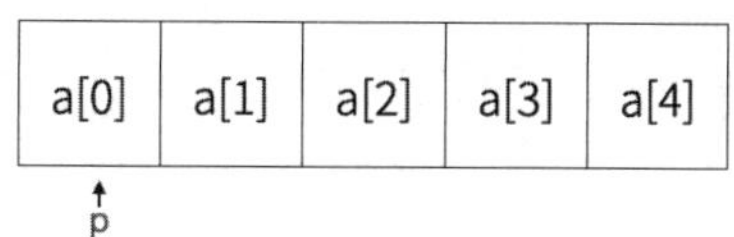

图 14.4　p 指向 a[0]

通过指针 p 可以访问 a[0]。例如，以下代码把数字 5 存入 a[0]。

```
*p = 5;
```

这段代码的结果如图 14.5 所示。

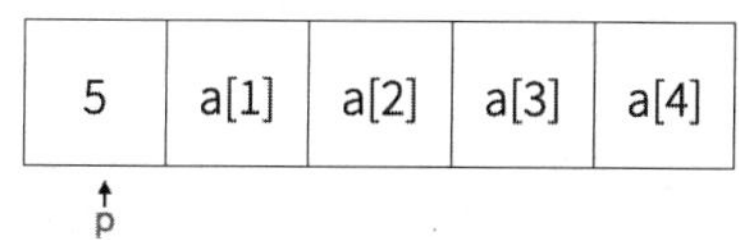

图 14.5　通过指针修改数组元素的值

指针指向数组元素后，可以使用两种指针运算：指针加上整数和指针减去整数。指针 p 指向 a[i]，p+j 指向 a[i+j]，p-j 指向 a[i-j]，如图 14.6 所示。

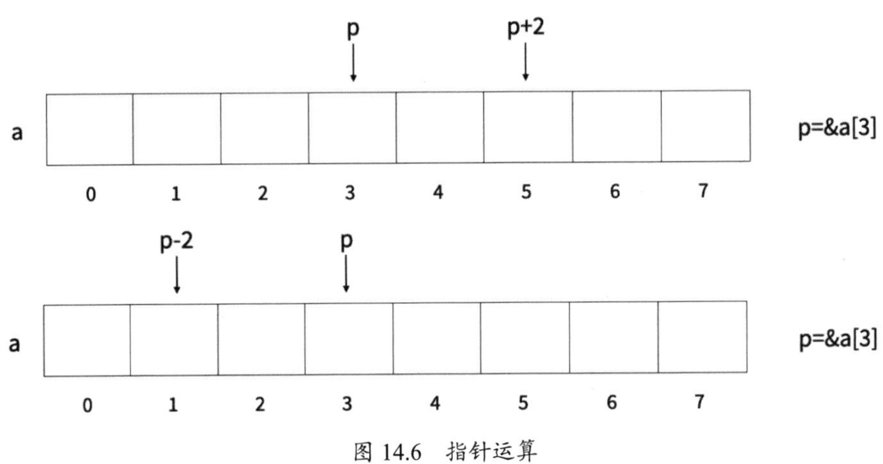

图 14.6 指针运算

使用指针运算可以改写第 10 章的数组逆序输出程序。

```
#include <cstdio>
int main() {
      int a[5], *p;
// 按顺序写入
      for(p=a; p<a+5; p++) {
            scanf("%d", p);
      }
// 逆序输出
      for(p=a+4; p>=a;p--) {
            printf("%d", *p);
      }
      printf("\n");
      return 0;
}
```

运行结果如下。

```
1 2 3 4 5
5 4 3 2 1
```

数组 a 可以看作一个指针，它指向数组的第一个元素。a+4 指向数组的最后一个元素。

第一个 for 循环用指针逐一指向要写入的数组元素，示意图如图 14.7 所示。

第二个 for 循环用指针逐一指向要输出的数组元素，示意图如图 14.8 所示。

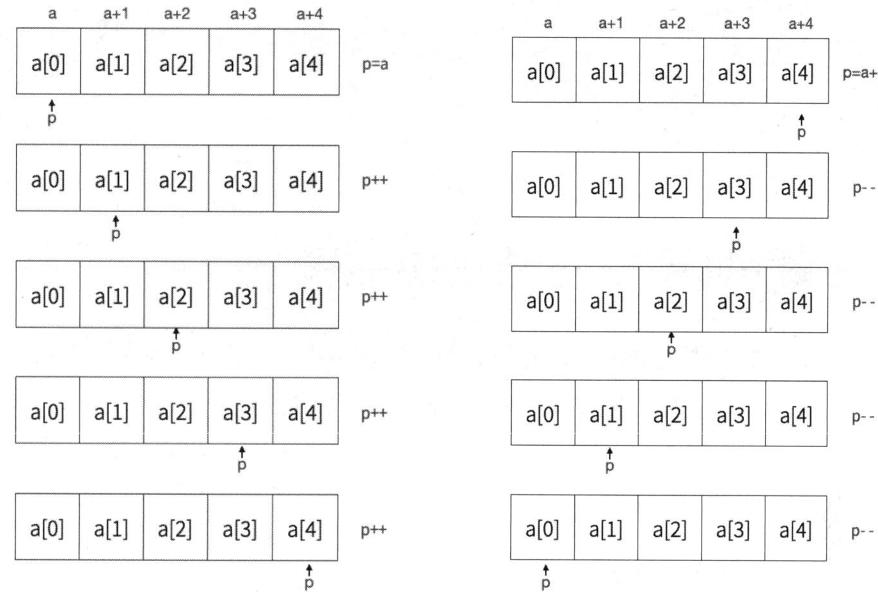

图 14.7 用指针输入数组数据

图 14.8 用指针逆序输出数组数据

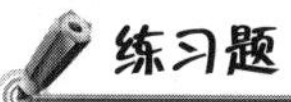

(1) 阅读程序写结果。

```
#include <cstdio>
int main() {
    int i, *p;
    p = &i;
    for(*p=1;*p<=10;(*p)++)
        printf(" %d ", *p);
    return 0;
}
```

(2) 阅读程序写结果。

```
#include <cstdio>
int main() {
    int i, *p, sum=0;
```

```
    int a[] = {1, 2, 3, 4, 5};
    for(p = &a[1]; p<a+4 ;p++) {
        sum = sum + *p;
    }
    printf("%d\n", sum);
    return 0;
}
```

14.5 隐藏手机号码——修改数组参数

当数组作为函数的形式参数时，在函数里修改数组会影响实际参数吗？下面来看一个例子。这个程序用 mask 函数实现了隐藏手机号码中间几位的功能。

```
#include <cstdio>
void mask(char a[]) {
    int i;
    for(i=3; i<7; i++) {
        a[i] = '*';
    }
}
int main() {
    char mobile[] = "13424638810";
    mask(mobile);
    printf("%s\n", mobile);
}
```

运行结果如下。

```
134****8810
```

这里可以看到调用函数 mask 后，作为实际参数的数组 mobile 已经变化了。mask 函数的数组参数 a 实际上是一个指针，所以形式参数和实际参数共用了内存单元。这时候在 mask 里改变数组元素的值，将同时改变实际参数 mobile 数组元素的值。这与普通变量作为参数是不一样的。

如果我们要防止数组被修改，可以在定义参数的时候加上 const。

```
void mask(const char a[]) {
```

```
    int i;
    for(i=3; i<7; i++) {
// 编译器会提示这个赋值语句错误
        a[i] = '*';
    }
}
```

练习题

阅读程序写结果。

```
#include <cstdio>
void foo(char a[], int n) {
    int i;
    for(i=0; i<n; i++) {
       if(a[i]>='a' && a[i]<='z') {
            a[i] = a[i] + 1;
       }
      if(a[i]>='0' && a[i]<='9') {
           a[i] = '*';
      }
    }
}
int main() {
    char str[] = "abc123";
    foo(str, 7);
    int i;
    for(i=0; i<7; i++) {
        printf("%c", str[i]);
    }
}
```

14.6 小结

本章介绍了如下知识点。

（1）指针是变量在内存里的地址。

（2）指针既可以作为函数参数，也可以作为函数的返回值。

（3）利用指针可以读写数组元素。

（4）利用文件指针可以读写文本文件，常用文件函数如表 14.1 所示。

表 14.1　常用文件函数

函数	作用
FILE *fopen(文件名，模式);	打开文件
fprintf(文件指针 , 格式字符串 , 参数列表);	写入数据到文件
fscanf(文件指针 , 格式字符串 , 参数列表);	读取文件数据
fclose(文件指针);	关闭文件
feof(文件指针);	检测文件是否结束

（5）当数组作为形式参数时，修改数组元素的值，会同时修改实际参数数组元素的值。

14.7 真题解析

1.（CSP-J 2015）阅读程序写结果。

```
#include <iostream>
#include <string>
using namespace std;
void fun( char *a, char *b )
{
  a = b;
  (*a)++;
}
int main()
{
  char c1, c2, *p1, *p2;
  c1 = 'A';
  c2 = 'a';
  p1 = &c1;
  p2 = &c2;
  fun( p1, p2 );
  cout << c1 << c2 << endl;
  return(0);
}
```

解析：指针 p1 指向字母“A”，指针 p2 指向字母“a”。在函数 fun 中，a 和 b 指向了同一地址，所以运行语句 fun(p1,p2) 时，p1 对应 a，p2 对应 b，p1 和 p2 都指向了字母“a”。(*a)++ 把字母“a”变成字母“b”。所以，c1 没有变化，c2 变成了 b，输出结果是 Ab。

2.（CSP-J 2018）阅读程序写结果。

```
#include <cstdio>
int n, d[100];
bool v[100];
int main() {
     scanf( "%d", &n);
    for(int i = 0; i < n; i++) {
        scanf( "%d", d+i);
        v[i] = false;
    }
    int cnt = 0;
    for(int i = 0; i < n; i++) {
        if(!v[i]) {
            for(int j = i; !v[j]; j=d[j]) {
                v[j] = true;
            }
            ++cnt;
        }
    }
     printf( "%d\n", cnt);
     return 0;
}
```

输入：10 7 1 4 3 2 5 9 8 0 6。

输出：_________。

解析：首先将输入的第一个数“10”，存入变量 *n* 中。d+i 代表的是数组的第 i 个元素的地址。然后把后面输入的 10 个数字存入数组 d 中。将数组 v 的前 10 个元素设为 false，它记录了数组 d 中每个元素的状态。例如，v[0] 对应 d[0]，v[1] 对应 d[1]。

变量 *cnt* 用于计数。代码里有两个 for 循环，外层 for 循环从第一个元素开始遍历数组 v，当 v[i] 未被标记为 true 时，就进入内层 for 循环。内层 for 循环按规则把 v[j] 标记为 true。

d[0] 的值是 7，d[7] 的值是 8，d[8] 的值是 7。d[7] 已经被标记为 true 了，所以第一次循环结束。

外层 for 的循环次数	按顺序标记元素
1	d[0]、d[7]、d[8]
2	d[1]
3	d[2]、d[4]
4	d[3]
5	d[5]
6	d[6]、d[9]

每一次循环结束变量 *cnt* 的值增加 1，所以 *cnt* 的最终值是 6，答案是 6。

第 15 章

结构体

七巧板是由多个三角形、一个正方形、一个平行四边形组成的。这些形状组合摆放可以拼出动物、房子、桥等图案。在编程中我们也可以完成类似的操作，把几个不同类型的数据看作一个整体。在 C++ 中，结构体是一种用户定义的数据类型，它允许你将多个不同类型的数据项组合成一个单一的类型。这一章我们将学习结构体的定义和使用。

15.1 合体！变身——结构体类型

整型、浮点型、字符型都是 C++ 内置的数据类型，我们还可以用结构体来定义新的数据类型。C++ 的内置数据类型就像汽车的发动机、轮胎、底盘一样可以合成一个有新功能的整体。例如，前面介绍的 C++ 绘图经常要用到坐标值，坐标值就可以用一个结构体来表示。

定义结构体的语法如下。

```
struct 类型名
{
      数据类型 1 成员名 1;
      数据类型 2 成员名 2;
};
```

用结构体定义一个坐标值类型的语法如下。

```
struct point {
   int x;
   int y;
};
```

用 x 表示横轴坐标值，用 y 轴表示纵轴坐标值。这个结构体把两个变量组合成一个整体。有了这个结构体后，就可以定义一个坐标值变量，示例如下。

```
struct point p;
```

可以通过赋值语句初始化结构体的成员 x 和 y，示例如下。

```
p.x = 1;
p.y = 2;
```

以“变量名 . 成员名”的形式就可以读取成员的值。

下面综合前面介绍的知识点，给出一段结构体创建和修改的示例代码。

```
#include <cstdio>
int main() {
     // 坐标值
     struct point {
          int x;
          int y;
```

```
    };
    // 两个坐标值
    struct point a, b;
    a.x = 10;
    a.y = 10;
    b.x = 1;
    b.y = 3;
    // 输出坐标值
    printf("(%d,%d)\n", a.x, a.y);
    printf("(%d,%d)\n", b.x, b.y);
    return 0;
}
```

运行结果如下。

```
(10,10)
(1,3)
```

练习题

阅读程序写结果。

```
#include <cstdio>
#include <cmath>
int main() {
    // 坐标值
    struct point {
        float x;
        float y;
    };
    // 两个坐标值
    struct point a = {3.0, 4.0}, b = {6.0, 8.0};
    float z = pow(abs(a.x-b.x), 2) + pow(abs(a.y-b.y), 2);
    printf("%.2f\n", sqrt(z));
    return 0;
}
```

15.2 班级通讯录——结构体数组

为了方便同学们在毕业以后保持联系，班长准备了一本通讯录。通讯录上记录了同学们的姓名、电话号码、地址。

每个同学的联系信息可以用一个结构体表示。全班同学的联系信息可以用一个结构体数组表示。胖头老师编写了一个程序，把通讯录的内容记录到一个结构体数组中。

```
#include <iostream>
#include <string>
using namespace std;
int main() {
    struct item {
        string name;
        string mobile;
        string address;
    };
    item a[5];
    for(int i=0;i<5;i++) {
        cin >> a[i].name;
        cin >> a[i].mobile;
        cin >> a[i].address;
    }
    for(int i=0;i<5;i++) {
        cout <<  "姓名：" + a[i].name;
        cout <<  " 电话：" + a[i].mobile;
        cout <<  " 地址：" + a[i].address << endl;
    }
    return 0;
}
```

“item a[5];”定义了一个长度是 5 的结构体数组。定义结构体数组的语法如下。

```
结构体名称 数组名 [ 长度 ];
```

结构体数组 a 的结构如图 15.1 所示。

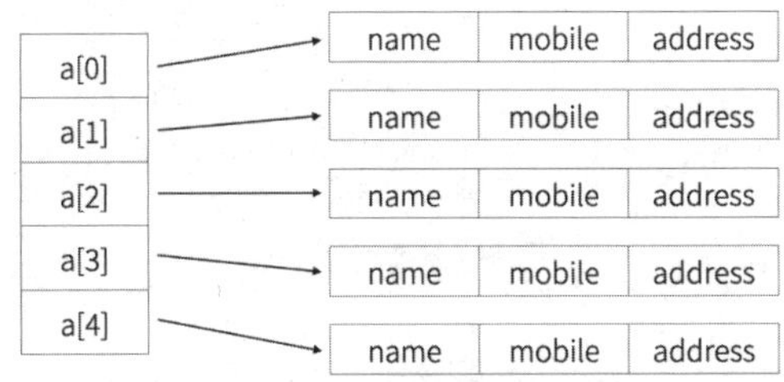

图 15.1 结构体数组 a 的结构

获取结构体数组元素的值的语法如下。

```
数组名 [ 下标 ]. 成员名
```

例如，示例中的“a[i].name”读取了数组第 i-1 个元素的姓名。

如果这个程序不使用结构体数组，那么就要定义三个字符串数组。

```
string names[5];
string mobiles[5];
string addresses[5];
```

这种方式不利于把同学的信息当成一个整体去处理。

练习题

用结构体数组实现第 5 章的水果价格查询器。

15.3 计算平均分——结构体数组的应用

糖糖和豆豆所在的班级举办了一次单词拼写比赛，糖糖用 C++ 程序记录每位同学的姓名和成绩，并计算出平均成绩。

为了简便起见，这里假设输入了 5 位同学的成绩。实现代码如下。

```
#include <cstdio>
#include <iostream>
#include <string>
using namespace std;
int main() {
    int i;
```

```
    const int N = 5;
    struct item{
        string name;
        int x;
    };
    item a[N];
// 输入姓名和成绩
    for(i=0;i<N;i++) {
        cin >> a[i].name;
        cin >> a[i].x;
    }
// 输出姓名和成绩
    for(i=0;i<N;i++) {
        cout << a[i].name << "  " << a[i].x << endl;
    }
// 计算平均分
    int sum = 0;
    for(int i=0;i<N;i++) {
        sum = sum + a[i].x;
    }
    cout << "平均分：" << sum/N << endl;
    return 0;
}
```

运行结果如下。

```
李明↵
89↵
刘山↵
34↵
李红↵
35↵
张天↵
24↵
陈三↵
46↵
李明 89↵
刘山 34↵
李红 35↵
```

```
张天 24↵
陈三 46↵
平均分：45↵
```

结构体数组的元素可以像普通变量那样进行各种运算。

练习题

阅读程序写结果。

```
#include <iostream>
using namespace std;
int main() {
    const int N = 3;
    struct item {
        int x;
        int y;
    };
    item a[N] = {
        {2, 2},
        {3, 7},
        {5, 9},
    };
    int i, sum =0;
    for(i=0; i<N; i++) {
        sum += (a[i].x + a[i].y)/2;
    }
    cout << sum << endl;
    return 0;
}
```

15.4 分数加法——结构体作为函数参数和返回值

结构体除了可以作为普通的变量来使用，也可以作为函数的参数和返回值。本节我们演示如何用结构体实现两个大于零的分数的加法。

用结构体表示分数，有两个成员变量：分子和分母。

```
struct fraction {
```

```
    int x; // 分子
    int y; // 分母
};
```

这里 x 是分子，y 是分母。fraction 是分数的意思。

我们先列出计算分数加法的具体步骤，假设要计算 a/b+c/d 的结果。

（1）计算分母，分母等于 b×d。

（2）计算分子，分子等于 a×d+b×c。

（3）计算分子和分母的最大公因数。计算最大公因数可以借助函数 gcd 来实现。

（4）分子和分母同时除以最大公因数，也就是约分。

这个计算步骤可以用一个函数实现，参数是两个 fraction 类型变量，返回值是 fraction 类型。

```
struct fraction fractionPlus(fraction a, fraction b);
```

具体实现代码如下。

```
#include <cstdio>
struct fraction {
    int x;
    int y;
};
int gcd(int a, int b) {
    int n;
    n = a>b?b:a;
    while(n>1 && (a%n!=0 || b%n!=0)) {
        n--;
    }
    return n;
}
struct fraction fractionPlus(fraction a, fraction b) {
    struct fraction p;
// 计算分子
    p.x = a.x * b.y + b.x * a.y;
// 计算分母
    p.y = a.y * b.y;
// 约分
```

```
    int c = gcd(p.x, p.y);
    p.x = p.x / c;
    p.y = p.y / c;
    return p;
}
int main() {
    struct fraction a = {3, 4}, b = {3, 8};
    struct fraction p = fractionPlus(a, b);
    printf("%d/%d\n", p.x, p.y);
    return 0;
}
```

运行结果如下。

```
9/8
```

提 示

在适当的时候引入新的数据类型，可以让程序更容易设计，代码更容易理解。

练习题

（1）补充以下代码，编写一个函数 day_of_year(struct date d)，计算某天是一年中的第几天。

```
#include <iostream>
using namespace std;
// 三个成员分别是年月日
struct date {
    int year;
    int month;
    int day;
};

int day_of_year(struct date d) {
```

```
    return n;
}

int main() {
    date d = {2003, 3, 5};
    cout << day_of_year(d);
    return 0;
}
```

（2）补充以下函数实现分数相减，并用这个函数计算 13/100−14/33 之差。

```
struct fraction fractionMinus(fraction a, fraction b) {
    struct fraction p;

     return  p;
}
```

15.5 嵌套的三角形——结构体数组作为参数

除了结构体可以作为函数的参数，结构体数组也可以作为函数的参数。下面来看一个例子。我们要用 C++ 程序绘制多个嵌套的三角形，外层三角形的三条边的中点是内嵌三角形的三个顶点，如图 15.2 所示。

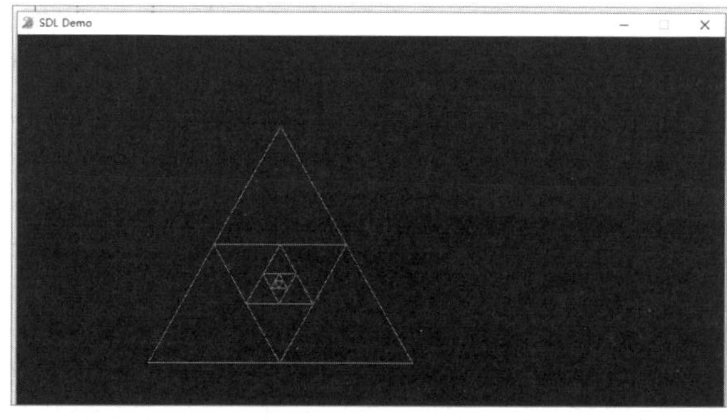

图 15.2　嵌套三角形

在 15.1 节里我们已经定义了一个 point 类型来表示坐标。

```
typedef struct {
     int x;
```

```
    int y;
} point;
```

有了 point 类型，我们还需要两个函数。

（1）计算两个点中点的坐标。

（2）传入三个点的坐标，自动绘制三角形。

于是我们先定义一个getMidpoint函数来完成(1)。这个函数的参数是两个point类型变量。然后定义一个 drawTriangle 函数完成（2），triangle 的意思是三角形。本来可以用三个 point 类型变量作为参数，但是更好的方法是用一个结构体数组作为形式参数，存储三个顶点的坐标值。

具体实现代码如下。

```
typedef struct {
    int x;
    int y;
} point;
void drawTriangle(point a[]) {
    drawLine(a[0].x, a[0].y, a[1].x, a[1].y, 255, 0, 0);
    drawLine(a[0].x, a[0].y, a[2].x, a[2].y, 255, 0, 0);
    drawLine(a[1].x, a[1].y, a[2].x, a[2].y, 255, 0, 0);
}
point getMidpoint(point a, point b) {
    point p;
    p.x = (a.x+b.x)/2;
    p.y = (a.y+b.y)/2;
    return p;
}
int main(int argc, char** args) {
    initGraph(800, 480);
// 第一个三角形的三个顶点的信息
    point t[3] = {
        {300, 100},
        {450, 360},
        {150, 360}
    };
    drawTriangle(t);
    int i;
```

```
    for(i=0;i<5;i++) {
        point mt[3];
// 计算内嵌三角形三个顶点的坐标
        mt[0] = getMidpoint(t[0], t[1]);
        mt[1] = getMidpoint(t[0], t[2]);
        mt[2] = getMidpoint(t[1], t[2]);
        drawTriangle(mt);
// 保存计算结果，开始下一轮循环
        t[0] = mt[0];
        t[1] = mt[1];
        t[2] = mt[2];
    }
    showGraph();
    delay(5);
    closeGraph();
    return 0;
}
```

流程图如图 15.3 所示。

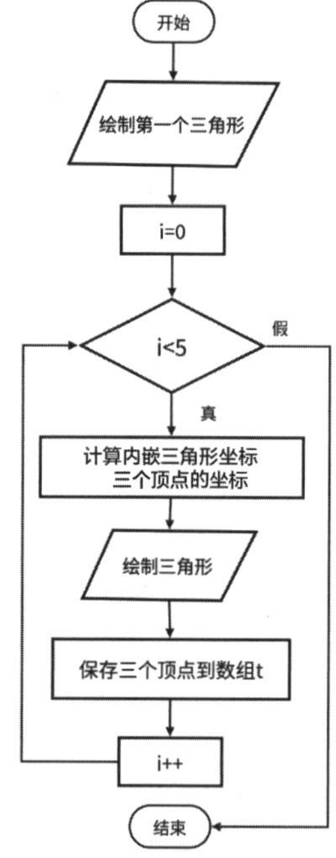

图 15.3 流程图

练习题

用函数和结构体绘制嵌套的正方形，绘制结果如图 15.4 所示。

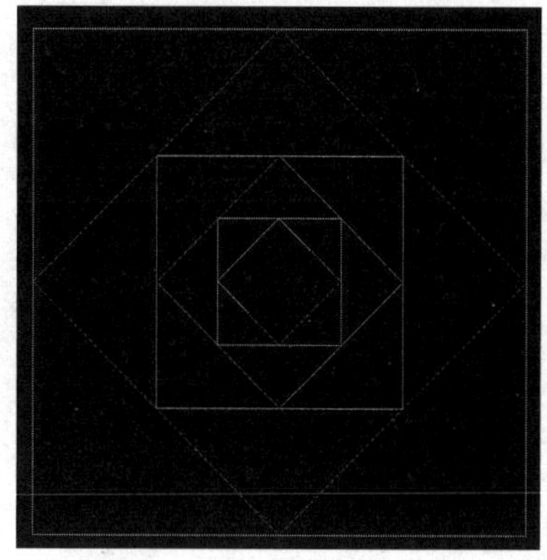

图 15.4 嵌套的正方形

15.6 小结

结构体的常用语法如表 15.1 所示。

表 15.1 结构体的常用语法

用法	例子

定义结构体类型
 	
struct 类型名
{
    数据类型 1 成员名；
    数据类型 2 成员名；
};
	struct point {
	  int x;
	  int y;
	};

定义结构体变量 struct 结构体类型名 变量名列表；	struct point a; 或 point a;
结构体变量的成员访问 变量名 . 成员	printf(" %d " , a.x); scanf(" %d " , &a.y);
结构体变量的初始化	point a = {1, 2};

15.7 真题解析

（CSP-J 2015）阅读程序写结果。

```
#include <iostream>
using namespace std;
struct point
{
      int x;
      int y;
};
int main()
{
      int a, b, c;
      struct EX
      {
           int a;
           int b;
           point c;
      } e;
      e.a  = 1;
      e.b  = 2;
      e.c.x= e.a + e.b;
      e.c.y= e.a * e.b;
      cout << e.c.x << ',' << e.c.y << endl;
      return(0);
}
```

解析：e.a+e.b 等于 3，e.a*e.b 等于 2，所以 e.c.x 等于 3，e.c.y 等于 2。所以输出结果是“3,2”。

附录

附录1 CSP-J 历年真题解析

2021 CCF 非专业级别软件能力认证第一轮（CSP-J1）入门级 C++ 语言试题

一、单项选择题

1. 以下不属于面向对象程序设计语言的是（　　）。

A. C++　　B. Python　　C. Java　　D. C

2. 以下奖项与计算机领域最相关的是（　　）。

A. 奥斯卡奖　　B. 图灵奖　　C. 诺贝尔奖　　D. 普利策奖

3. 目前主流的计算机储存数据最终都是转换成（　　）数据进行存储。

A. 二进制　　B. 十进制　　C. 八进制　　D. 十六进制

4. 以比较作为基本运算，在 N 个数中找出最大数，最坏情况下所需要的最少的比较次数为（　　）。

A. N2　　B. N　　C. N−1　　D. N+1

5. 对于入栈顺序为 a,b,c,d,e 的序列，下列（　　）不是合法的出栈序列。

A. a,b,c,d,e　　B. e,d,c,b,a

C. b,a,c,d,e　　D. c,d,a,e,b

6. 对于有 n 个顶点、m 条边的无向连通图（m>n），需要删掉（　　）条边才能使其成为一棵树。

A. n−1　　B. m−n　　C. m−n−1　　D. m−n+1

7. 二进制数 101.11 对应的十进制数是（　　）。

A. 6.5　　B. 5.5　　C. 5.75　　D. 5.25

8. 如果一棵二叉树只有根结点，那么这棵二叉树高度为 1。请问高度为 5 的完全二叉树有（　　）种不同的形态？

A. 16　　B. 15　　C. 17　　D. 32

9. 表达式 a*(b+c)*d 的后缀表达式为（　　），其中“*”和“+”是运算符。

A. **a+bcd　　B. abc+*d*　　C. abc+d**　　D. *a*+bcd

10. 6 个人，两个人组一队，总共组成三队，不区分队伍的编号。不同的组队情况有（　　）种。

A. 10　　B. 15　　C. 30　　D. 20

11. 在数据压缩编码中的哈夫曼编码方法，在本质上是一种（　　）的策略。

A. 枚举　　B. 贪心　　C. 递归　　D. 动态规划

12. 由 1,1,2,2,3 这五个数字组成不同的三位数有（　　）种。

A. 18　　B. 15　　C. 12　　D. 24

13. 考虑如下递归算法。

```
solve(n)
    if n<=1 return 1
    else if n>=5 return n*solve(n-2)
    else return n*solve(n-1)
```

则调用 solve(7) 得到的返回结果为（　　）。

A. 105　　B. 840　　C. 210　　D. 420

14. 以 a 为起点，对右边的无向图进行深度优先遍历，如图 1 所示，则 b、c、d、e 四个点中有可能作为最后一个遍历到的点的个数为（　　）。

A. 1　　B. 2　　C. 3　　D. 4

图 1　遍历节点

15. 有四个人要从 A 点坐一条船过河到 B 点，船一开始在 A 点。该船一次最多可坐两个人。已知这四个人中每个人独自坐船的过河时间分别为 1,2,4,8，且两个人坐船的过河时间为两人独自过河时间的较大者。则最短（　　）时间可以让四个人都过河到 B 点（包括从 B 点把船开回 A 点的时间）？

A. 14　　B. 15　　C. 16　　D. 17

● **解析**

1. D C 语言是面向过程的编程语言，所以正确答案是 D。

2. B 图灵奖是计算机领域的国际最高奖项，所以正确答案是 B。

3. A 计算机以二进制方式存储数据，所以正确答案是 A。

4. C 最值问题，以第一个数作为初始值，从第二个数开始比较，最坏情况下要比较到序列末尾才能得到最大值，即比较 N−1 次，所以正确答案是 C。

5. D a、b、c 进栈，c 出栈，d 进栈出栈，之后从栈顶到栈底还有 b、a 没有出栈，a 无法在 b 之前先出栈，所以正确答案是 D。

6. D n 个顶点的树有 n–1 条边，需删除 m–(n–1)= m–n+1 条边，所以正确答案是 D。

7. C 在二进制数 101.11 中，从左到右，最左边的 1 代表 2 的 2 次方（2^2= 4），接着的 0 代表 2 的 1 次方（2^1 = 2），接着的 1 代表 2 的 0 次方（2^0= 1），再接下来的 1 代表 2 的 –1 次方（2^{-1} = 1/2），最后的 1 代表 2 的 –2 次方（2^{-2} = 1/4）。将这些权重相加，得到的结果是 4 + 0 + 1 + 1/2 + 1/4 = 5.75。因此，二进制数 101.11 对应的十进制数是 5.75，所以正确答案是 C。

8. A 一棵高度为 h 的完全二叉树，共有 2h–1 个结点。对于高度为 5 的完全二叉树，它共有 31 个结点。根据完全二叉树的性质，除了最后一层外，每一层都是进行了填充的。在最后一层，结点从左向右依次填充。因此，一棵高度为 5 的完全二叉树的形态只与其最后一层的结点排布方式有关，而不同的排布方式对应不同的形态。在高度为 5 的完全二叉树中，最后一层共有 16 个结点，有 16 种可能，所以正确答案是 A。

9. B 其中前缀表达式为 (a [bc +] *) d *，后缀表达式为 abc+*d*，所以正确答案是 B。

10. B 先假设队伍有先后顺序，那么第一个队伍有 15 种选法，第二个队伍有 6 种选法，第三个队伍只有 1 种选法，所以有 90 种组合方法。但是如果不区分队伍编号，那么每一个队伍会出现 3*2*1=6 次。答案是 90/6=15，所以正确答案是 B。

11. B 在数据压缩编码中的哈夫曼编码方法属于贪心策略。贪心策略是指在每个决策点上，都选择当前状态下最优的选择，而不考虑未来可能出现的情况。在哈夫曼编码中，根据字符出现的频率，将频率较高的字符用较短的编码表示，而频率较低的字符用较长的编码表示，从而实现数据的高效压缩。在每个决策点上，选择频率最低的两个字符进行合并，形成新的节点，依次类推，直到构建出完整的哈夫曼树。这种选择在当前状态下的最优决策的方法体现了贪心策略的思想，所以正确答案是 B。

12. A 暴力枚举，有以下 18 种组合，所以正确答案是 A。

```
112, 113, 122, 123, 132, 133, 212, 213, 222, 223, 232, 233, 312, 313, 322, 323,
332, 333
```

13. C 按函数 slove 的递归定义可以得出。

```
solve(7) = 7 * solve(5)
solve(5) = 5 * solve(3)
```

```
solve(3) = 3 * solve(2)
solve(2) = 2 * solve(1)
solve(1) = 1
```

14. B 从 a 开始，如果先从 b 开始遍历，那么遍历的顺序是 a,b,d,c,e。如果先从 c 开始遍历，那么遍历的顺序是 a,c,e,d,b，b 和 e 都可能作为最后一个遍历到的点，所以正确答案是 B。

15. B 选择最快的两个人（1 和 2）先过河，时间为 2。最快的人（1）将船开回 A 点，时间为 1。选择剩下的两个人（4 和 8）过河，时间为 8。第二快的人（2）将船开回 A 点，时间为 2。最快的两个人（1 和 2）再次过河，时间为 2。总时间为 2 + 1 + 8 + 2 + 2 = 15，所以正确答案是 B。

二、阅读程序

（1）

```
#include<iostream>
using namespace std;

int n;
int a[1000];

int f(int x)
{
    int ret = 0;
    for( ; x ; x &= x - 1) ret++;
    return ret;
}

int g(int x)
{
    return x & -x;
}

int main()
{
    cin >> n;
    for (int i = 0; i < n; i++) cin >> a[i];
```

```
23     for (int i = 0; i < n; i++)
24         cout << f(a[i]) + g(a[i]) << ' ';
25     cout << endl;
26     return 0;
27 }
```

● **判断题**

16. 输入的 n 等于 1001 时，程序不会发生下标越界。（　　）

17. 输入的 a[i] 必须全为正整数，否则程序将陷入死循环。（　　）

18. 当输入为“5 2 11 9 16 10”时，输出为“3 4 3 17 5”。（　　）

19. 当输入为“1 511998”时，输出为“18”。（　　）

20. 将源代码中 g 函数的定义（14~17 行）移到 main 函数的后面，程序可以正常编译运行。（　　）

● **单选题**

21. 当输入为“2 -65536 2147483647”时，输出为（　　）。

A. " 65532 33 "　　B. " 65552 32 "

C. " 65535 34 "　　D. " 65554 33 "

● **解析**

16.× 从定义 int a[1000] 中，可以知道数组下标的最大值是 999，所以这个表述错误。

17.× a[i] 为负数也可以运算。这个表述错误。

18.× 输入“5 2 11 9 16 10”，结果应该是“3 4 3 17 4”。10 的二进制是 10010，f(10) 的结果是 2。g(10) 的结果是 2，所以 f(10)+g(10) 的结果应该是 4。这个表述错误。

19.√ 512000=2 的 9 次方乘以 10 的 3 次方 =2 的 12 次方乘以 5 的 3 次方。

$$125 = 2^6+2^5+2^4+2^3+2^2+2^0$$

512000 的二进制表示是 1111101000000000000，注意 511998 = 512000−2。（511998）10=（1111100111111111110）2，算得 f(x)=16，g(x)=2。

65536+16 = 65552

$2147483647=2^{31}-1$

$65536=2^{16}$

g(-65536)=65536

16+2=18，所以这个表述正确。

20. × 函数使用之前必须声明，所以这个表述错误。

21. B 2147483647 改写成二进制是 1 个 0 加上 31 个 1，总共 32 位。

根据以上分析 f(x)=31,g(x)=1，所以结果是 32，答案是 B。

（2）

```
#include <iostream>
#include <string>
using namespace std;

char base[64];
char table[256];

void init()
{
    for(int i=0; i<26; i++) base[i] = 'A' + i;
    for(int i=0; i<26; i++) base[26+i] = 'a' + i;
    for(int i=0; i<10; i++) base[52+i] = '0' + i;
    base[62] = '+'; base[63] = '/';

    for(int i=0; i<256; i++) table[i] = 0xff;
    for(int i=0; i<64; i++)  table[base[i]] = i;
    table['='] = 0;
}

string decode(string str)
{
    string ret;
    int i;
    for(i=0; i<str.size(); i+=4) {
        ret += table[str[i]] << 2 | table[str[i+1]] >> 4;
        if(str[i+2] != '=')
            ret += (table[str[i + 1]] & 0x0f) << 4 | table[str[i + 2]] >> 2;
        if (str[i + 3] != '=')
            ret += table[str[i + 2]] << 6 | table[str[i + 3]];
    }
    return ret;
```

```
}

int main()
{
    init();
    cout << int(table[0]) << endl;

    string str;
    cin >> str;
    cout << decode(str) << endl;
    return 0;
}
```

● **判断题**

22. 输出的第二行一定是由小写字母、大写字母、数字和“+”、“/”、“=”构成的字符串。（　　）

23. 可能存在输入不同，但输出的第二行相同的情形。（　　）

24. 输出的第一行为“-1”。（　　）

● **单选题**

25. 设输入字符串长度为 n，decode 函数的时间复杂度为（　　）。

A. $O(\sqrt{n})$　　B. $O(n)$　　C. $O(n\ logn)$　　D. $O(n^2)$

26. 当输入为“Y3Nx”时，输出的第二行为（　　）。

A. “csp”　　B. “csq”　　C. “CSP”　　D. “Csp”

27. （3.5 分）当输入为“Y2NmIDIwMjE=”时，输出的第二行为（　　）。

A. “ccf2021”　　B. “ccf2022”　　C. “ccf 2021”　　D. “ccf 2022”

● **解析**

22.× 这些字符 decode 之后不一定还是这些字符，有可能是空格，所以错误。

23.√ 输入其他字符，返回值都是 0xff，所以有可能输出的第二行相同。

24.√ table[0] 默认是 0xff，数据类型是 char，1111 1111 1111 1111 取反加 1 就是 1000 0000 0000 0001，最高位是 1，代表负数，也就是 -1。所以输出为 -1，正确。也可以用以下代码验证。

```
    char c = 0xff;
    cout << int(c) << endl;
```

25. B decode 函数仅有一个 for 循环，所以选 B。

26. B 计算过程如下。

```
base[0] = 'A', table[base[0]] = 0
base[1] = 'B', table[base[1]] = 1
...
base[25] = 'Z', table[base[25]] = 25
base[26] = 'a', table[base[26]] = 26
...
base[51] = 'z'
base[52] = '0' table[base[52]] = 52
...
base[61] = '9'
base[62] = '+'
base[63] = '/'

Y => 24 => 00011000
3 => 55 => 00110111
N => 13 => 00001101
x => 49 => 00110001
```

24 << 2 | 55 >> 4 的结果是 99，对应的字符是小写 c。

(55 & 0x0f) << 4 | 13 >> 2 的结果是 115，对应的字符是小写 s。

13 << 6 | 49 的结果是 881，881 除以 256 的余数是 113，对应的字符是小写 q。所以结果是“csq”，所以选 B。

27. C 把这个字符串按 4 个为一组分成三组。每组会生成 3 个字母，但是最后一组包含“=”，所以最终结果应该有 8 个字母，这样可以排除选项 A 和 B。然后计算 MjE= 的转换结果，得出“21”，所以选 C。

（3）

```
#include <iostream>
using namespace std;

const int n = 100000;
```

```
const int N = n + 1;

int m;
int a[N], b[N], c[N], d[N];
int f[N], g[N];

void init()
{
    f[1] = g[1] = 1;
    for (int i = 2; i <= n; i++) {
        if (!a[i]) {
            b[m++] = i;
            c[i] = 1, f[i] = 2;
            d[i] = 1, g[i] = i + 1;
        }
        for (int j = 0; j < m && b[j] * i <= n; j++) {
            int k = b[j];
            a[i * k] = 1;
            if (i % k == 0) {
                c[i * k] = c[i] + 1;
                f[i * k] = f[i] / c[i * k] * (c[i * k] + 1);
                d[i * k] = d[i];
                g[i * k] = g[i] * k + d[i];
                break;
            }
            else {
                c[i * k] = 1;
                f[i * k] = 2 * f[i];
                d[i * k] = g[i];
                g[i * k] = g[i] * (k + 1);
            }
        }
    }
}

int main()
{
    init();
```

```
43
44     int x;
45     cin >> x;
46     cout << f[x] << ' ' << g[x] << endl;
47     return 0;
48 }
```

假设输入的 x 是不超过 10000 的自然数，完成下面的判断题和单选题。

- **判断题**

28. 若输入不为“1”，把第 13 行删去不会影响输出的结果。（　　）

29. （2 分）第 25 行的“f[i]/ c[i*k]”可能存在无法整除而向下取整的情况。（　　）

30. （2 分）在执行完 init() 后，f 数组不是单调递增的，但 g 数组是单调递增的。（　　）

- **单选题**

31. init 函数的时间复杂度为（　　）。

A. $O(n)$　　B. $O(n\log n)$　　C. $O(n\sqrt{n})$　　D. $O(n^2)$

32. 在执行完 init() 后，f[1]，f[2]，f[3]，…，f[100] 中有（　　）个等于 2。

A. 23　　B. 24　　C. 25　　D. 26

33. （4 分）当输入为“1000”时，输出为（　　）。

A. “15 1340”　　B. “15 2340”　　C. “16 2340”　　D. “16 1340”

- **解析**

欧拉筛法，也称为埃拉托斯特尼筛法，是一种用于筛选素数的经典算法。该算法的目标是找出指定范围内的所有素数。本题是具有线性复杂度的欧拉筛法。

数组 a：用于标记数是否为质数的数组，a[i] 为 0 表示 i 是质数，a[i] 为 1 表示 i 不是质数。

数组 b：保存质数的数组，存储从小到大的质数列表。

数组 c：保存数的质因子个数的数组，c[i] 表示 i 的质因子个数。

数组 d：保存数的质数个数的数组，d[i] 表示 i 之前的质数个数。

数组 f：保存数的因子个数的数组，f[i] 表示 i 的因子个数。

数组 g：保存数的因子之和的数组，g[i] 表示 i 的因子之和。

28.√ 表述正确，因为当输入不为“1”时，后面的 for 循环并没有使用 f[1] 和 g[1]。

29.× 根据上述分析，c[i*k] 代表 i*k 的最小质因数的个数，f[i] 表示 i 的因子的个数，所以一定能整除。例如，已知 c[36]=2，k=2,i=18，那么 f[18]=2。

30. × 根据数组 f 和 g 的含义，它们都不是单调递增的。

31. A 因为所有合数只被标记一次，线性复杂度是$O(n)$，所以选 A。

32. C 根据 f[i] 的含义，要找出 100 以内只有 2 个因子的数，共有 25 个，所以选 C。

33. C 计算出 1000 的因数个数、因数之和，答案是 C。

三、完善程序

（矩形计数）平面上有 n 个关键点，求有多少个四条边都和 x 轴或者 y 轴平行的矩形，满足四个顶点都是关键点。给出的关键点可能有重复，但完全重合的矩形只计一次。试补全枚举算法。

```
#include <iostream>

using namespace std;

struct point {
      int x, y, id;
};

bool equals (point a, point b) {
  return a.x == b.x && a.y == b. y:
}

bool cmp(point a, point b) {
  return ①:
}

void sort (point A[], int n) {
    for (int i = 0;i < n; i++)
        for (int j = 1; j< n; j++)
            if (cmp(A[j], A[j-1])) {
                point t = A[j]
                A[j] = A[j - 1]:
                A[j-1] = t;
            }
}

```

```
int unique (point A[], int n) {
    int t = 0;
    for (int i = 0; i < n; i++)
        if(②)
            A[t++]= A[i];
    return t;
}

bool binary_search(point A[], int n, int x, int y) {
    point p;
    p.x = x;
    p.y = y;
    p.id = n;
    int a = 0, b = n - 1;
    while(a<b) {
        int mid = ③;
        if(④)
            a = mid+1;
        else
            b = mid;
    }
    return equals(A[a], p);
}

const int MAXN = 1000;
point A[MAXN];

int main() {
    int n;
    cin >> n;
    for(int i = 0; i < n; i++) {
        cin >> A[i].x >> A[i].y;
        A[i].id = i;
    }
    sort(A, n);
    n = unique(A, n);
    int ans = 0;
    for(int i = 0; i < n; i++) {
        for(int j = 0; j < n; j++)
```

```
            if (⑤ && binary_search(A, n, A[i].x, A[j].y) && binary_search(A, n, A[j].x, A[i].y)) {
                ans++;
            }
    cout << ans << endl;
    return 0;
}
```

34. ①处应填（　　）。

A. a.x != b.x ? a.x < b.x : a.id < b.id

B. a.x != b.x ? a.x < b.x : a.y < b.y

C. equals(a, b) ? a.id < b.id : a.x < b.x

D. equals(a, b) ? a.id < b.id : (a.x != b.x ? a.x < b.x : a.y < b.y)

35. ②处应填（　　）。

A. i == 0 || cmp(A[i], A[i – 1])

B. t == 0 || equals(A[i], A[t – 1])

C. i == 0 || !cmp(A[i], A[i – 1])

D. t == 0 || !equals(A[i], A[t – 1])

36. ③处应填（　　）。

A. b – (b – a) / 2 + 1

B. a + b + 1) >> 1

C. (a + b) >> 1

D. a + (b – a + 1) / 2

37. ④处应填（　　）。

A. !cmp(A[mid], p)

B. cmp(A[mid], p)

C. cmp(p, A[mid])

D. !cmp(p, A[mid])

38. ⑤处应填（　　）。

A. A[i].x == A[j].x

B. A[i].id < A[j].id

C. A[i].x == A[j].x && A[i].id < A[j].id

D. A[i].x < A[j].x && A[i].y < A[j].y

● **解析**

34. B 要完善 cmp 函数，从 sort 函数的代码，可以判断出 sort 函数使用了冒泡排序，而且是使用点的 x 坐标和 y 坐标去排序，所以选 B。这段 C++ 代码是一个条件表达式，它的意思是：如果 a 的 x 成员变量不等于 b 的 x 成员变量，则比较它们的 x 值；否则，比较它们的 y 值。

35. D unique 函数的作用是去重，所以第 35 题应该选 D，第 i 个元素和第 i–1 个元素坐标不一样，就存入 A[t] 中，然后 t 自增 1。t 指向下一个元素。

36. C binary_search 函数用二分查找算法来查找一个点。函数有四个参数：点数组 A，数组长度 n，以及待查找的点的坐标 x 和 y。

首先，将待查找的点的坐标 x 和 y 存储在一个名为 p 的临时点对象中，并将该临时点对象的 id 属性设置为 n。然后，使用二分查找算法在点数组 A 中查找点 p。定义两个指针 a 和 b，初始时 a 指向数组的第一个元素，b 指向数组的最后一个元素。进入循环，直到 a 和 b 相遇。在每次循环中，计算中间位置的索引 mid，然后判断点 p 与 A[mid] 的大小关系。(a + b)>>1 是一个位运算，表示将 a + b 的结果右移一位。这可以被视为计算 a + b 除以 2 的整数商。第 36 题应该选 C。

37. B 若条件满足，将指针 a 更新为 mid+1，尝试在后半部分继续查找。否则，将指针 b 更新为 mid，尝试在前半部分继续查找。所以第 37 题选 B，cmp(A[mid], p) 为真的时候，A[mid] 比 p 要小，向右查找，把指针 a 更新为 mid+1。

当 a 和 b 相遇时，跳出循环。返回 equals(A[a], p) 的结果，即判断点 A[a] 与点 p 的坐标是否完全一样，作为最终的查找结果返回。

38. D 这个程序的思路是枚举任意两点作为矩形对角线上的两点，然后看看另外一条对角线上的点是否存在。所以第 38 题选 D。

2022 CCF 非专业级别软件能力认证第一轮（CSP-J1）入门级 C++ 语言试题

一、单项选择题

1. 以下哪种功能没有涉及 C++ 语言的面向对象特性支持（　　）。

A. C++ 中调用 printf 函数

B. C++ 中调用用户定义的类成员函数

C. C++ 中构造一个 class 或 struct

D. C++ 中构造来源于同一个基类的多个派生类

2. 有 6 个元素，按照 6、5、4、3、2、1 的顺序进入栈 S，请问下列哪个出栈序列是非法的（　　）。

A. 5 4 3 6 1 2　　B. 4 5 3 1 2 6　　C. 3 4 6 5 2 1　　D. 2 3 4 1 5 6

3. 运行以下代码片段的行为是（　　）。

```
int x = 101;
int y = 201;
int *p = &x;
int *q = &y;
p = q
```

A. 将 x 的值赋为 201　　B. 将 y 的值赋为 101

C. 将 q 指向 x 的地址　　D. 将 p 指向 y 的地址

4. 链表和数组的区别包括（　　）。

A. 数组不能排序，链表可以

B. 链表比数组能存储更多的信息

C. 数组大小固定，链表大小可动态调整

D. 以上均正确

5. 假设栈 S 和队列 Q 的初始状态为空。存在 e1~e6 六个互不相同的数据，每个数据按照进栈 S、出栈 S、进队列 Q、出队列 Q 的顺序操作，不同数据间的操作可能会交错。已知栈 S 中依次有数据 e1、e2、e3、e4、e5 和 e6 进栈，队列 Q 依次有数据 e2、e4、e3、e6、e5 和 e1 出队列。则栈 S 的容量至少是（　　）个数据。

A. 2　　B. 3　　C. 4　　D. 6

6. 表达式 a+(b-c)*d 的前缀表达式为（　　），其中 +、−、* 是运算符。

A. *+a−bcd　　B. +a*−bcd　　C. abc−d*+　　D abc−+d

7. 假设字母表 {a, b, c, d, e} 在字符串出现的频率分别为 10%，15%，30%，16%，29%。若使用哈夫曼编码方式对字母进行不定长的二进制编码，字母 d 的编码长度为（　　）位。

A. 1　　B. 2　　C. 2 或 3　　D. 3

8. 一棵有 n 个结点的完全二叉树用数组进行存储与表示，已知根结点存储在数组的第 1 个位置。若存储在数组第 9 个位置的结点存在兄弟结点和两个子结点，则它的兄弟结点和右子结点的位置分别是（　　）。

A. 8、18　　B. 10、18　　C. 8、19　　D. 10、19

9. 考虑由 N 个顶点构成的有向连通图，采用邻接矩阵的数据结构表示时，该矩阵中至少存在（　　）个非零元素。

A. N−1　　B. N　　C. N+1　　D. N^2

10. 以下对数据结构的表述不恰当的一项为（　　）。

A. 图的深度优先遍历算法常使用的数据结构为栈。

B. 栈的访问原则为后进先出，队列的访问原则是先进先出。

C. 队列常常被用于广度优先搜索算法。

D. 栈与队列存在本质不同，无法用栈实现队列。

11. 以下哪组操作能完成在双向循环链表结点 p 之后插入结点 s 的效果（其中 next 域为结点的直接后继，prev 域为结点的直接前驱）（　　）。

A. p->next->prev=s; s->prev=p; p->next=s; s->next=p->next;

B. p->next->prev=s; p->next=s; s->prev=p; s->next=p->next;

C. s->prev=p; s->next=p->next; p->next=s; p->next->prev=s;

D. s->next=p->next; p->next->prev=s; s->prev=p; p->next=s;

12. 在以下排序算法的常见实现中，哪个选项的说法是错误的（　　）。

A. 冒泡排序算法是稳定的　　B. 简单选择排序是稳定的

C. 简单插入排序是稳定的　　D. 归并排序算法是稳定的

13. 八进制数 32.1 对应的十进制数是（　　）。

A. 24.125　　B. 24.250　　C. 26.125　　D. 26.250

14. 一个字符串中任意个连续的字符组成的子序列称为该字符串的子串，则字符串 abcab 有（　　）个内容互不相同的子串。

A. 12　　B. 13　　C. 14　　D. 15

15. 以下对递归方法的描述中，正确的是（　　）。

A. 递归是允许使用多组参数调用函数的编程技术

B. 递归是通过调用自身来求解问题的编程技术

C. 递归是面向对象和数据而不是功能和逻辑的编程语言模型

D. 递归是将用某种高级语言转换为机器代码的编程技术

● **解析**

1. A 因为 C 语言里就有 printf 函数。

2. C 因为出栈是随机的，所以在入栈还没结束的情况下就可以出栈。这样就会出现一些较小的数提前出栈的现象。6、5 入栈，5 出栈，4 入栈，4 出栈，3 入栈，3 出栈，6 出栈，2、1 入栈，1 出栈，2 出栈。对于选项 C，6、5 入栈之后，3、4 出栈，但是 5 不可能在 6 之后出栈。

3. D 指针 p 先指向 x, 接着指针 q 指向 y, 然后 q 指向 p，也就把 p 指向了 y。

4. C 数组在初始化的时候，大小已经是确定的了。

5. D 栈是先进后出，队列是先进先出。入队顺序就是出栈顺序。所以队列 Q 中的 e2 第一个出队列，倒推可知，e2 先出栈。e1 和 e2 是先进栈的。过程如图 1 所示。

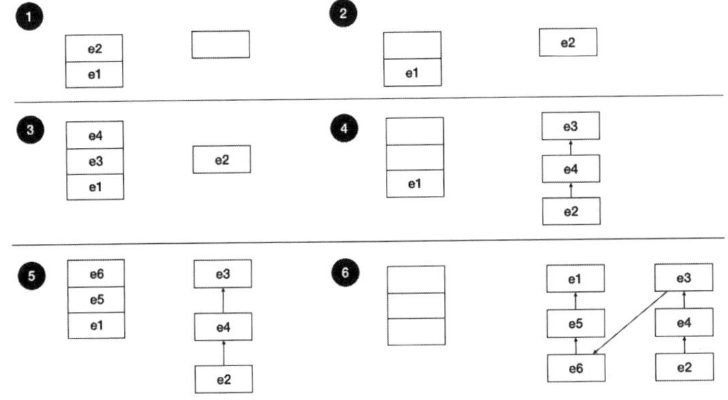

图 1　进出栈的过程

6. B 把中缀表达式转换为前缀表达式的方法如下。

（1）定义运算符的优先级。

（2）创建一个空栈和一个空列表。

（3）将中缀表达式反转。

（4）遍历反转后的中缀表达式中的每个元素。如果当前元素是一个操作数，将其添加到前缀表达式中。如果当前元素是一个右括号，将其压入栈中。如果当前元素是一个左括号，将栈中的元素弹出并添加到前缀表达式中，直到遇到右括号。如果当前元素是一个运算符，将栈中优先级大于等于当前运算符的元素弹出并添加到前缀表达式中，然后将当前运算符压入栈中。

（5）将栈中剩余的元素弹出并添加到前缀表达式中。

（6）将前缀表达式反转并返回。

根据上述方法，可以得到表达式 a+(b−c)*d 的前缀表达式为：+a*−bcd。

7. D 我们需要构建一个哈夫曼树来对这些字母进行编码。按照字母出现频率从小到大的顺序依次构建哈夫曼树，直到所有字母节点都被融合在一起。先合并 a 和 b, 设为 x。然后合并 x 和 d，接着合并 c 和 e。因此，字母 d 的编码长度为 3 位。

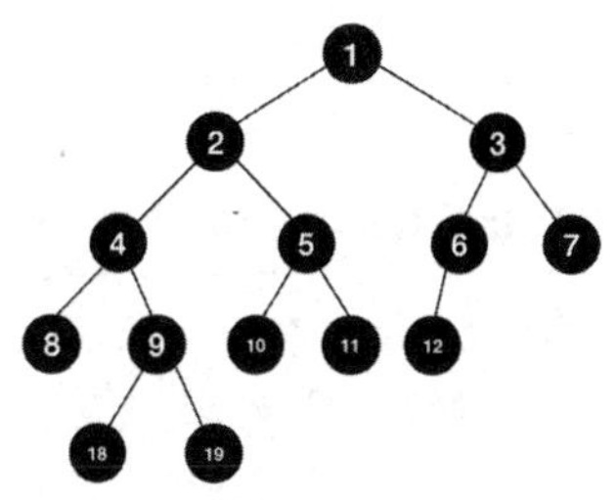

图 2　二叉树

8. C 这个完全二叉树如图 2 所示。

由于第 9 个位置的结点是右子树中的一个节点，所以它的兄弟结点一定是它的父节点的左子节点。第 9 个位置结点的父节点位置是（9/2）=4（使用整数除法），因此其兄弟结点的位置是 2*4=8。

结点 i 的左子结点存在 i*2 号，结点 i 的右子结点存在 i*2+1 号，所以它的右子结点的位置是 9*2+1=19。

9. B 任意两点是连通的图，称为连通图。有 N 个点，最少要 N 条边才能形成一个环。如图 3 所示。

	A	B	C
A		1	
B			1
C	1		

	A	B	C	D
A		1		
B			1	
C				1
D	1			

图 3　连通图

10. D 要用两个栈实现一个队列，可以采用以下方法。

（1）创建两个栈，称为 A 和 B。其中 A 用于入队操作，B 用于出队操作。

（2）入队操作：将元素压入栈 A。

（3）出队操作：先检查栈 B 是否为空，如果为空，则将栈 A 中的元素逐个弹出并压入栈 B。然后从栈 B 中弹出一个元素，即为出队元素。

这种方法基于栈的特性，通过将入队元素压入栈A，出队时将栈 A 中的元素倒入栈B，然后从栈B 中弹出元素实现队列的先进先出顺序。这种实现方法保持了队列的特性，并且时间复杂度为 $O(1)$。

11. D 双向链表的每个 node 结构定义如下。

```
struct node {
    int value;
    node *prev;
    node *next;
}
```

这段代码的目的是在双向循环链表中的结点 p 之后插入一个结点 s。下面是对每个操作的解析。

（1）“s->next = p->next;”：将结点 s 的 next 域指向 p 的直接后继结点，即将 s 插入 p 后面的位置。

（2）“p->next->prev = s;”：将 p 的直接后继结点的 prev 域指向 s，以建立 s 作为 p 的直接后继结点的前驱关系。

（3）“s->prev = p;”：将结点 s 的 prev 域指向 p，以建立 p 作为 s 的直接前驱结点的后继关系。

（4）“p->next = s;”：将 p 的 next 域指向 s，以建立 p 和 s 的直接后继关系，完成

插入操作。

综合而言，这段代码的作用是将结点s插入结点p，并且保持双向循环链表的连接关系。

12. B 在计算机算法中，排序稳定指的是当有相同键值的元素在排序后的结果中相对顺序与它们在排序前的相对顺序保持一致。简单来说，如果一个排序算法是稳定的，那么在排序完成后，具有相同键值的元素之间的相对顺序不会改变。

选择排序不是稳定的排序算法。这里举一个例子来说明选择排序的不稳定性。

假设有以下无序数组。

```
[5a, 5b, 2, 1, 4]
```

使用选择排序进行升序排序。首先，在第一次选择时，选择最小元素为1，与5a交换，数组变为：

```
[1, 5b, 2, 5a, 4]
```

然后，在第二次选择时，选择最小元素为2，与5b交换，数组变为：

```
[1, 2, 5b, 5a, 4]
```

接下来，在第三次选择时，选择最小元素为4，与5b交换，数组变为：

```
[1, 2, 4, 5a, 5b]
```

最后，在第四次选择时，选择最小元素为5a，与5b交换，数组变为：

```
[1, 2, 4, 5b, 5a]
```

在这个例子中，原本在数组中排在5a前面的5b经过排序后跑到了5a的前面，这表明选择排序不是稳定的排序算法。

13. C 3*8+2*1+1*（1/8）=26.125。答案选C。

14. B 0个字符的子串：" "。

1个字符的子串："a"，"b"，"c"。

2个字符的子串："ab"，"bc"，"ca"。

3个字符的子串："abc"，"bca"，"cab"。

4个字符的子串："abca"，"bcab"。

5个字符的子串："abcab"。

15. B 选项 D 描述的是编译，所以不正确。递归是一种面向逻辑的编程语言，所以选项 C 不正确。递归是一种编程技术，它允许函数调用自身，而不是使用多组参数调用，所以选项 A 不正确。

二、阅读程序

（1）

```
01 #include <iostream>
02
03 using namespace std;
04
05 int main()
06   {
07     unsigned short x, y;
08     cin >> x >> y;
09     x = (x | x << 2) & 0x33;
10     x = (x | x << 1) & 0x55;
11     y = (y | y << 2) & 0x33;
12     y = (y | y << 1) & 0x55;
13     unsigned short z = x | y << 1;
14     cout << z << endl;
15     return 0;
16   }
```

假设输入的 x、y 均是不超过 15 的自然数，完成下面的判断题和单选题。

● **判断题**

16. 删去第 7 行与第 13 行的 unsigned，程序行为不变。（　　）

17. 将第 7 行与第 13 行的 short 均改为 char，程序行为不变。（　　）

18. 程序总是输出一个整数“0”。（　　）

19. 当输入为“2 2”时，输出为“10”。（　　）

20. 当输入为“2 2”时，输出为“59”。（　　）

● **单选题**

21. 当输入为“13 8”时，输出为（　　）

A. “0”　　B. “209”　　C. “197”　　D. “226”

● **解析**

这段代码将两个输入的无符号短整型数进行特定的位运算后，将结果输出。x = (x | x << 2) & 0x33 将变量 x 与 x 向左移动 2 位的结果进行按位或运算，再与 0x33 进行按位与运算，并将结果赋给 x。后面几行代码的功能类似。unsigned short z = x | y << 1; 将变量 x 与变量 y 向左移动 1 位的结果进行按位或运算，并将结果赋给变量 z。

16.√ unsigned short 是 16 位，去掉 unsigned，如果运算只涉及后 15 位，不影响结果，而 z 的位数最多只有 8 位，所以程序行为不变，正确。

17.× z 是字符类型，会输出字符，所以错误。

18.× 根据前面的分析，并不总是输出整数，所以错误。

19.× 是错误的表述，因为运算结果是 12。

20.× 是错误的表述，因为运算结果是 12。

21. B 计算结果是 209。

（2）

```
#include <algorithm>
#include <iostream>
0#include <limits>

using namespace std;

const int MAXN = 105;
const int MAXK = 105;

int h[MAXN][MAXK];

int f(int n, int m)
{
    if (m == 1) return n;
    if (n == 0) return 0;

    int ret = numeric_limits<int>::max();
    for (int i = 1; i <= n; i++)
        ret = min(ret, max(f(n - i, m), f(i - 1, m - 1)) + 1);
    return ret;
```

```
21 }
22
23 int g(int n, int m)
24 {
25     for (int i = 1; i <= n; i++)
26         h[i][1] = i;
27     for (int j = 1; j <= m; j++)
28        h[0][j] = 0;
29
30     for (int i = 1; i <= n; i++) {
31         for (int j = 2; j <= m; j++) {
32             h[i][j] = numeric_limits<int>::max();
33             for (int k = 1; k <= i; k++)
34             h[i][j] = min(
35                 h[i][j],
36                 max(h[i - k][j], h[k - 1][j - 1]) + 1);
37         }
38     }
39
40     return h[n][m];
41 }
42
43 int main()
44 {
45     int n, m;
46     cin >> n >> m;
47     cout << f(n, m) << endl << g(n, m) << endl;
48     return 0;
49 }
```

假设输入的 n、m 均是不超过 100 的正整数，完成下面的判断题和单选题。

- **判断题**

22. 当输入为“7 3”时，第 19 行用来取最小值的 min 函数执行了 449 次。（　　）

23. 输出的两行整数总是相同的。（　　）

24. 当 m 为 1 时，输出的第一行总为 n。（　　）

- **单选题**

25. 算法 g(n,m) 最为准确的时间复杂度分析结果为（　　）。

A. $O(n^{3/2}m)$　　B. $O(nm)$　　C. $O(n^2m)$　　D. $O(nm^2)$

26. 当输入为“20 2”时，输出的第一行为（　　）。

A. “4”　　B. “5”　　C. “6”　　D. “20”

27.（4 分）当输入为“100 100”时，输出的第一行为（　　）。

A. “6”　　B. “7”　　C. “8”　　D. “9”

● **解析**

解析：这个题目是动态规划里的鸡蛋掉落问题。假如有n层楼、m个鸡蛋，在最坏的情况下，至少试验多少次才能找到刚好摔碎鸡蛋的楼层（临界层）。函数 f 是求第 n 行第 m 列的值。第 m=1 列的值均为行号 n。第 n 列的值均为 0。假如 n=4，m=5，根据函数的定义，当 i=1 时，找出 f(0，4) 和 f(3，5) 的最大值；当 i=2 时，找出 f(1，4) 和 f(2，5) 的最大值；当 i=3 时，找出 f(2，4) 和 f(1，5) 的最大值；当 i=4 时，找出 f(3，4) 和 f(0，5) 的最大值。

numeric_limits<int>::max(); 返回 int 类型的最大值。函数 f 使用了递归。函数 g 对二维数组 h 进行了操作。

22. × 这道题的运算量极大，最终结果是 448。所以表述错误。

23.√ 正确，因为函数 f 和函数 g 的作用是一样的，所以结果也是一样的。

24.√ 这道题比较简单，根据代码可以知道，m=1，函数 f 的返回值是 n。所以这个表述正确。

25. C g 函数有三层循环，循环次数分别是 n，m，n。因此时间复杂度是$O(n^2m)$。

26. C 就是说有 20 层楼和 2 个鸡蛋，答案是 6，推导过程如下。

m/n	0	1	2	3	4	5	6	7	8	9	10	11	12	13	14	15	16	17	18	19	20
1	0	1	2	3	4	5	6	7	8	9	10	11	12	13	14	15	16	17	18	19	20
2	0	1	2	2	3	3	3	4	4	4	4	5	5	5	5	5	6	6	6	6	6

27. B 有 100 层楼和 100 个鸡蛋，那么可以做二分查找，找出结果需要 7 次，所以选 B。

（3）

```
#include <iostream>

```

```
using namespace std;

int n, k;

int solve1()
{
    int l = 0, r = n;
    while (l <= r) {
        int mid = (l + r) / 2;
        if (mid * mid <= n) l = mid + 1;
        else r = mid - 1;
    }
    return l - 1;
}

double solve2(double x)
{
    if (x == 0) return x;
    for (int i = 0; i < k; i++)
        x = (x + n / x) / 2;
    return x;
}

int main()
{
    cin >> n >> k;
    double ans = solve2(solve1());
    cout << ans << ' ' << (ans * ans == n) << endl;
    return 0;
}
```

假设 int 为 32 位有符号整数类型，输入的 n 是不超过 47000 的自然数，k 是不超过 int 表示范围的自然数，完成下面的判断题和单选题。

● **判断题**

28. 该算法最准确的时间复杂度分析结果为 $O(\log n + k)$。（　　）

29. 当输入为“9801 1”时，输出的第一个数为“99”。（　　）

30. 对于任意输入的 n，随着所输入 k 的增大，输出的第二个数会变成“1”。（　　）

31. 该程序存在缺陷，当输入的 n 过大时，第 12 行的乘法有可能溢出，因此应当将 mid 强制转换为 64 位整数再计算。（　　）

● **单选题**

32. 当输入为“2 1”时，输出的第一个数最接近（　　）。

A. 1　　B. 1.414　　C. 1.5　　D. 2

33. 当输入为“3 10”时，输出的第一个数最接近（　　）。

A. 1.7　　B. 1.732　　C. 1.75　　D. 2

34. 当输入为“256 11”时，输出的第一个数（　　）。

A. 等于 16　　B. 接近但小于 16

C. 接近但大于 16　　D. 前三种都有可能

● **解析**

这个程序使用了牛顿迭代法计算求根号 n 的值。k 是迭代次数。验证计算出来的平方根是否正确的代码如下。

```
cout << ans << ' ' << (ans * ans == n) << endl;
```

这段代码用二分查找算法来求解一个整数的平方根。

首先，定义两个变量 l 和 r，分别表示区间的左端点和右端点。初始时，l 为 0，r 为 n。然后，进入一个循环，直到 l 大于 r 时结束。在循环中，计算中间值 mid，并根据 mid 的平方与 n 的关系来更新 l 和 r。

如果 mid 的平方小于等于 n，那么 n 的平方根一定在 mid 和 r 之间，因此将 l 更新为 mid + 1。如果 mid 的平方大于 n，那么 n 的平方根一定在 l 和 mid 之间，因此将 r 更新为 mid–1。循环结束后，l 的值就是 n 的平方根的下界。因此，返回 l–1 即可得到 n 的平方根。例如，如果 n = 9，那么在循环结束后，l 的值为 4。因此，n 的平方根为 3。

以下是这段代码的详细说明。

```
int solve1()
{
    // 定义变量 l 和 r
    int l = 0, r = n;

    // 二分查找循环
```

```
    while (l <= r) {
        // 计算中间值
        int mid = (l + r) / 2;

        // 如果中间值的平方小于等于 n，则 n 的平方根一定在 mid 和 r 之间
        if (mid * mid <= n) l = mid + 1;

        // 如果中间值的平方大于 n，则 n 的平方根一定在 l 和 mid 之间
        else r = mid - 1;
    }

    // 返回 l - 1
    return l - 1;
}
```

用 solve1 计算小于或等于根号 n 的最大整数，先计算出来，用 solve2 逼近根号的实际结果，k 越大，结果越接近。

28.√ solve1 进行二分查找的时间复杂度是 $O(\log n)$，solve2 是进行 k 次循环，所以总时间复杂度是 $O(\log n + k)$。

29.√ 根据前面的分析，无论 k 是什么，最后结果都是 99。

30.× 因为计算过程中会有一定的浮点误差，所以 n 没有整数平方根，第二个数不会变成“1”。

31.× 假如 n 等于 47000，那么 mid=(0+47000)/2，并不会超过 int，所以表述错误。

32. A 2 没有整数平方根，因此第一个数最接近 1。

33. B 计算 3 的平方根近似值是 1.732，所以 10 次迭代之后最接近 1.732

34. A 256 是 16 的平方，计算过程中不会出现浮点误差，所以选 A。

三、完善程序

（1）（枚举因数）从小到大打印正整数 n 的所有正因数。

试补全枚举程序。

```
#include <bits/stdc++.h>
using namespace std;

int main() {
```

```
    int n;
    cin >> n;

    vector<int> fac;
    fac.reserve((int)ceil(sqrt(n)));

    int i;
    for (i = 1; i * i < n; ++i) {
        if ( ① ) {
            fac.push_back(i);
        }
    }

    for (int k = 0; k < fac.size(); ++k) {
        cout << ② << " ";
    }
    if ( ③ ) {
        cout << ④ << " ";
    }
    for (int k = fac.size() - 1; k >= 0; --k) {
        cout << ⑤ << " ";
    }
}
```

35. ①处应填（　　）。

A. n % i == 0　　B. n % i == 1

C. n % (i–1) == 0　　D. n % (i–1) == 1

36. ②处应填（　　）。

A. n / fac[k]　　B. fac[k]　　C. fac[k]–1　　D. n / (fac[k]–1)

37. ③处应填（　　）。

A. (i–1) * (i–1) == n　　B. (i–1) * i == n

C. i * i == n　　D. i * (i–1) == n

38. ④处应填（　　）。

A. n–i　　B. n–i+1　　C. i–1　　D. i

39. ⑤处应填（　　）。

A. n / fac[k]　　B. fac[k]　　C. fac[k]−1　　D. n / (fac[k]−1)

● **答案**

35. A　**36. B**　**37. C**　**38. D**　**39. A**

● **解析**

本题从小到大输出正整数 n 的所有正因数，注意 for 循环的条件为“i * i < n”，说明只枚举到根号 n，这样可以减少运算的次数。

“vector<int> fac;”定义了一个因数列表。push_back 方法把元素加到列表中去。

因为本程序要找的是因数，所以第 35 题应该选 A。第 36 题选 B，因为这个循环的作用就是输出列表里存储的因数。

如果 n 有整数平方根，输出该整数平方根，并且当循环停止的时候，i 一定大于或等于该整数平方根。所以第 37 题选 C，第 38 题选 D。

```
if ( ③ ) {
    cout << ④ << " ";
}
```

第 39 题选 A，计算出 fac[k] 对应的因数 n/fac[k]。

（2）（洪水填充）现有用字符标记像素颜色的 8×8 图像。颜色填充的操作描述如下：给定起始像素的位置和待填充的颜色，将起始像素和所有可达的像素（可达的定义：经过一次或多次的向上、下、左、右四个方向移动所能到达且终点和路径上所有像素的颜色都与起始像素颜色相同），替换为给定的颜色。

试补全程序。

```
#include <bits/stdc++.h>
using namespace std;

const int ROWS = 8;
const int COLS = 8;

struct Point {
    int r, c;
    Point(int r, int c) : r(r), c(c) {}
};
```

```

bool is_valid(char image[ROWS][COLS], Point pt,
int prev_color, int new_color) {
    int r = pt.r;
    int c = pt.c;
    return (0 <= r && r < ROWS && 0 <= c && c < COLS &&
        ① && image[r][c] != new_color);
}

void flood_fill(char image[ROWS][COLS], Point cur, int new_color) {
    queue<Point> queue;
    queue.push(cur);

    int prev_color = image[cur.r][cur.c];
    ② ;

    while (!queue.empty()) {
        Point pt = queue.front();
        queue.pop();

        Point points[4] = { ③ , Point(pt.r - 1, pt.c),
        Point(pt.r, pt.c + 1), Point(pt.r, pt.c - 1)};
        for (auto p : points) {
            if (is_valid(image, p, prev_color, new_color)) {
            ④ ;
            ⑤ ;
        }
    }
}
 }

 int main() {
     char image[ROWS][COLS] = { {'g', 'g', 'g', 'g', 'g', 'g', 'g', 'g'},
         {'g', 'g', 'g', 'g', 'g', 'g', 'r', 'r'},
         {'g', 'r', 'r', 'g', 'g', 'r', 'g', 'g'},
         {'g', 'b', 'b', 'b', 'b', 'r', 'g', 'r'},
         {'g', 'g', 'g', 'b', 'b', 'r', 'g', 'r'},
```

```
        {'g', 'g', 'g', 'b', 'b', 'b', 'b', 'r'},
        {'g', 'g', 'g', 'g', 'g', 'b', 'g', 'g'},
        {'g', 'g', 'g', 'g', 'g', 'b', 'b', 'g'} };

    Point cur(4, 4);
    char new_color = 'y';

    flood_fill(image, cur, new_color);

    for (int r = 0; r < ROWS; r++) {
       for (int c = 0; c < COLS; c++) {
           cout << image[r][c] << "  ";
       }
       cout << endl;
    }
    // 输出:
    // g g g g g g g g
    // g g g g g g r r
    // g r r g g r g g
    // g y y y y r g r
    // g g g y y r g r
    // g g g y y y y r
    // g g g g g y g g
    // g g g g g y y g

   return 0;
}
```

40. ①处应填（　　）。

A. image[r][c] == prev_color　　B. image[r][c] != prev_color

C. image[r][c] == new_color　　D. image[r][c] != new_color

41. ②处应填（　　）。

A. image[cur.r+1][cur.c] = new_color　　B. image[cur.r][cur.c] = new_color

C. image[cur.r][cur.c+1] = new_color　　D. image[cur.r][cur.c] = prev_color

42. ③处应填（　　）。

A. Point(pt.r, pt.c)　　B. Point(pt.r, pt.c+1)

C. Point(pt.r+1, pt.c)

D. Point(pt.r+1, pt.c+1)

43. ④处应填（　　）。

A. prev_color = image[p.r][p.c]

B. new_color = image[p.r][p.c]

C. image[p.r][p.c] = prev_color

D. image[p.r][p.c] = new_color

44. ⑤处应填（　　）。

A. queue.push(p)

B. queue.push(pt)

C. queue.push(cur)

D. queue.push(Point(ROWS,COLS))

● **答案**

40. A **41. B** **42. C** **43. D** **44. A**

● **解析**

这个程序是用广度优先搜索实现算法的。起始像素的位置是（4，4），原来的颜色是“b”，从输出可以发现填充之后，变成了“y”。变量 *new_color* 是要填充的颜色。*prev_color* 是填充之前的颜色。

is_valid 函数用来判断 pt 是否符合下列条件。

（1）是否在数组的范围内。

（2）颜色要等于 *prev_color*。

（3）颜色不能等于 *new_color*。

所以第 40 题选 A。

要对当前的点填充颜色，所以第 41 题选 B。

```
image[cur.r][cur.c] = new_color
```

因为是从上下左右四个方法进行填充的，所以第 42 题选 C。

```
Point points[4] = {
Point(pt.r+1, pt.c) ,
Point(pt.r-1, pt.c),
Point(pt.r, pt.c+1),
Point(pt.r, pt.c-1)};
```

这四个 Point 对应 Point(pt.r, pt.c) 上下左右的四个点。第 43 题要把符合要求的邻点修改颜色，所以选 D。第 44 题要把已经符合条件的邻点放入队列中，所以选 A。

初始化列表赋值将参数 r 的值赋给成员变量的代码如下。

```
struct Point {
    int r, c;
    Point(int r, int c) : r(r), c(c) {}
};
```

附录2 C++ 常用变量名

变量名	含义	变量名	含义	变量名	含义
avg	平均值	first	第一个	op	操作符
begin	开始	flag	标志	pre/previous	前一个
choice	选项	found	找到	second	第二个
cmp	比较	index	索引	start	开始
count/cnt	计数	last	最后一个	sum	总和
cur/current	当前	max	最大值	time	时间
done	完成	min	最小值	tmp/temp	临时变量
end	结束	next	下一个	total	总计
error	错误	num	数字	value	值

附录3 C++ 常用关键字

```
if          else        while       signed      throw       union
this        int         char        double      unsigned    const
goto        virtual     for         float       break       auto
class       operator    case        do          long        typedef
static      friend      template    default     new         void
register    extern      return      enum        inline      try
short       continue    sizeof      switch      private     protected
asm         catch       delete      public      volatile    struct
```

附录 4 ASCII 码表

ASCII 值	字符	ASCII 值	字符	ASCII 值	字符	ASCII 值	字符
32	(space)	56	8	80	P	104	h
33	!	57	9	81	Q	105	i
34	"	58	:	82	R	106	j
35	#	59	;	83	S	107	k
36	$	60	<	84	T	108	l
37	%	61	=	85	U	109	m
38	&	62	>	86	V	110	n
39	'	63	?	87	W	111	o
40	(	64	@	88	X	112	p
41	)	65	A	89	Y	113	q
42	*	66	B	90	Z	114	r
43	+	67	C	91	[	115	s
44	,	68	D	92	\	116	t
45	-	69	E	93	]	117	u
46	.	70	F	94	^	118	v
47	/	71	G	95	_	119	w
48	0	72	H	96	`	120	x
49	1	73	I	97	a	121	y
50	2	74	J	98	b	122	z
51	3	75	K	99	c	123	{
52	4	76	L	100	d	124	|
53	5	77	M	101	e	125	}
54	6	78	N	102	f	126	~
55	7	79	O	103	g